碳硫分析专论

田英炎　叶反修　沈永祥　著
沈乐安　李茂山　审

北　京
冶 金 工 业 出 版 社
2010

内 容 简 介

本书阐述了红外法碳硫分析的原理、方法与技术，论述了燃烧法碳硫测试仪器的理论及应用，详细介绍了具有创新性的碳硫分析新方法及其原理。

本书的特点是重点介绍了用于碳硫分析的“秒钟领域”测试方法，即以试样称量为始点、以打印出碳硫分析结果为终点的测试过程，耗时一般少于1分钟。这些测试技术及仪器紧密结合生产实际，有很强的实用性。有些技术是国内外首次提出的，具有创新性。此外，本书收集了一些有新意的（如硫化矿中石油中）碳、硫分析方法，目的是起交流推广作用。

本书可供钢铁、机械、地质、环保等领域的有关企业从事材料、原料、产品检测的工作者阅读，也可供高等学校冶金、机械、化学分析等专业的教师、高年级学生、研究生等阅读参考。

图书在版编目（CIP）数据

碳硫分析专论/田英炎，叶反修，沈永祥著．—北京：冶金工业出版社，2010.4

ISBN 978-7-5024-5224-7

Ⅰ．①碳…　Ⅱ．①田…　②叶…　③沈…　Ⅲ．①碳—仪器分析—研究　②硫—仪器分析—研究　Ⅳ．①O653　②O657

中国版本图书馆CIP数据核字（2010）第044563号

出 版 人　曹胜利
地　　址　北京北河沿大街嵩祝院北巷39号，邮编100009
电　　话　(010)64027926　电子信箱　postmaster@cnmip.com.cn
责任编辑　王　楠　张　卫　美术编辑　张媛媛　版式设计　孙跃红
责任校对　石　静　责任印制　牛晓波
ISBN 978-7-5024-5224-7
北京兴华印刷厂印刷；冶金工业出版社发行；各地新华书店经销
2010年4月第1版，2010年4月第1次印刷
787mm×1092mm　1/16；13.5印张；323千字；198页；1-4500册
40.00元
冶金工业出版社发行部　电话：(010)64044283　传真：(010)64027893
冶金书店　地址：北京东四西大街46号(100711)　电话：(010)65289081
（本书如有印装质量问题，本社发行部负责退换）

前　言

新中国建国60年来,我国钢铁工业有了长足的发展,我国钢的年产量已突破5亿吨,连续11年位居世界第一,但我国仅是“钢铁大国”,还不是“钢铁强国”。因此,转变经济发展方式、调整产业结构、淘汰落后产能、实现节能减排、提高钢铁产品的质量和档次,是我国钢铁工业当前的主要任务。

碳、硫是钢铁中常见的元素,也是决定钢铁产品品种规格和质量的重要元素,碳、硫分析是控制钢铁产品化学成分,提高钢铁产品质量的有效手段。1986年10月,在无锡由中国兵工学会金属材料分会和中国人民解放军83118部队高速分析研究会联合召开的全国高速分析学术年会上,我应邀做了“碳硫分析的新理论”的专题报告,同年11月1日《人民日报》海外版对此编发了“我国高速化学分析技术领先世界”的两篇报道,文中指出:“我国60年代初独创的高速化学分析新技术,近年在开发应用研究中取得成果,并收到显著的经济效益。”文中特别提到:“陕西机械学院(现西安理工大学)等单位的科技人员通过对金属材料的碳、硫燃烧机理研究,提出高速化学分析中碳、硫转化的最佳温度,在这一理论指导下研制的新型电弧炉,能够在20 s之内使试样完全燃烧,达到高速分析的目的。电弧炉的点燃率从原来的80%提高到98%以上,每台设备每年还可节电17000 kW · h。”“据初步统计,全国冶金、机械行业12000多个企业,通过推广应用高速化学分析新技术,在缩短冶炼时间、节约能源、提高产品质量方面,每年可增加收入近十亿元。”这两篇文章对我们从事20多年碳硫高速分析的研究成果做了客观介绍,给予了较高的评价。

50多年来,我与分析化学结下了不解之缘,特别是对碳硫高速分析情有独钟,我在努力完成自身的教学任务外,还长期与相关企业的同行专家们一道,从更准确、更灵敏、更便捷的实用角度,持续不断地探索研究碳硫高速分析的新理论、新仪器、新方法，并取得了较好的成果。本书就是我几十年来从事碳硫高速分析及其自动化仪器研究的成果和经验总结。

本书共分四部分、24 章，约 27 万字，内容丰富，实用性强，对碳硫高速分析领域的各个方面做了较为全面系统的论述，包括碳硫分析基本理论的创新、自主研发的新型碳硫分析仪器、独具特色的实用的碳硫高速分析新方法等。本书内容源于生产实践，又指导和服务于生产实践，既有碳硫分析基础理论的探讨研究，又有分析操作实践经验的总结，既汇总了多种先进的碳硫分析仪器，又介绍了各种实用的碳硫分析方法，特别是全书突出了一个“新”字——新理论、新仪器、新方法，有新意、有特色，有些方面还是世界首创，具有较高的学术水平和很强的实用价值，是一部内容全面、系统、完整、实用的碳硫分析专著。如果本书的出版能为我国钢铁、机械等行业的科学发展和可持续发展做出贡献，为中国特色社会主义建设事业添加一砖一瓦，作者将感到莫大的欣慰。

本书承蒙原中国人民解放军第 9759 工厂厂长沈乐安大校，中国兵器工业第五二研究所原副总工程师兼科研处处长、包头华美稀土高科有限公司副总经理兼总工程师李茂山教授审定，在此表示诚挚的谢意。

本书可供冶金、机械、建材、地矿、环保等行业的广大分析化学工作者在实际工作中应用，也可供科研院所相关专业的科技人员和高等学校、职业院校有关专业的师生学习参考。

本书仓促成书，受作者的学识和水平所限，书中疏漏和不足之处在所难免，敬请同行专家和广大读者不吝指正，作者将热诚感谢。

田英炎
2010 年 1 月于西安

目　　录

第一部分　绪　　论

第二部分　燃烧红外法碳硫分析

第三部分　燃烧法碳硫分析技术

第四部分　碳硫分析方法

第一部分　绪　论

1　碳量与硫量测定方法综述

测定钢铁中的碳量和硫量，首先是将试样在高温炉中（如电阻炉、高频炉、电弧炉等）通氧燃烧，生成并逸出 CO_2 和 SO_2 气体，用此法实现碳和硫与金属元素及其化合物的分离，然后测定 CO_2 和 SO_2 的含量，再换算出钢铁中碳和硫的含量。本章概括介绍碳量和硫量的测定方法。

1.1　重量法测碳硫

重量法测碳的原理是将试样通氧燃烧，使其中的碳氧化成 CO_2。混合气体经除硫后，常用碱石棉吸收 CO_2，由增量求出碳含量。

硫的重量法测定，多用湿法。试样用酸分解氧化，转变为硫酸盐，然后在盐酸介质中加入 $BaCl_2$，生成 $BaSO_4$，经沉淀、过滤、洗涤、灼烧、称量，最后计算得出硫的含量。

重量法的缺点是分析速度慢，优点是具有较高的准确度，基于此，重量法至今被国内外作为标准方法推荐。

1.2　气体容量法测碳

经典的等压气体容量法测定碳（可测定绝对值）已在国内外作为标准方法推荐。试样置于管式炉中，加热通氧燃烧，将碳氧化成 CO_2，除去 SO_2 后将混合气体收集于量气管中，并测量其体积。然后用 KOH 溶液吸收 CO_2，再测量剩余气体的体积。吸收前后气体体积之差即为 CO_2 的体积，由此计算碳的含量，此法测量范围 0.05% ~4.0%。

此法测量准确，但速度慢，手工操作，烦琐费时。为了改善上述问题，我国分析工作者提出了“差压”气体容量法定碳，研究了差压定碳的理论，建立了差压定碳的方程，研制了差压定碳的仪器，制定了差压定碳的工艺，能在 60 s 内完成碳量分析，准确度高，全面提升了气体容量法碳的测定。

1.3　非水定碳与碘酸钾容量法测硫

该方法是将试样置于瓷舟中，加适量助熔剂，将瓷舟推入燃烧炉高温区（1200 ~1250℃）

预热0.5～1 min，通氧燃烧（氧气流量1～2 L/min）生成SO_2、CO_2气体，经除尘管导入硫、碳吸收杯中，当淀粉吸收液中的纯蓝色逐渐变淡时，随即用KIO_3溶液、碱性非水溶液滴定硫、碳，将近终点时，间断通氧1～2次，继续滴定至溶液呈原来的纯蓝色终点。根据消耗的KIO_3标准溶液和碱性非水溶液的毫升数及相应标准试样求得的滴定度，求出硫和碳的含量。非水滴定法测碳，是测定碳素钢及高、中、低合金钢中碳的标准方法（WM3012—87）。

碘酸钾容量法是测定生铁粉、碳钢、合金钢、高温合金、精密合金、锑、银中硫的标准方法。在20世纪70～80年代该方法在我国广泛应用。方法的原理将在本书第11章中详细介绍，此处不在赘述。滴定法是很简易的手工操作，然而使滴定实现自动化却很困难。我国分析工作者经过努力，自主研制的自动化仪器，实现了自动加液、自动滴定、自动确定滴定终点、自动打印并数显碳、硫测定结果，此碳硫分析仪器将在第11章有所介绍。

1.4　电导法测碳硫

电导法测定碳量、硫量是将燃烧法产生的CO_2和SO_2混合气体首先导入硫的电导吸收池，池中含有酸性氧化剂的硫吸收液（常用氧化剂有KIO_4、H_2O_2等），SO_2氧化并产生H_2SO_4，引起吸收液氢离子浓度增加，其增值与硫含量成正比例，再经电脑处理，可以显示并打印出硫的含量。电导法测碳是将已吸收SO_2的混合气体再导入碳吸收池，吸收池中装有能吸收CO_2的溶液（如NaOH、$Ba(OH)_2$等），当导入CO_2后，溶液的电导发生变化，其改变值与CO_2的量成正比，经电脑处理，可数显并打印出碳的含量。整个过程自动完成，时间60 s。

用电导法测定碳量和硫量，其特点是准确、快速、灵敏。多用于低碳、低硫的测定。测定下限均能达到1×10^{-6}。

电导法是测定钨粉、三氧化钨、钨酸、钼粉、三氧化钼、钼酸铵等微量硫量的标准方法。

1.5　库仑法测碳硫

库仑法是根据消耗的电量来计算试样的碳含量。称取试样加助熔剂后，置于瓷舟中，管式炉温度升至1300℃左右通氧，试样中的碳转化为CO_2，并导入已知pH值的$Ba(ClO_4)_2$溶液中，反应生成$HClO_4$和$BaCO_3$沉淀，由于氢离子浓度的增加，使溶液的pH值发生变化，用脉冲电解方法使溶液的pH值恢复至原值。在电解过程中，每个电脉冲相当于8×10^{-3}C的电量，析出的物质为0.5×10^{-6} g。

$$w(\mathrm{C})=\frac{(A-B)\times0.5\times10^{-6}\times100}{m}\tag{1-1}$$

式中　$w(\mathrm{C})$——碳的质量分数，%；

A——试样分析结束时显示的电脉冲数；

B——空白值脉冲数；

m——试样的质量。

吸收液对CO_2的吸收率能达到100%，而电解率也能达到100%，本方法可得到碳量的绝对值，但实际上吸收率总达不到这一要求，因此在分析样品时，尚需用碳的标样进行校准。库仑法测定碳量，优点是准确，不足之处是速度慢。

SO_2也可用库仑法测定，分析原理相似。

由于库仑法分析准确,钨、钼、铬、钴、锰等物质中的碳量分析都以库仑法为标准方法。

1.6 红外法测碳硫

CO_2 吸收波长为 4.26 μm 的红外线,SO_2 吸收波长为 7.4 μm 的红外线。

根据红外线通过待测气体前后能量的变化与待测气体浓度之间的关系,可近似地用朗伯-比尔定律表述如下:

$$I = I_0 e^{-\alpha CL} \tag{1-2}$$

式中 I——红外线通过被测气体后的能量值;

I_0——红外线通过被测气体前的能量值;

e——自然对数的底;

α——被测气体对红外线的吸收系数;

C——被测气体的浓度;

L——红外线穿过被测气体的厚度。

由此可知,如能测得 I 和 I_0,便可求得气体的浓度,这是红外线气体分析仪分析各种气体含量的原理之一。

但由于测量 I 和 I_0 很困难,目前我们所用的红外线气体分析仪都采用双光路系统,用比较的方法求得气体的浓度。

把金属样品置于陶瓷坩埚内,并加一定量的钨、铁屑或钨、锡助熔剂,在氧气气氛中,经高频感应炉加热熔融,样品中的碳或硫形成 CO_2 或 SO_2。

在红外线气体分析仪的测量室未通过被测气体前,则通过测量室和参比室两边的红外光能量相等,这时测量仪表指示为零。当 CO_2 或 SO_2 通过测量室时,CO_2 吸收了红外光能量,测量室和参比室两边的红外光能量便不相等,红外检测器所接受到的红外光源辐射的能量减少,其减少的程度与 CO_2 或 SO_2 的浓度有关。因此,测量红外检测器输出值的变化,也即测量了碳或硫在金属样品中的含量。仪器有微处理机进行数据处理,样品中的碳或硫的百分含量直接显示在屏幕上。

红外法测定碳量和硫量,具有分析速度快、灵敏度高、测定范围宽、应用广泛等优点,是当今又快又好的碳硫分析方法。

1.7 光谱法测碳硫

光谱法,有 ICP 法,用于定量分析金属中的碳量和硫量,近年来国内外不断有所报道。为了得到良好的放电气氛,用 95% Ar 和 5% H_2 作为载气,预火花时间延长到 40 s,并使用强衰减放电方法,测样品中的硫量。金属样品置于钨和钼电极之间,在氧气气氛中,用电弧将金属中的碳转为 CO 和 CO_2,然后用发射发谱分析产生的气体混合物,检出限为 0.001%。碳-铁-氧系统中的 CO、CO_2、氧化铁等平衡浓度,是电弧温度的函数,可以计算出来。优化发射光谱的某些操作条件,可使其运用于分析金属中高含量和痕量元素的检测。例如,用发射光谱分析非合金钢和合金钢时,将预火花时间和积分时间优化成标准偏差的函数,可同时检测多元素,并且拓宽了检测范围。又如,利用研制出的一种超细粒子产生系统(UFP),借助火花电弧使样品中产生细粒子,并把细粒子加速到电感耦合发射光谱中,直接分析样品,使光谱法在分析金属碳、硫的应用中得到进一步发展。

1.8 电化学分析法测碳硫

还原蒸馏-离子选择电极法可测定硫量。首先将 H_2S 蒸出后，用 NaOH 溶液吸收，以硫离子选择电极为指示电极，饱和甘汞电极为参比电极，然后用铅标准溶液进行电位滴定，可测定钢铁及合金中的硫量。该方法灵敏度高、准确度好、装置简单、干扰较少，特别适用于低硫测定。

此外，还可用热电势测钢中碳的含量。为了在较少的时间内提高测量准确度，测量区域需规格化，即把试样加热到 900 ~ 950℃，然后再冷却到 500 ~ 630℃，并停在该温度下约 0.5 ~ 1 s，在样品冷却后，在规范区域内测其电势，与标样比较，即可得碳的含量。又如采用电解法测不锈钢中的碳，不锈钢在 500 ~ 800℃ 经加热处理形成晶粒间的碳化物（含量为 10^{-12}级）$M_{23}C_6$（M 为 Cr 或 Ni）在碳化域残留的铬或镍被定量电解，以得到在碳化过程中消耗的 Cr 或 Ni 量，并从碳化物的分子式中计算出碳的含量。具体做法是把不锈钢样在 750℃ 加热 3 min，并在 0.1 mol/L H_2SO_4 中定量电解，测定 Cr 含量，并与最初在碳化域的含量相比，其净值与碳的含量成线性关系。

1.9 质谱法测碳硫

解决碳量和硫量超痕量的分析方法是质谱分析。火花放电质谱和辉光放电质谱只需将样品切成棒状、盘状或碎块、便可进行直接分析，这就避免了繁杂的处理过程，所以受沾污最少。在测定中，为了消除辉光放电的主要背景干扰，一种简单而有效的技术就是利用不同的放电气体结合使用，取其各自的优点，如 Ar 与 Ne 气体结合使用，分析钨样，其碳、硫的检出限都低于 ng/g。对固相质谱-高分辨率辉光放电质谱（VG9000）进行改进，提高其分辨率和灵敏度，碳的检出限在 10^{-6}级，而且方法精确快速。此外，将电子探针微分析（EPMA）、发射电子显微镜（IMS）和第二次离子质谱（SLMS）相结合使用，不仅可分析金属中微量杂质，而且还可鉴定其分布。SIMS 和 TEM 联用，被认为是测定微区结构碳、硫分布的最佳方法。

1.10 色谱法测碳硫

用色谱法分析金属中的碳含量，检出限与空白值有关，因此，消除吸附和黏附的碳显得十分重要。日本专利曾报道了分析钢样中痕量碳时的前处理方法和装置。该装置有一个盛钢样的反应管，反应管第一部分保持温度为 T_1，第二部分保持温度为 T_2，在 T_1 温度下，通氧加热钢样，以氧化除去吸附和黏附的碳。然后升高温度至 T_2，使钢样中的碳与氧形成 CO_2 由检测器检出。经处理后可测含碳量 10^{-6}级的钢，而不受吸附和黏附碳的影响。当 T_1 和 T_2 分别为 430℃ 和 1380℃ 时，可测得 3.6×10^{-6} 的碳，标准偏差为 0.14×10^{-6}，变动系数为 3.9%，处理前，标准偏差为 0.99×10^{-6}，变动系数为 16.8%。另外，有人将试样加工成重 3 ~ 4 g、粗糙度 *Ra* 为 12.5 ~ 25 的块状或条状样，先用乙醚洗去油脂，然后再化学腐蚀，最后于 600℃ 通氧气 5 min，除去钢试样表面的碳。在 1200℃ 以上燃烧，碳形成 CO_2，通过硅胶浓缩柱后，由色谱法测定，氧气则用 5A 分子筛两次纯化，使空白值降至 0.32 μg 碳。用此法测定铜中的微量碳，其灵敏度和准确度都较高。

1.11 X 射线荧光光谱法测碳硫

X 射线荧光光谱法，分析准确、快速，可用于有机硫的分析。本书 23.1 节测定石油产品中的硫，用此方法进行对比试验，验证电弧炉法测石油产品中硫的可靠性。由于此仪器昂贵，推广较难。

1.12 活化分析法测碳硫

活化分析法，灵敏度高，硫的检出限 $10^{-10}\%$，碳的检出限 0.2×10^{-6}。此法不仅可用于钢铁中碳的分析，并且还可用于在考古学中。用此法进行碳的分析，可确定文物的年代。

以上简述了一些碳、硫分析方法，每种方法都有它的优点和缺点。经过市场考察，红外法碳硫分析仪，销售份额占70% ~80%。用户和制造厂都青睐于红外碳硫分析。因此，本书以市场和社会需求为导向，将重点研讨红外法测定碳硫的理论、仪器和方法。

第二部分 燃烧红外法碳硫分析

2 红外法碳硫的检测原理

2.1 概述

红外碳硫分析仪器,是集机、光、电、计算机技术,加热技术,分析检测技术等于一体的高新技术产品,能快速准确地测定钢、铁、合金、有色金属、水泥、矿石、玻璃、陶瓷及众多材料中碳、硫两元素的质量分数。

红外碳硫分析仪现已形成规模经济,生产厂家有10多家。该仪器有高频-红外碳硫仪、管式炉红外碳硫仪,还有我国独有的电弧炉红外碳硫仪三种类型,仪器品牌有20多个。据"金义博"、"英之诚"、"德凯"三厂初步统计,2008年销售量约400台,畅销国内,远销国外,对国民经济,特别是钢铁业的发展起到了积极的推动作用,该仪器已具有对国外同类产品的相当竞争力,并在国内外树立了良好的信誉。

仪器由燃烧系统、计算为核心的机电控制系统和红外检测系统三部分构成。由于燃烧系统和机电控制系统在《高速分析及其应用》一书中有较多的论述,此处仅研讨检测体系的一些基本问题。

2.2 朗伯-比耳定律

红外线是波长为0.76~420 μm的电磁波。它的波段可分为近红外区(0.76~15 μm)、中红外区(15~100 μm)和远红外区(100~420 μm)等。红外波段,热功率较大,红外辐射被物体吸收后,产生显著的热效应,易于检测。近红外波段,红外线的性能接近红光,遵守光学的折射、反射及直线传播规律。来自光源的红外线,通过含有样品的介质时,样品吸收入射光后,将光能转化成热能,入射光强度减弱,减弱的规律服从朗伯-比耳定律。即:

$$I_{i(\lambda)} = I_{0(\lambda)} e^{-\alpha(\lambda) CL} \tag{2-1}$$

式中 $I_{i(\lambda)}$——通过吸收池后的透过光强;

$I_{0(\lambda)}$——特定波长的入射光强;

e——自然对数的底;

$\alpha_{(\lambda)}$——特定波长入射的吸收系数；

C——被测气体的浓度；

L——吸收池的长度。

从朗伯-比耳定律可知：当选定某一特定波长和吸收池长度 L 为定值时，如能测得 I_0和 I_i 即可换算出混合气体中被测物质的浓度。此即红外吸收法测定含量的基本原理。

但由于测量 I_0 和 I_i 很困难，目前我们所用的红外线气体分析仪，都来自双光路系统以比较的方法求得气体的浓度。

朗伯-比耳定律适用范围较广，不仅可用于红外线波段，也适用于紫外线波段和可见光波段。它用于红外线波段有以下几个特点：

（1）红外吸收是有条件的。根据分子理论及大量实验证明，分子在不停地运动，而分子内部也在不停地发生振动，唯有偶极距发生变化的那种振动才能吸收红外光谱。单原子分子（如 He、Ne、Ar、Kr、Xe、Rn）、同核的双原子分子（如 H_2、O_2、N_2）等，它们在振动过程中无偶极距变化，因而不吸收红外光谱。用红外法测定碳、硫的体系中，虽有大量的氧气存在，由于不吸收红外线所以不干扰测定。

（2）红外吸收是有选择性的。多原子气体分子，经红外线照射，就会加快振动和转动，不同的物质，都有自身特定振动或转动频率。然而，只有在红外光谱的频率与分子本身的特定频率相一致时，这种分子才能吸收红外光谱的辐射能，因此，具有选择性。红外法测定碳硫就是把试样高温氧化，将碳和硫转化成多原子的 CO_2 和 SO_2 气体，在特定的波长（CO_2 为 4.26 μm，SO_2 为 7.4 μm）有最大吸收的条件下测定的。

（3）红外吸收的能量较大。在 0.76 ~ 15 μm 的近红外波段，1 mol 的吸收能为 4180 ~ 16720 J，这样大量的热能经过转换后，可用检测器进行检测，从而确定待分析组分的浓度。

2.3　红外检测体系

红外分析器由红外光源、滤波器和检测器等部分组成。

2.3.1　红外光源

红外光源由红外辐射源、反射凹面镜和调制器等器件组成。

（1）红外辐射源。为了保证光源的稳定性，要选择合适的光源材料。一般 Ni-Cr 丝用得最多，因为 Ni-Cr 丝抗氧化性强，热稳定性能好。为了保证激发辐射条件稳定，要求加热灯丝的电流应经稳压电源供给，如果电流改变，灯丝温度也要相应地变化，这将造成光谱波长辐射能量的改变。光源辐射能量的大部应集中在待测组分特征波长范围内，即辐射的特征波长必须符合 CO_2 和 SO_2 的特征波长，这样可以增加待测组分对能量的吸收，大大提高测量的灵敏度。

（2）反射凹面镜。它是经特殊加工的镀金反射镜，并将光源的辐射光反射成一束平行光。这一束平行光是红外分析仪器分析测试的条件。

（3）调制器。经过分析介质的红外谱线，其能值由于介质吸收而减弱，这属直流信号的变化，而红外探测器属电荷性器件，不能测直流信号，因此必须有一个将直流信号转化为交流信号的装置。调制器又称斩光器，由与同步电机相连的斩光片组成，可将平行光束，调制成超低频的断续光谱。根据探测器的频率特性，选择合适的调制频率和理想的正弦波形，有利于提高仪器的稳定性。调制频率还应避开市电频率，由于我国市电频率为 50 Hz，所以还需注意调制频率不能是 5 的整数倍。以钽酸锂为材质的红外检测器，调制频率宜选在 10 ~ 10^2 Hz 之间。红外碳硫分析仪其调制频率为 64 Hz。根据试验，要得到理想的交流正弦波，由此应使斩光片的齿宽与吸收池直径的比值在 1.15 左右为最佳。在吸收池直径固定的情况下，调整斩光片与吸收池的中心距，即可满足比值 1.15。

2.3.2 滤波器

通常从光源发射的红外辐射，其波段范围要比待测气体的吸收波段宽得多。例如：把镍铬丝加热到 730℃时，其发射波长主要集中在 3 ~ 10 μm。在此波段范围内，下面几种气体有其特征吸收波段，CH_4：2.3 μm，C_2H_2：3.0 μm，C_2H_4：3.3 μm，CO：4.65 μm，NO：5.3 μm。由于红外探测器对光谱的吸收是非选择性的，这些干扰气体吸收掉一部分红外光谱，这样就会使分析结果产生偏差。用红外分析仪测定碳、硫，其特征吸收波长分别为 4.26 μm 和 7.35 μm，因此滤光片的任务是滤掉其他红外谱线，只许透过待测组分的特征吸收光谱，以此消除背景气体的干扰，提高仪器的选择性和灵敏度。国产的窄带滤光片，通带很窄，通带 $\Delta\lambda$ 与特征吸收波长 λ_0 之比 $\Delta\lambda/\lambda_0 \leqslant 0.07$，所以滤光效果很好，通带以外光能几乎全部滤掉。

2.3.3 热释电红外探测器

采用热释电材料制成 20 μm 厚热释电薄片，在薄片的两个表面上沉积一层金属薄膜电极，构成探测器的灵敏元。相当于平板电容器，如图 2-1 所示。

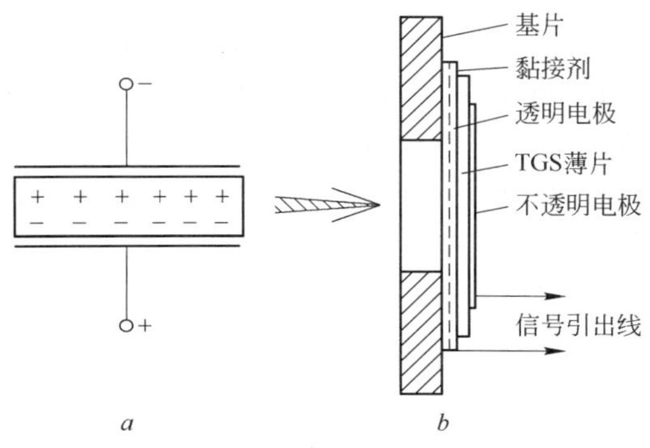

图 2-1 热释电红外探测器

热释电现象，是在晶体两个端面上施加直流电场，结果晶体的一个表面带正电荷，另一个表面带负电荷，如图 2-1*a* 所示产生了极化现象。对于大多数晶体来说，当外加电场去掉后，极化状态随即消失。然而对于铁电体的晶体有些例外，首先，当外加电场消失后，它仍然能保持极化状态，故称“自发极化”。其二，它的极化强度是温度的函数，温度高极化强度低，温度低极化强度高，当温度上升到一定值之后，极化状态突然消失（这一温度为居里温度）。也就是说，已极化的铁电体，随着温度的升高，极化强度降低，表面聚积的电荷减少，相当于释放出一部分电荷来，温度越高，释放出的电荷越多。当温度达到居里温度时，电荷释放完了，人们把极化强度随温度转移从而释放电荷这一现象叫“热释电”，而把极化强度对温度的变化率定为“热释电系数”，单位为 C/(cm^2 · K)

当敏感元吸收红外辐射后，引起敏感元温度变化，自发极化强度 P_s 也发生变化，并在晶体薄片两表面电极重叠部分释放电流，电流的强弱由下式计算：

$$i_s = A \cdot dP_s/dT = A \cdot PdT/dt \tag{2-2}$$

式中　A——热释电薄片两个表面电极重叠部分受光照射的表面积；
P_s——自发极化强度；
P——热释电系数；
T——热释电灵敏元温度；
t——时间。

典型的热释电检测器的结构如图 2-1*b* 所示。采用真空封装技术封装成管，可有效地减小机械振荡和导热损失，又能避免粉尘、水分及有害气体的不良影响，此举措可降低器件的噪声。常用的热释电材料有：硫酸三甘钛、铌酸锶钡、锆钛酸铅、铌酸锂、钽酸锂等，在我国优先选用钽酸锂（$LiTaO_3$），此单晶材料具有优异的高居里温度，化学稳定性极高，可探测 800 mW/cm功率，而且在 −50 ~ 50℃ 范围内响应率保持不变，具有高稳定、高可靠等特点。用它制成的探测器与美国 Leco 公司探测器性能相比，其噪声减至后者的 1/3 ~ 1/4，探测率灵敏度高 3 倍左右。

热释电检测器与其他类型的检测器相比，不仅响应快，而且灵敏度也高，能测出小于 10^{-6} K 的温度变化。由式（2-2）可知：其电流输出正比于晶体温度对时间的导数 dT/dt，因此，它受环境温度影响比较小。另外，它的内阻很高，一般直流电阻在 10^{12} Ω 以上，因此要求与其相配的放大器的输入阻抗更大。此外，它的噪声虽低，但它受与之匹配的放大器噪声的限制，所以放大器不仅应是高输入阻抗的，还应是低噪声的。为了提高组件的性能必须研制一个低噪声输入阻抗大的前置放大器。如图 2-2 所示，典型的检测器的前置放大器是一个阻抗变换器，由一个低噪声场效应管源极输出器、一个 10^{11} ~ 10^{12} Ω 的负载电阻和一个红外透明窗口组成。整个前置放大器与热释电薄片封装在上述同一个抽真空的管内。

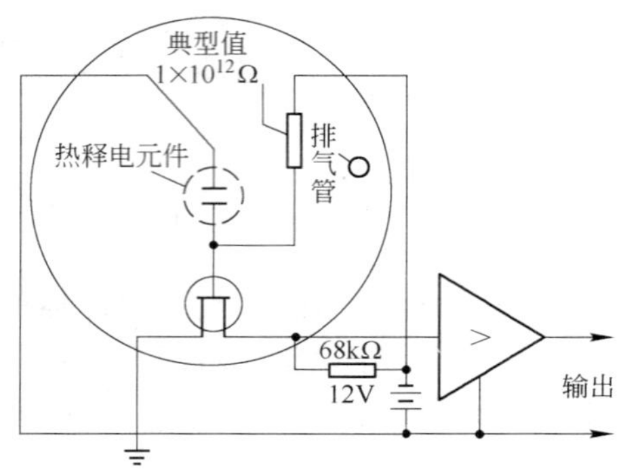

图 2-2　热释电电路原理

由探测器检测出的交流信号，经过交流放大、频率提升、全波线性检波等过程，使之输出为 0 ~ 2 V 直流电压，然后有序地进入计算机，再经 A/D 转换，数据处理，最后数显，打印测定结果。其原理示意框图如图 2-3 所示。

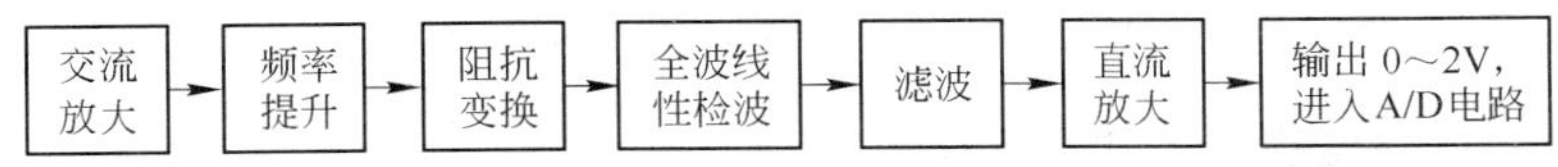

图 2-3 放大电路原理框图

2.4 讨论与注意问题

2.4.1 光源与电压

光源的稳定性与加在灯丝上的电压改变有很大关系。一般而言,光源所产生光的强度 I 与电压 V 的关系如下:

$$I = KV^n \tag{2-3}$$

式中,K 为比例常数,n 为常数,近似值为 4。

式(2-3)是经验式、近似式,从中可看出,光源电压的变化会给测定带来极大误差;因此,灯丝电压的稳定不可小视。

另外灯丝的材质也极重要,通常多用 Ni-Cr 丝,若采用化学稳定性更好的铂金电阻丝,实践证明会更稳定、更持久。

2.4.2 碳吸收池与硫吸收池

根据朗伯定律:一束单色光通过既定介质后,由于介质吸收了一部分光能,光的强度就要减低,若介质中被测定物质浓度不变,光在介质中所经过的路愈长(即吸收池愈长),光线强度的减低,也愈显著,(灵敏度愈高)。

光线的减弱可由下式表示:

$$-\frac{dI}{I} \propto dL \tag{2-4}$$

$$-\frac{dI}{I} = \mu' dL \tag{2-5}$$

或

$$\frac{dI}{I} = -\mu' dL \tag{2-6}$$

积分:

$$\int \frac{dI}{I} = -\int \mu' dL$$

$$\ln I = -\mu' L + C \tag{2-7}$$

当 $L = 0, I = I_0, \ln I_0 = C$ 时:

$$\ln \frac{I_0}{I} = \mu' L \quad 或 \quad I = I_0^{-\mu' L} \tag{2-8}$$

式中 I_0——特定波长入射光强度;

I——通过吸收池后透过光强度;

L——吸收池长度;

μ'——比例常数。

此关系式称为波格定律,又称为朗伯定律。

在制造仪器时,根据朗伯定律,即适当做长碳吸收池的长度,可使测碳的灵敏度达到 0.1 ×

10^{-6}。又是根据这个原理,我国首创了“双碳池自动切换技术”,提升高碳和超低碳的测定水平。

2.4.3 吸收池应在等压等温条件下工作

红外碳硫分析吸收池的介质是氧气,氧气虽然不干扰 CO_2 和 SO_2 的吸收测定,而氧压的变化和温度的变化却影响测试精密度。因此,测定试样,上次测定和下次测定、测定标准样品和测定未知样品,都应在适当的温度、压力条件下和等温等压的条件下进行。要做到等压即 $dp=0$ 必严格气体的流量,使用的气体流量计的精度应控制在 ±1.5 mL/min。更重要的是控制温度,因为 $pV=nRT$,$p=\frac{nR}{V}T$,在控制流量的前提下 n 可视为常数,R 为常数,吸收池的体积 V 为常数,T 为绝对温度。令 $K=\frac{nR}{V}$,则:

$$p=KT \tag{2-9}$$

由式(2-9)可知:温度的变化会明显地影响吸收池中压力的变化。要保持吸收池中压力的恒定,应添置气室恒温装置,把温度控制在 ±0.5℃,这不仅对恒压有好处,而且对分析的精密度也有益。

2.5 红外碳硫分析仪的创新

2.5.1 双碳池技术的研究

应对低含量碳的测量精度及数据重复性的要求,根据朗伯-比耳定律,相应地增加碳池的长度,能提高测量灵敏度。大量的试验,获得了满意的结果。更可贵的是在计算机软件的设计上,有所突破,采用量程自动转换技术能自动判别是低含量量程还是高含量量程,根据所采集到的数值大小,由计算机来判别自动切换显示,无需人工操作,这是软件技术的独特之长。双碳池技术的实现,属我们的首创,可使高频红外碳硫分析仪的灵敏度达到 0.1×10^{-6}。

2.5.2 红外微型光源的改进

采用自身物理化学特性极稳定的铂金电阻丝,作为通电加热体,具有恒定的发光特性,铂电阻能在室温和加热达到高温时,其电阻值都极稳定,不会引起加热功率的变化。同时采用军用级的电源模块来提供加热电压。提高了加热电压的负载能力,从整体上提高了光源发光的稳定度,从而提高了测量数据的精确度、稳定度及重复性。

2.5.3 高频加热炉电路原理特性

探究了高频加热炉电路原理特性,掌握了调整最佳工作状态的调校技术,使其能完全工作在基于地电位的自激振荡全交流波形输出的丙类工作状态。可获得样品在充分燃烧条件下的测量数据。

再则采用性能更优秀的陶瓷封军用级电子管代替了玻璃封装的5868电子管。使其具有更大的功率储备量,及更好的散热特性,能使高频加热炉长期连续地工作。

2.5.4 静电屏蔽措施

加强了讯号前置放大器与计算之间的接口电路的静电屏蔽措施,大大降低了杂波讯号对整机系统的干扰,提高了抗干扰能力,提升了数据显示的稳定性。

2.5.5 干燥剂装置

在氧气总进口处加装了干燥剂装置,吸收了氧气中的水分,避开了水分子在 SO_2 吸收峰上的干扰,同时阻止了 SO_2 与水作用生成 H_2SO_3 的化学反应,提高了硫的测量精度。

2.5.6 电子气体流量计

在气路中增装了精密的电子气体流量计,使气体流量的正确度控制在 ±1.5 mL/min 的范围内。这在气体流量控制方面,提升了仪器的测量数据的精度。

2.5.7 气室恒温装置

增设了具有控温精度为 0.3℃的气室恒温装置,控制了前置放大器及探测头的温度漂移,在信号的处理方面,保证了仪器测量数据的稳定性。

2.5.8 新型的碳硫测量池体

研制了新型的碳硫测量池体,妥善地解决了含氟材料中氟对管壁的侵蚀问题,这样可以对含氟材料的碳和硫进行测定,拓宽了使用范围。

2.5.9 技术改进

应用户的要求进行多次技术的改进工作,因为在计算机软件程序设计之初就考虑到了用户的需求,预留了足够的存储空间,使得改进工作得以实现。

(1) 以不同的颜色动态适时地显示碳和硫的释放曲线,便于在线直观、清楚地观察到样品燃烧时碳和硫释放的全过程。

(2) 实现了按日、周、月、年将操作者及材料的种类、炉号等进行数据分类及处理,便于以后的资料查询、生产管理及数据的长期保存。

(3) 分析数据的存储通道由原来碳和硫的 8 个通道增加了 48 个通道,可以方便地实现对不同含量的碳硫材料选用不同的组合通道。

(4) 根据用户对样品重量有更高精度的要求,研制了十万分之一精度电子天平的匹配输入程序,满足了用户的要求,得到用户的好评。这显示了我们具有对软件程序扩展的强大能力。

(5) 有些用户提出,碳和硫的测定值的显示能达到小数点后六位的精度,为此我们花了大量的精力进行大量的程序设计工作对软件进行修改,使显示值从小数点后五位,提升到小数点后六位,得到用户的极大好评。

2.5.10 光导纤维的应用

光导纤维具有低损耗、宽带域、径细、质量轻、省资源、便于移动、不受外部电场干扰等特征。采用它防止了高频炉对检测信号的电磁干扰,这项新技术,增强了仪器的可靠性,杜绝了红外碳硫分析仪死机现象的发生。

3 红外吸收法碳硫分析仪

3.1 高频炉-红外碳硫分析仪（CS-8800 型高频红外碳硫分析仪）

3.1.1 高频燃烧-红外检测原理

根据法拉第电磁感应定律，当金属导体处在一个高频交变电场中，将在金属导体内产生感应电动势，由于导体的电阻很小，从而产生强大的感应电流。由焦耳-楞次定律可知，交变磁场将使导体中电流趋向导体表面流通，引起集肤效应，瞬间电流的密度与频率成正比，频率越高，感应电流密度越集中于导体的表面，即集肤效应就越严重，有效的导电面积减少，电阻增大，从而使导体迅速升温。在富氧条件下，样品达到充分燃烧，释放出 CO_2 和 SO_2 等混合气体。由于载气的作用，气体通过气路系统到达硫吸收池和碳吸收池。

CO_2、SO_2 等极性分子具有永久电偶极矩，因而具有振动和转动等结构。按量子力学分成分裂的能级，可与入射的特征波长红外光耦合产生吸收，气体分子在红外光波段，具有选择性吸收谱图，当特定波长的红外光通过 CO_2 或 SO_2 气体后，能产生强烈的光吸收。

由于探测器是将光信号转换为电信号，当探测器工作在线性区域内，选定某一特定波长并且确定了分析池（吸收池）长度时，由测量光强换算出混合气体中被测气体的浓度，这就是红外吸收法能定量测量气体浓度的基本原理。CS-8800 型高频红外碳硫分析仪选定的测量波长：CO_2 为 4.26 μm，SO_2 为 7.4 μm。

分析室包括微型红外光源、反光镜、调制电机、吸收池、滤光片和探测器。微型红外光源用电加热到 800℃产生红外光，经吸收池被 CO_2、SO_2 吸收后再经过窄带滤光片，滤去除上述波长外的其他光辐射的能量，入射到探测器上，则探测器上检测到的是与 CO_2、SO_2 浓度相对应的光强，经过探测器光电转化为电信号，再经微机进行归一化定标处理，积分反演成为碳硫元素的百分含量。在光源与吸收池之间安装了调制马达，可把光信号调制成 64 Hz 的交变辐射信号。探测器输出的中心频率为 64 Hz。

由热释电器件转化为电信号经前置放大和后级放大后通过数模转换进入微机，在微机中经线性化运算使之转换成与 CO_2、SO_2 含量成比例的数值。

仪器技术规格和指标如下：

（1）测定元素。碳硫联合测定。

（2）分析原理。高频炉燃烧-红外线吸收法检测。

（3）分析范围。碳的分析范围 0.00001% ~ 99.999%；硫的分析范围 0.00001% ~ 99.999%。

（4）称样量。0 ~ 2 g。

（5）分析精度。碳的分析精度符合 ISO9556 标准；硫的分析精度符合 ISO4935 标准。

（6）灵敏度（最小读数）为 $C/S = 0.1 \times 10^{-6}$。

（7）分析时间。20～100 s 可调（通常为 35 s）。

（8）工作周期。24 h 连续运转。

（9）高频感应加热炉。1）大功率高频电路设计即采用国家发明专利技术，使用 7.5 kV · A高频功率管（实际使用功率大于 2.7 kV · A），自激式定向耦合器取功率反馈，保证输出功率一致；2）自动检漏，过时、过流报警；3）电流/电压/功率/选择方式调节炉温，适合于不同材质的样品；4）高精度流量控制器保证气流稳定及进口气路系统。

（10）粉尘过滤器。0.4 μm 超微孔金属过滤器，确保粉尘与气体的完全分离，无须超声波清洗机即可长期使用。

（11）炉头加热。提高硫的转化率，使硫分析结果稳定。

（12）除尘系统。先进的炉头自动清扫装置，专利技术的排灰系统可减少粉尘对分析结果的影响。排灰系统：高压排灰，彻底清除管道灰尘。

（13）检测系统。1）整机采用双 CPU 上、下位机模块化设计，下位机选用 Atmega162 为控制单片机，电子线路高度集成，稳定可靠；2）采用高速 24 位 ADS124 采样芯片，采样精度高；3）上下位机采用 USB2.0 接口通讯，大大提高了通讯速度；4）红外检测部分与高频炉采用光纤连接（国内首创），配合多级隐蔽式隔离电路，彻底杜绝了高频干扰；5）工业级一体化线性模块电源，输出稳定，无故障；6）特制新型铂金红外线光源，发热持续、光谱特性效率高；7）镀金碳硫分析池及高精度热释电红外探测器；8）航空专用同步电机，热稳定性好，连续使用寿命 10 万小时。

3.1.2　仪器概述

CS-8800 型高频红外碳硫分析仪（见图 3-1）与 WF-L88 型高频感应燃烧炉配套使用，能快速、准确地测定钢、铁、合金、铸造型芯砂、有色金属、水泥、矿石、焦炭、催化剂及其他材料中碳、硫两元素的质量分数。这套设备引进了国外的先进技术，是集光、机、电、计算机、分析技术等于一体的高新技术产品，具有测量范围宽、抗干扰能力强、功能齐全、操作简便、分析结果准确可靠等特点。

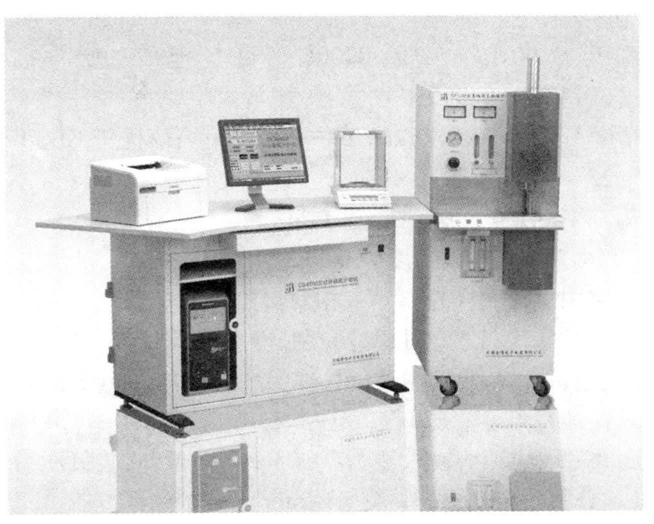

图 3-1　CS-8800 型高频红外碳硫分析仪

3.2 电弧炉-红外碳硫分析仪(CS-8620 型电弧红外碳硫分析仪)

3.2.1 仪器概述

CS-8620 型电弧红外碳硫分析仪(见图 3-2)与 WI-H86B 型高速自动引燃炉配套使用,能快速、准确地测定钢、铁、合金、有色金属等材料中碳、硫两元素的质量分数。这套设备是集光、机、电、计算机、分析技术等于一体的高新技术产品,具有测量范围宽、分析结果准确可靠等特点。由于采用了微机控制,仪器的智能化、屏幕显示的图、文及数据的采集、处理等都达到了目前国内先进水平,是诸多行业测定碳、硫两元素理想的分析设备。

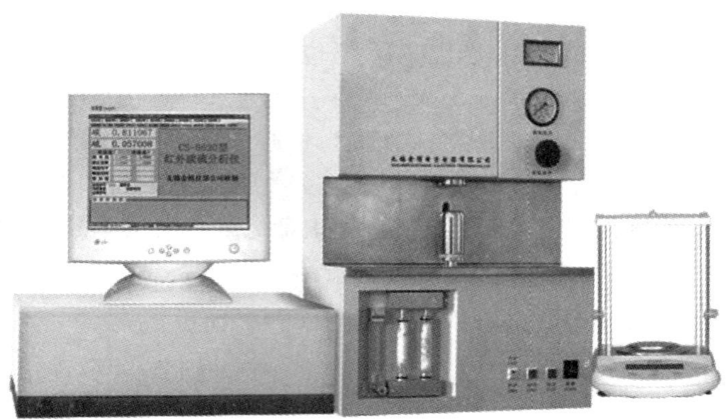

图 3-2 CS-8620 型电弧红外碳硫分析仪

3.2.2 仪器主要技术指标

(1) 测量范围(1g 试样)。

碳的测量范围为 0.0010% ~ 10.0000%(可扩至 99.999%);硫的测量范围为 0.0005% ~0.500%;(可扩至 99.999%)。

(2) 仪器分析精度。碳优于 GB/T223.69—1997 标准;硫优于 GB/T223.68—1997 标准。

(3) 分析时间。25 ~60 s 可调,一般在 35 s 左右。

(4) 最小读数为 0.1×10^{-6}。

(5) 电子天平(赛多利斯)读数精度为 0.001 g。

(6) 工作环境。室内温度为 10 ~30℃;相对湿度小于 90%。

(7) 电弧炉。专利炉头设计(实用新型专利,专利号:ZL2005200691542),炉头电极升降系统采用弹簧结构,电极调节方便,双密封圈,确保炉腔内的压力平衡,不回火。

(8) 电源。要求接地良好,电压 AC(220 ±5%)V;频率(50 ±2%) Hz。

(9) 氧气。纯度 99.5% 以上,输入压力(0.05 ±5%)MPa,载氧压力(0.05 ±2%)MPa。

(10) 气体流量。分析气流量 3.0 ~4.5 L/min。

(11) 干燥剂为高效变色干燥剂。

(12) 过滤剂为石英棉。

3.2.3 设备主要特点

3.2.3.1 红外检测系统

(1) 电路设计。整机采用双CPU上、下位机模块化设计,电子线路高度集成,稳定可靠;同时采用多级隐蔽式隔离电路,彻底解决高频干扰。

(2) 电源。一体化线性模块电源,输出稳定,无故障。

(3) 光源。特制新型铂金红外线光源,发热持续、光谱特性效率高。

(4) 分析池。镀金碳硫分析池及高精度热释电红外探测器(可达10^{-11})。

(5) 电机。航空专用同步电机,热稳定性好,连续使用寿命10万小时。

(6) 气路。流量控制器保证气流稳定及进口气路系统(电磁阀、管接头、升降气缸),自动检漏。

(7) 除尘系统。炉头加热及自动清扫装置,可减少粉尘对分析结果的影响;进口排灰系统。

(8) 0.4 μm超微孔金属过滤器,确保粉尘与气体的完全分离。

(9) 采用电流/电压/功率/选择方式调节炉温:适合于不同材质的样品。

3.2.3.2 随机软件

(1) Win2000/XP全中文操作界面,操作方便,易于掌握。

(2) 软件功能齐全,提供曲线/数据存储、空白扣除、参数设定、通道选择、数理统计、结果校正、断点修正、曲线比较、系统诊断、自动/手动打印分析结果等40多项功能。

(3) 动态数据积分、线性/误差自动校正、可由用户根据情况自主调整工作曲线。

(4) 碳硫各八个通道,用户可根据不同材质、含量分别选择不同通道。

(5) 动态显示分析过程中的各项实时数据和碳、硫释放曲线。

(6) 测量线性范围宽,并可扩展。

3.3 管式炉-红外碳硫分析仪(CS-8510型管式红外碳硫分析仪)

3.3.1 仪器概述

CS-8510型管式红外碳硫分析仪(见图3-3)与HK-85型管式燃烧炉配套使用,能快速、准确地测定钢、铁、合金、有色金属、水泥、矿石、催化剂等材料中碳、硫两元素的质量分数。这套设备是集光、机、电、计算机、分析技术等于一体的高新技术产品,具有测量范围宽、分析结果准确可靠等特点。由于采用了微机控制,仪器的智能化、屏幕显示的图、文及数据的采集、处理等都达到了目前国内先进水平,是诸多行业测定碳、硫两元素理想的分析设备。

3.3.2 仪器组成及构造

本仪器共分五个部分:红外检测部分、管式炉加热部分、微机、打印机、电子天平,下面重点介绍管式燃烧炉加热部分及红外检测部分的内部结构。

管式燃烧炉分加热和控制两部分,控制台采用可控硅元件和同步电源,弛张振荡器,脉冲移相线路组成调压电路,能无级地调节电炉工作电压的高低,从而获得不同炉温。它与电子式或数字显示式温度指示调节仪,电压表、电流表以及其他零部件安装在一个薄钢板制成的机箱内和插入电炉内感温元件热电偶配套使用，就能方便地使电炉在给定温度点进行工作，并能自动恒温（见表3-1）。

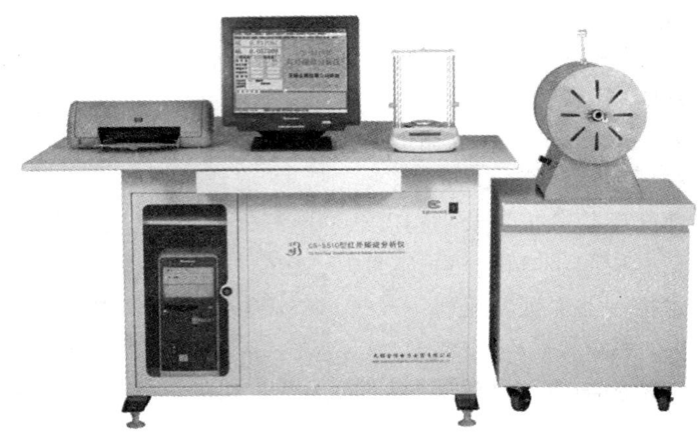

图3-3　CS-8510型管式红外碳硫分析仪

表3-1　仪器参数

输出电压/V	输出电流/A	最大控制容量/kW	电源电压/V	控制温度范围/℃	配套热电偶分度号
0～200	0～30	6	220	0～1600	S

红外检测装置分上、下两层，上层装有模块电源和控制线路板；下层为气体分析池，内有碳分析池、硫分析池和稳流装置。

3.3.3　仪器技术指标

（1）测量范围。碳的测量范围为0.0010%～6.0000%（可扩至99.9999%）；硫的测量范围为0.0005%～0.3500%（可扩至99.9999%）。

（2）准确度及精密度。

准确度：碳优于GB/T 223.69—1997标准中规定的允许差；硫优于GB/T 223.68—1997标准中规定的允许差。精密度：符合国家计量检定规程JJG 395—1997标准。

（3）分析时间。25～100 s可调，一般在60 s左右。

（4）最小读数0.00001%。

（5）电子天平。称量范围为0～120 g，读数精度0.001 g。

4 红外法碳硫分析应用技术

红外法测定碳量与硫量,是国内外公认的又好又快的分析方法。根据燃烧系统的不同,有高频炉-红外法,管式炉-红外法,还有我国特有的有电弧炉-红外法。其中以电弧炉-红外法燃烧速度最快,高频炉-红外法应用最广泛,而管式炉-红外法生成 CO 的量最少。为了提高分析的精度与准确度,工作实践中发现影响因素较多,有仪器硬件问题,也有分析方法问题。

4.1 仪器分析性能的检验

(1) 冷热态基线试验。采用仪器分析条件,不加坩埚和样品进行一次分析,即冷态基线试验。同样采取上述的分析条件进行一次样品分析,分析结束后不移走坩埚,立即再执行一次不加样品和添加剂的试验,即热态基线试验。此两次实验结果都应趋近于零,即仪器分析条件为零,说明仪器设置分析条件合理。

(2) 仪器分辨率(灵敏度)。测定碳硫含量的分辨率为 0.1×10^{-6}。

测定低含量(10^{-6}级)样品进行分析,碳、硫的分析精度在 $\pm 1 \times 10^{-6}$。

(3) 标样增减量试验。为了考虑减去空白后分析结果的线性,在仪器上分析几个试样,特别是低含量试样,其结果表明,碳和硫的分析结果都随试样的增减而成比例的增减,说明仪器分析线性良好。

(4) 仪器扩展性能。测定高碳高硫,如 90% 的碳量,90% 的硫量,是靠少称样,利用仪器扩展性能来完成的。根据高碳池和硫池的容量,选定碳量 10 ~ 15 mg、硫量 1 ~ 3 mg,否则会带来测量池的溢出。但也要关注称量误差和扩展误差。称量可用十万分之一的天平或用固体稀释技术(用万分之一的天平)。减少扩展误差,添加剂需定量加入并合理地扣除空白。用同种等量标准试样分析数次,计算符合线性,数据又接近,说明扩展性好。

(5) 方法的精密度试验。实验证明,用同种样品连续测定 11 次,所得数值越接近,说明精密度越好。

4.2 坩埚的处理

普通坩埚碳空白值在 0.0005% 以上,因此使用前必须在 1000 ~ 1200℃ 的马弗炉内灼烧 4 h 以上,这样处理,对常量碳和半微量碳的测定精度不受影响。若用于超低碳分析,还得在 1300℃ 通氧气灼烧 1 ~ 2 h,取出即用,这样空白可能更小。也可以用“打底坩埚”,即在坩埚中加入 0.5 g 纯铁、1.5 g 钨粒,在高频炉中,通氧燃烧,冷后即用。此法处理,坩埚空白值最小,用来分析超低碳硫,效果最好,也是降低坩埚碳空白非常有效的简便方法。

4.3 添加剂空白

钨系列助熔剂,如纯钨粒、钨 + 锡、钨 + 纯铁、钨 + 锡 + 纯铁等是高频炉常用的添加剂。

添加剂作为化学制品,有规格要求。常量碳、硫测定,要用分析纯,低含量测定,有时用光谱纯或电子纯试剂，要求杂质要少，碳、硫含量要低。另外对添加剂的几何形状、粒度、空隙等物理性能也应注意。如钨系列助熔剂，粒度在 0.84 ~0.42 mm，孔隙度 15% 左右，这样透气性好，反应快，有利于氧化燃烧。要求添加剂的空白值要小，一般应小于被测物质碳、硫含量的 10%，此项要求对于高含量碳、硫的测定，不会引起很大的麻烦，而对于低碳、硫的测定，就是很大的问题。如碳量为 0.0005%、硫含量为 0.0005% 的试样测定，要求钨添加剂中碳含量小于 0.00005%、硫含量小于 0.00005%，若每次分析加入 1.5g 钨粒助熔，其含碳量应小于 0.8×10^{-6}。而优良的国产钨添加剂空白值在 3×10^{-6} 以上，难以用于超低碳分析。经过研讨，国产的钨粒几何形状与进口的钨粒有差异，前者表面粗而不光，后者表面细而光滑，前者吸收环境中的 CO_2 较多，后者吸收环境中的 CO_2 较小。表面吸附引入空白，经过对国产钨助熔剂进行表面处理(化学抛光或洗涤)，空白下降下 0.00005% 左右，而且较稳定。达到和超过美国 Leco 助熔剂的指标。可用于超低碳分析。另外选用太原纯铁助熔剂(C 型)，其空白值碳为 3×10^{-6}，而且较稳定。选用经升华结晶后的金属锡，其碳硫的空白值均小于 1×10^{-6}。由于分析时加入量较少，因而适用于钢铁及合金钢中超低碳的分析。

4.4 表面吸附空白

空气中 CO_2 为 394×10^{-6}，约占 0.04%，久置试样、标钢或添加剂，特别是粉末状的样品，表面积很大，吸附 CO_2 不可避免。在分析超低碳时，分析工作者常用乙醚、乙醇进行洗涤处理，以除去吸附碳量，然后烘干以后再做分析。但对于取样引起的表面渗碳增碳，靠清洗是不行的，对于片状的试样，如球拍试样可用氧化铝对表面进行抛光，或用新研制的国产厚薄取样器取样，都能有效地减少表面增碳。

4.5 燃烧系统引入的“差错”

剧烈的燃烧会引发试样飞溅，使碳量测定结果不稳。温度过高又能导致生成的 CO_2 分解。

$$CO_2 \xlongequal{} CO + \frac{1}{2}O_2$$

为了对分解趋势有一个定量的了解，笔者导出了二氧化碳的转化方程：

$$a_{CO_2} = 1/1 + e^{-10.543 + (933996.87/T)} \tag{4-1}$$

式(4-1)可以计算不同温度条件下 CO_2 的分解率，见表 4-1。计算表明：只有在高温时 CO_2 有明显分解。

表 4-1 不同温度下 CO_2 的转化率

T/K	α_T/%	T/K	α_T/%	T/K	α_T/%	T/K	α_T/%
2000	0.00157	3000	0.31233	3700	0.97500	4400	0.94356
2123	0.00419	3100	0.39564	3800	0.83153	4500	0.95204
2300	0.01423	3200	0.47977	3900	0.86127	4600	0.95900
2500	0.04497	3300	0.55955	4000	0.88532	4700	0.96476
2700	0.11422	3400	0.62374	4100	0.90474	4800	0.97353
2800	0.16816	3500	0.69628	4200	0.92046	4900	0.97353
2900	0.23505	3600	0.75016	4300	0.93319	5000	0.97688

据文献记载，高频炉的最高温度可达 2500℃（即 2773K），约有 15% 的 CO_2 转化为 CO，这是非常值得注意的问题。据此，我们认为控制添加剂的加入量，调低高频炉的功率，使燃烧温度降至 2123K 以下，CO_2 的分解率控制在 0.004% 左右，对碳的分析有好处。此点已得到国际的共同认识，认为"用电阻加热炉或感应炉在较低温度下进行"，碳量的分析较稳定。

4.6 空白值的测定

空白值是氧气、助熔剂、坩埚及燃烧系统释放碳量、硫量的总和，测定方法有直接法和间接法。

间接测定法，又称标准加入法，是加入已知量的标准样品，在分析条件下，测其碳量值或硫量值。空白值 = 测量值 - 标准值。可多次测量取其平均值。直接空白测量法，不加试样，只加添加剂，模拟分析条件下测得碳量与硫量，即为空白值。直接空白法通常按 1 g 输入，然而在测定样品时，试样可能不是 1 g，实际空白值通常按下式调校：

$$空白值 = 测量空白 \times 1\ g/试样重量 \tag{4-2}$$

为了保证空白值的代表性，空白补偿最好用三次以上测定的平均值，而且必须注意测定空白与分析试样条件的一致性。特别是加入的添加剂 W、Sn、Fe 最好是定量加入。特别是低碳、低硫的分析，空白值影响精度与准确度，要求空白值低而稳定。

4.7 标准物质

我们的经验是：分析什么材料，用什么材料的标准物质，最好是成分相似、含量相近。并选用近期生产的国家一级标准物质校准。这样校准有利于提高精度和准确度。如分析碳素钢用合金钢标样校准，结果偏高，就是因为成分的差异，引起不同的分解特性所致。然而对于 10^{-6} 级碳量的钢铁标样，国内外无商品出售，适宜校准物质，还在按不同的思路展开研究。

蔗糖在 30 s 内完全分解，峰锐，它分解出 CO 所占的比例小于 1%，与钢样分析占的比例相似。同时，用蔗糖溶液可保证绘制工作曲线时能准确加入微量的碳，这是超低碳分析中易被采用的化合物，使加标样的量按 1 g 计算碳量相当于 10^{-6} 级。均按 1.000 g 输入重量。试验见表 4-2。

表 4-2 标准增减加入法试验

样品重量/g	计算标准值/%	测定值/%
0.9998	0.0034	0.00336
0.4824	0.00164	0.00160
0.3903	0.001327	0.00135
0.2495	0.000848	0.00091
0.1755	0.000576	0.00056
0.1490	0.000507	0.00050
0.1043	0.000355	0.00036
0.0993	0.000317	0.00031
0.0493	0.000168	0.00061
0	0	0.00001

用异样标准，虽有弊端，但出于无奈，在实际工作中也多有应用。

4.8　试样

试样有可能引入污染，分析前先清洗表面，对超低碳、硫分析，应用丙酮、乙醚、酒精等试剂清洗，后用纯水清洗，热风吹干。对粉状等试样不易用试剂清洗，可用红外灯烘烤，以驱除水分和吸附气体。

试样的几何形状对分析有影响，分析前，应加工成适宜分析的细粒或碎屑，以利于燃烧和熔化。

试样的不均匀性会引起分析结果无规律的波动，又能产生个别数据离散性较大，此时，将试样细化（0.104 mm）可有效地改善试验，也可用统计方法取得结果。

试样的添加顺序，分析块状碎屑状样品，可放在添加剂以上，粉状样品可加在添加剂之间，易挥发、易飞样品可放在坩埚底部用添加剂覆盖，或用锡箔包，这样有利于提高分析的精密度。

试样的用量，有些试样，如硅铁：用样在0.100～0.200 g之间，超过0.2 g燃烧剧烈，飞溅严重，结果无规律波动；试样少于0.1 g，分析误差大。选择0.1500 g较为合适。试样的用量与试样的组成和性质相关。取量多少需通过试验决定。

4.9　水的干扰问题

水不仅影响碳的测定，对硫的测定影响更大。因此在红外分析仪器上常安有除水装置。水来自湿存水、结晶水、气象水、生成水。前两种可在120 ℃和300 ℃的烘箱中，经过1～3 h的烘烤除去。气象水与空气的湿度有关，阴雨季节，空气湿度在90%以上，开启炉子，湿空气进入分析系统，附着在系统管壁上，影响硫的测定。解决此问题，需预烧试样10余次，用热气驱赶湿存水，此法比较麻烦。另一种方法是加除湿剂，预烧3次，即可见效。

生成水与试样的特性有关，例如硅橡胶，还有石油产品等有机物，试样是含氢的化合物，在通氧燃烧的过程中，氢与氧可生成水，影响硫的测定。

对于石油产品等有机物中硫的测定，单加抗湿剂尚有问题，必须在分析系统再多加一个除水装置，而且易取易换，每测一个样品更换一次除水装置，这样虽然麻烦，但测试效果尚好。

4.10　电子天平

称取试样是分析的基本环节，天平的精度（即灵敏度）非常重要。此处出现差错，影响分析结果。试样的称取量，一般在0.1000～1.000 g之间。在特殊的情况下，称取量少至0.00001 g。这样少的量千分之一的天平称不出来，万分之一的天平会带来±10%的差错。需用十万分之一的天平称量。此种天平只有少数单位才有，而与红外碳、硫分析仪配套的天平多为万分之一的电子天平。某单位要快速分析含硫量为82%的硫试样，称取量为1～2 mg。此时采用了固体稀释技术（即称100 mg试样+9.900 g固体稀释剂并混匀），分析时称取0.100 g，内含试样1 mg解决了称量的难题。取得了又好又快的效果。

以上提出红外碳硫分析过程中的一些软技术问题，未尽之事尚多，此处不再赘述。

4.11 实例应用

红外法碳硫分析的应用实例见表4-3。

表4-3 应用实例

序号	样 品	质量/g	待测元素	添 加 剂	燃烧系统	备 注
1	钢	0.5~1.0	C,S	1.5 g W	高频炉	
2	铁	1.0~0.5	C,S	1.5 g W+0.3 g Sn	高频炉	
3	Mo-Fe	0.2	C,S	1.5 g W+0.2 g Sn+0.5 g Fe	高频炉	
4	Mn-Fe	0.15	C,S	1.5 g W+0.2 g Sn+0.5 g Fe	高频炉	
5	Cr-Fe	0.25	C,S	1.5 g W+0.3 g Sn+0.5 g Fe	高频炉	
6	Ti-Fe	0.20	C,S	1.5 g W+0.2 g Sn+0.2 g Fe	高频炉	
7	Si-Fe	0.15~0.2	C,S	1.2 g W+0.2 g Sn+0.85 g Fe	高频炉	Fe上下加入
8	Ti-Fe	0.2	C,S	1.5 g W+0.3 g Sn+0.2 g Fe	高频炉	
9	V-Fe	0.2	C,S	1.5 g W+0.2 g Sn+0.2 g Fe	高频炉	
10	$OCr_{18}Ni_9Ti$	0.3	C,S	1.6 g W-Sn粒+0.3 g Fe	高频炉	
11	Si-Fe	0.15	C,S	1.2 g W+0.2 g Sn+0.85 g Fe+0.1 g MoO_3	电弧炉	
12	水泥	0.1~0.05	C,S	0.4 g TH-100+1.5 g Fe	电弧炉	Fe上下加入
13	玻璃	0.1~0.05	C,S	0.4 g TH-100+1.5 g Fe	电弧炉	Fe上下加入
14	硅锰铁	0.2	C,S	1.5 g W+0.2 g Sn+0.5 g Fe	高频炉	
15	鳞铁	0.2	C,S	1.5 g W+0.2 g Sn+0.2 g Fe	高频炉	
17	焊剂	0.1	C,S	1.5 g W+0.2 g Fe+0.2 g Sn	高频炉	
18	金属锰	0.2	C,S	0.3 g Si·Mo+1 g Fe+0.3 g Sn	电弧炉	
19	钛铁矿	0.2	C,S	0.4 g Si·Mo+1.2 g Fe+0.3 g Sn	电弧炉	
20	微晶玻璃	0.1~0.2	C,S	1 g W+1 g Fe+0.3 g Sn	电弧炉	
21	阳极泥(高硫)	0.001	S	1 g W+1 g Fe+0.3 g Sn	电弧炉	固体稀释
22	柴油	0.020	S	TH-100	电弧炉	
23	燃料油	0.020	S	TH-100	电弧炉	
24	润滑油	0.020	S	TH-100	电弧炉	
25	碳纤维	0.015	C	1.5 g W+0.5 g Fe	高频炉	高碳90%
26	耐火材料	0.020	C	1 g W+0.2 g Sn+1 g Fe	高频炉	
27	陶瓷材料	0.020	C	1 g W+0.2 g Sn+1 g Fe	高频炉	可测SiC
28	稀土	0.25	C,S	1.2 g(W·Sn·Fe)	高频炉	
29	高炉锰铁	0.5	C,S	1 g W+0.3 g Sn	高频炉	
30	碳素铬铁	0.5	C,S	1 g W+0.3 g Sn	高频炉	
31	含结晶水铁矿	0.2	S	1 g W+0.5 g Fe	高频炉	高氯酸镁除水
32	硼硅酸盐玻璃	0.25	S	W+Sn+Fe	高频炉	
33	钴钡铁氧体	0.25	S	W+Sn+Fe	高频炉	

续表 4-3

序号	样　品	质量/g	待测元素	添　加　剂	燃烧系统	备　　注
34	中硅耐热铸铁	0.1	C,S	1.5 g W + 0.3 g Fe + 0.3 g Sn	高频炉	
35	氧化亚镍	0.3	S	Co + Sn	高频炉	
36	金属硅,硅	0.12	C	1.5 g W + 0.5 g Fe + 0.15 g Sn	高频炉	
37	硼铁合金	0.20	C	1.5 g W + 0.8 g Fe	高频炉	
38	铜合金	0.5	S	0.7 g W + 0.03 g Fe	高频炉	
39	硅铝合金	0.2	C	1.5 g W + 0.3 g Fe	高频炉	
40	硅钡合金	0.2	C	1.5 g W + 0.3 g Fe	管式炉	
41	黏土	0.8	S	0.3 g V_2O_5	管式炉	
42	煤焦炭	0.5	S	0.5 g $Fe_3(PO_4)_2$	管式炉	
43	炉渣	0.5	S	1 g Ni + 1 g V_2O_5	管式炉	
44	矿渣	0.5	S	1 g Fe + 1 g Sn	管式炉	
46	催化剂	0.6	S	1 g V_2O_5	管式炉	
47	岩石	0.01	S	1.5 g Fe + 0.3 g Sn	管式炉	
48	沉积物	0.2	S	0.5 g Fe + 1 g Sn	管式炉	
49	硬质合金钢	1.0	S	0.2 g Sn	管式炉	
50	钛合金	0.5	C	0.5 g Fe + 0.3 g Cu + 0.5 g Sn	管式炉	
51	锰铁	0.1	S	2 g CuO + 0.5 g SiO_2	管式炉	
52	硅钙	0.3	C,S	1.5 g W · Sn	高频炉	
53	硅锰	0.3	C,S	1.5 g W · Sn	高频炉	
54	铬铁	0.3	C,S	1.5 g W · Sn	高频炉	
55	锰铁	0.3	C,S	1.5 g W · Sn	高频炉	
56	煤,焦炭	0.07	C	0.2 g Fe + 1.8 g W	高频炉	锡箔包
57	煤,焦炭	0.01	S	0.2 g Fe + 1.8 g W	高频炉	
58	覆盖剂等	0.10	C,S	0.2 g Fe + 1.8 g W	高频炉	保护渣、瓦斯灰、镁碳砖
59	煤可燃硫	0.10	S	0.2 g Fe + 1.8 g W	高频炉	差减法测定
60	$BaCO_3$	0.30	S	0.3 g Fe + 0.2 g Sn + 1.5 g W + 0.1 g V_2O_5	高频炉	
61	SiC	0.5	S	0.5 g Fe + 0.2 g Sn + 15 g W	高频炉	
62	Si · Mn	0.25	C,S	0.7 g Fe + 0.8 g W	高频炉	
63	硅渣	0.30	SiC	0.2 g Sn + 0.5 g Fe + 1.5 g W	高频炉	先测游离碳
64	碳化钽	0.25	C,S	0.5 g Fe + 1.0 g W · Sn	高频炉	
65	铀酸盐	0.10	S	0.2 g Fe + 1 g W · Sn	高频炉	
66	硅铁	0.15	C,S	0.8 g Fe + 1.5 g W	高频炉	水有干扰
67	黏土	0.15	S	0.3 g Fe + 2 g W	高频炉	
68	岩石	0.15	S	0.3 g Fe + 2 g W	高频炉	
69	高岭土	0.15	S	0.3 g Fe + 2 g W	高频炉	
70	土壤	0.15	S	0.3 g Fe + 2 g W	高频炉	

续表 4-3

序号	样　品	质量/g	待测元素	添　加　剂	燃烧系统	备　　注
71	焙砂	0.03	S	0.3 g Fe + 1.5 g W	高频炉	可测烟尘中硫
72	铁合金	0.1	C,S	0.3 g Fe + 1.5 g W + 0.1 g Sn	高频炉	
73	ZnO	0.1	C	0.3 g Fe + 1.5 g W	高频炉	
74	铁合金	0.1	C,S	0.2 g Sn + 1.5 g W	高频炉	Ni 基软磁铁
75	高温合金	0.5	C,S	0.3 g SiMo 粉 + 0.2 g Sn + 0.5 g Fe	电弧炉	
76	Mg	0.2	C	1.5 g W	高频炉	注意礼花
77	钢铁	0.5	C,S	(1.5 ± 0.1) g W	高频炉	微量碳、硫
78	Sb	0.5	S	0.5 g Fe + 1 g WSn	高频炉	加 0.5 g 硅钼粉
79	铁沟料	0.1	SiC	0.1 g Sn + 0.5 g Fe + 1.5 g W	高频炉	120℃除游离碳
80	石油焦	0.03	C	0.5 g Fe + 1.5 g W	高频炉	
81	石墨碎	0.05	S	0.6 g Fe + 1.5 g W	高频炉	
82	铁矿石	0.1	S	0.6 g Fe + 1.5 g WSn	高频炉	各种铁矿石
83	钼酸铵	0.5	S	0.5 g Fe + 1.5 g W	高频炉	200℃烘干
84	石墨	0.05	S	0.1 g ZnO	管式炉	可膨胀石墨
85	Sb	0.5	S	0.6 g W + 0.12 g NiO	高频炉	可防火花
86	SiMn	0.15	C,S	Fe-W-Sn	高频炉	二次坩埚
87	硫化矿	0.02	S	0.5 g Fe + 1 g W	高频炉	校准
88	铁合金	0.20	C,S	W · Fe,Sn	高频炉	
89	稀土	0.30	S	1.5 g W + 0.3 g Fe + 0.2 g Sn	高频炉	
90	SiBa 铁	0.20	C,S	0.4 g Sn + 1.5 g W + 0.5 g Fe	高频炉	Si · Ba · Fe 合金
91	碳化钽	0.5	C	0.5 g Cu + 1 g W	高频炉	低碳
92	硫化锑	0.005	S	0.5 g Fe + 1.0 g W + 0.5 g Sn	高频炉	高硫
93	稀土	0.1	C,S	0.5 g Fe + 0.5 g Sn	管式炉	防飞溅
94	耐热铁	0.1	C,S	0.3 g Fe + 0.2 g Sn + 1.5 g W	高频炉	含有硅
95	脱氧剂	1	SiC	1.5 g W + 0.1 g Sn	高频炉	850℃灼烧
96	钢	1.0	微量 S	0.5 g W	高频炉	二次坩埚
97	土壤粮食	0.5	S	Fe · Sn	管式炉	
98	萤石重晶石硫	0.05	$BaSO_4$	CuF-SiO_2-Cu	管式炉	
99	碳纤维	0.015	C	1.5 g W · Fe	高频炉	高碳 90%
100	煤	0.025	C,S	1.5 g W + 0.3 g Sn	高频炉	

5　CS-8800 型高频红外碳硫分析仪

5.1　概述

5.1.1　用途及性能

CS-8800 型红外碳硫分析仪与 WF-L88 型高频感应燃烧炉配套使用，能快速、准确地测定钢、铁、合金、有色金属、水泥、矿石、玻璃及其他材料中碳、硫两元素的质量分数。这套设备是集光、机、电、计算机、分析技术等于一体的高新技术产品，具有测量范围宽、分析结果准确可靠等特点。由于采用了计算机技术，仪器的智能化、屏幕显示的图文及数据的采集、处理等都达到了目前国内先进水平，是诸多行业测定碳、硫两元素理想的分析设备。

5.1.2　组成及构造

本仪器共分五个部分：红外检测部分、高频感应加热部分、微机、打印机、电子天平，如图 5-1 所示。下面重点介绍高频感应加热部分及红外检测部分的内部结构。

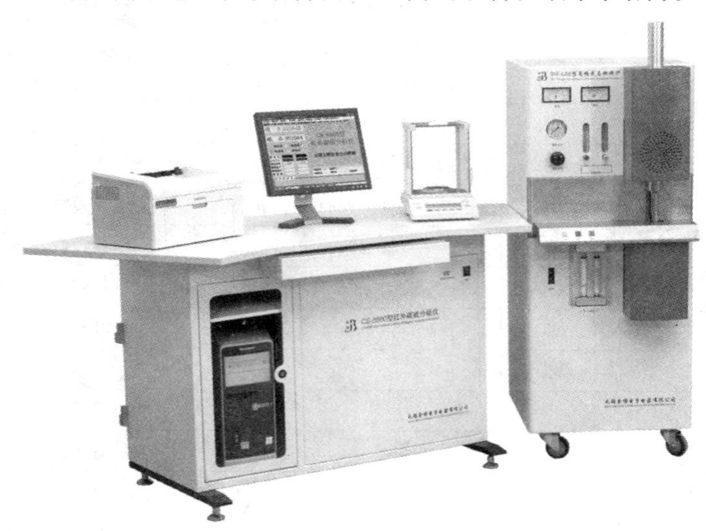

图 5-1　整机外形图

高频感应燃烧炉内部采用框架结构，分上、中、下三层排布，上层安装高频感应电路，过时、过流保护电路及电磁阀控制电路，中层安装电源、气路通断开关、分析气体的过滤干燥等器件，下层安装高压变压器、集尘箱、压紧阀等。从正面看，左面下方是板流指示电流表、栅流指示电流表，载氧压力表及载氧调节旋钮、顶氧流量调节、分析气流量调节，下方是升/降炉按钮、过时/过流复位按钮、自动清扫按钮、电源开关和干燥器装置。右面是燃烧炉的燃烧区，其上方为燃烧后释放气体的过滤及清扫系统，下方是气缸，气缸是供分析样品时将试样送入燃烧区及燃烧结束后将试样取出用。

红外检测装置分上、下两层，上层装有模块电源和控制线路板；下层为气体分析池，内有碳分析池、硫分析池和稳流装置。

5.1.3 技术指标

（1）测量范围：碳的测量范围为 0.00001% ~10.0000%（可扩至 99.9999%）；硫的测量范围为 0.00001% ~0.3500%（可扩至 99.9999%）。

（2）准确度及精密度。准确度：碳符合 ISO 9556 标准；硫符合 ISO 4935 标准。精密度：符合国家计量检定规程 JJG 395—97 标准。

（3）分析时间。25 ~60 s 可调，一般在 35s 左右。

（4）最小读数 0.00001%。

（5）电子天平。称量范围为 0 ~120 g，读数精度为 0.0001 g。

5.2 仪器安装

5.2.1 安装前的准备工作

安装前的准备工作，是用户在安装人员到达前必须准备好、仪器必须的一些条件。

（1）仪器分析室远离酸碱等腐蚀气体、尘埃、震动和干扰测定的场所。

（2）分析室面积要求大于 3 m×3 m。

（3）工作环境。室内温度 10 ~30℃，相对湿度小于 75%。

（4）电源要求接地良好，电压 AC(220 ±5%)V，频率(50 ±2%)Hz，无谐波干扰。

（5）稳压电源功率 5 kW，稳压精度小于 2%。如工作电源有中频炉等谐波干扰，应配备交流参数净化稳压电源。

（6）工作气。氧气纯度大于 99.5%。

（7）动力气。氮气或压缩空气(除水、油、污物)。

（8）工具。开箱及一般使用工具。

5.2.2 高频炉安装

高频炉安装的步骤如下：

（1）拆开包装箱，将高频炉取出后，取下仪器后盖板，掀开上盖板，再取下右侧板，在仪器的右侧面用螺丝刀拧开内罩不锈钢盖板，将高频炉高频部分的机芯取出。将真空电容的一端用螺丝与机芯底板固定好。另一端用连接铜片与电容及加热圈固定，再用螺丝刀将机芯上所有器件中的固定螺丝拧紧。把机芯放回原处，取出电子管插入管座中，将上端散热器，铜条等螺丝固定紧。

（2）取下进氧接头和炉气接头上的皮管，用手拧开紧固件取下炉腔，将石英管从上方放入炉架中，在炉架中部穿过感应圈。石英管的上端将取下的炉腔按照原样安装好。石英管的下端套上涂有真空硅脂的红色硅胶垫圈。

（3）检查内部螺丝有无松动，检查机箱内有无其他无关的杂物。

（4）固定好机芯、固定螺丝及内罩不锈钢盖板螺丝，安装好右侧板及后盖板。

高频振荡电路的结构及组成如图 5-2 所示。

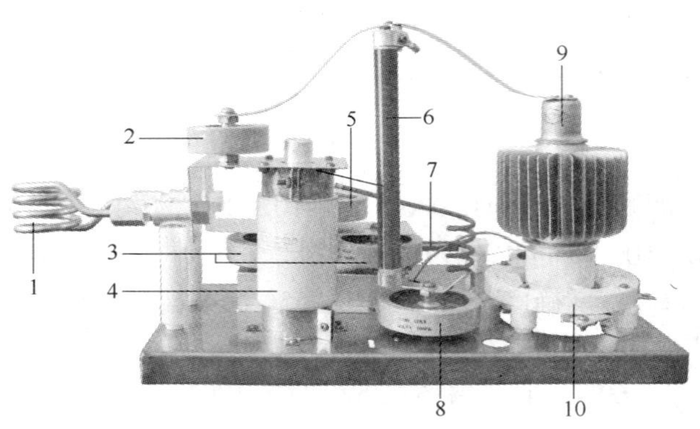

图 5-2　高频振荡回路

1—高频加热圈;2—耦合电容;3—主振回路电容组;4—真空电容;5—栅板反馈电压耦合电容;
6—板极扼流圈;7—栅板高频扼流圈;8—滤波电容;9—高频振荡管;10—电子管座

5.2.3　红外检测部分的安装

红外检测部分的安装步骤如下:

(1) 拆开包装箱,将仪器所有部件取出后,按照外形结构放置好。

(2) 打开红外检测部分的后门,检查上层印刷线路板及各种接插件是否有松动,将天平接口线、USB 线、光纤按顺序分别插好(见图 5-3)。

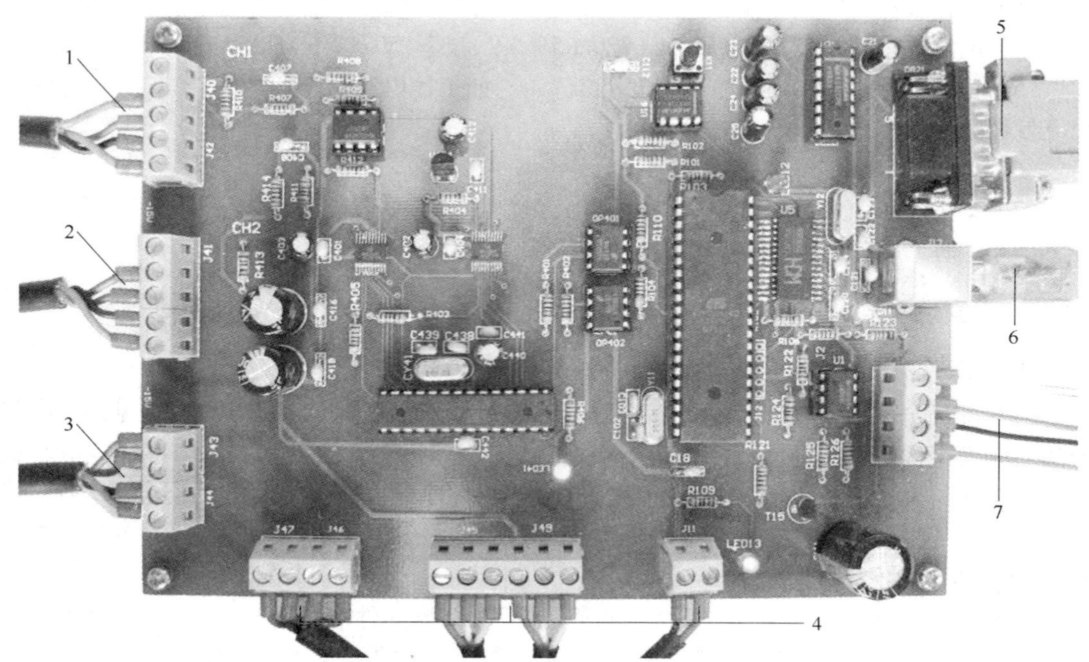

图 5-3　控制线路板

1—连接碳放大板;2—连接硫放大板;3—连接调制马达和光源;4—直流电源输入;
5—天平连接;6—USB 通讯线;7—光纤通讯线

USB 驱动安装:将 USB 线的两端分别连接在控制线路板和微机的 USB 端口,打开电源,微机提示发现新硬件,按图中所示选择第一项“是,仅这一次(Y)”,然后用鼠标点击“下一步”按钮,如图 5-4 所示。

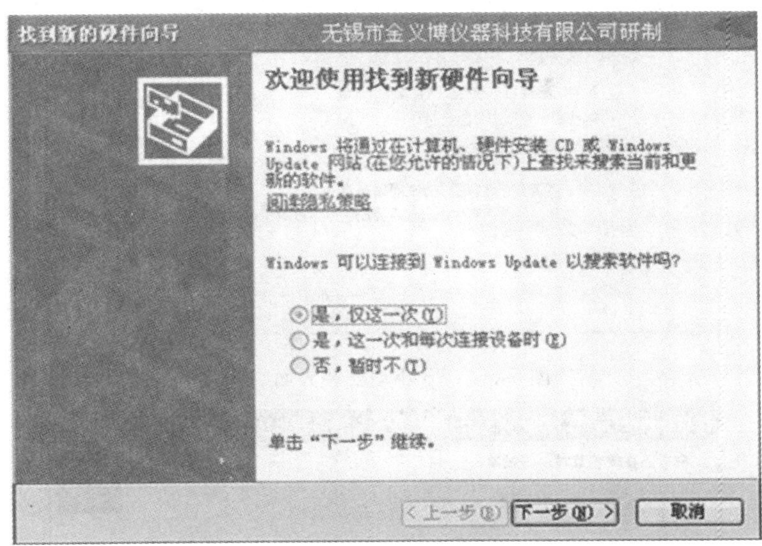

图 5-4 USB 驱动安装界面(一)

系统提示找到 USB CH372/CH375 硬件,选择从列表或指定位置安装,点击“下一步”按钮,如图 5-5 所示。

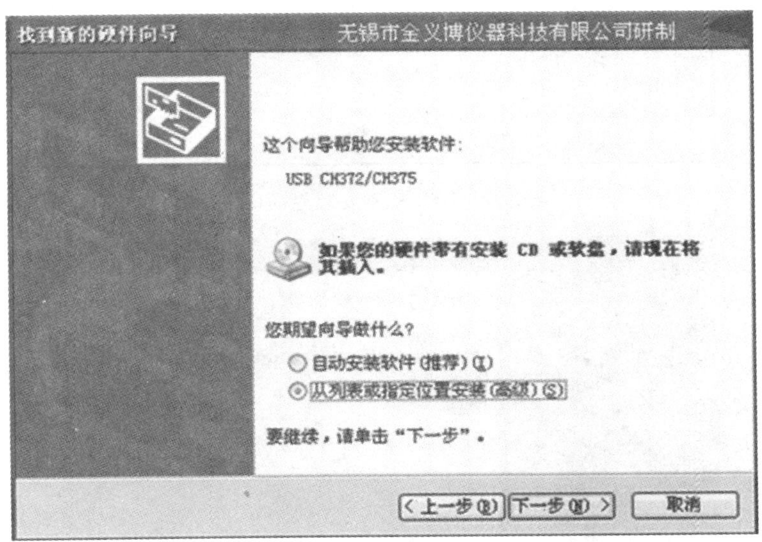

图 5-5 USB 驱动安装界面(二)

按图 5-6 中所示在指定位置 E:\USB 驱动\DRIVER 打开驱动程序,点击“下一步”按钮。

注:指定位置的 E:代表光驱,不同的微机光驱的盘符可能不同。

系统将自动安装新发现的 USB CH375 程序,如图 5-7 所示。

安装结束,系统提示完成安装,点击“完成”按钮即可,如图 5-8 所示。

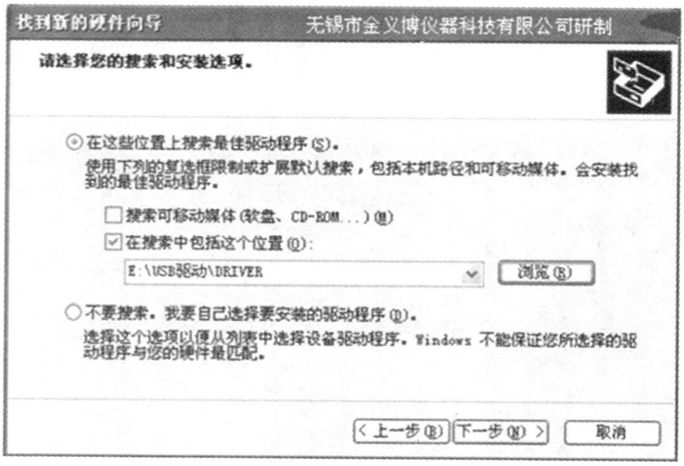

找到新的硬件向导　无锡市金义博仪器科技有限公司研制

请选择您的搜索和安装选项。

⊙在这些位置上搜索最佳驱动程序(S)。

使用下列的复选框限制或扩展默认搜索，包括本机路径和可移动媒体。会安装找到的最佳驱动程序。

☐搜索可移动媒体(软盘、CD-ROM...)(M)

☑在搜索中包括这个位置(O):

E:\USB驱动\DRIVER　浏览(R)

○不要搜索。我要自己选择要安装的驱动程序(D)。

选择这个选项以便从列表中选择设备驱动程序。Windows 不能保证您所选择的驱动程序与您的硬件最匹配。

<上一步(B)　下一步(N)>　取消

图 5-6　USB 驱动安装界面(三)

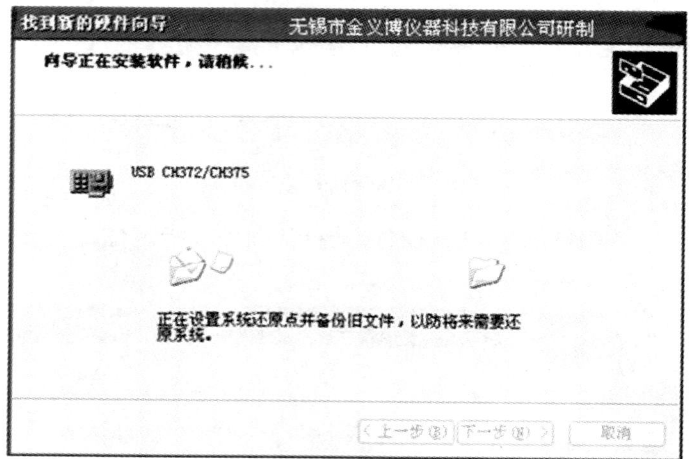

图 5-7　USB 驱动安装界面(四)

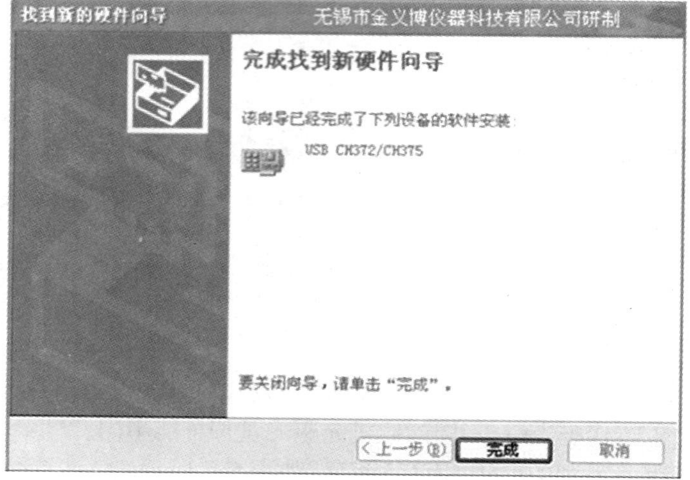

图 5-8　USB 驱动安装界面(五)

(3) 连接好电源、各气路管道(参考气路图)。

5.3　操作软件的安装与注册

5.3.1　软件的安装

打开配套安装光盘,用鼠标双击 CS8800SETUP 文件,进入程序安装过程。

根据提示用鼠标左键单击“下一步”按钮,进入下一步操作,如图 5-9 所示。

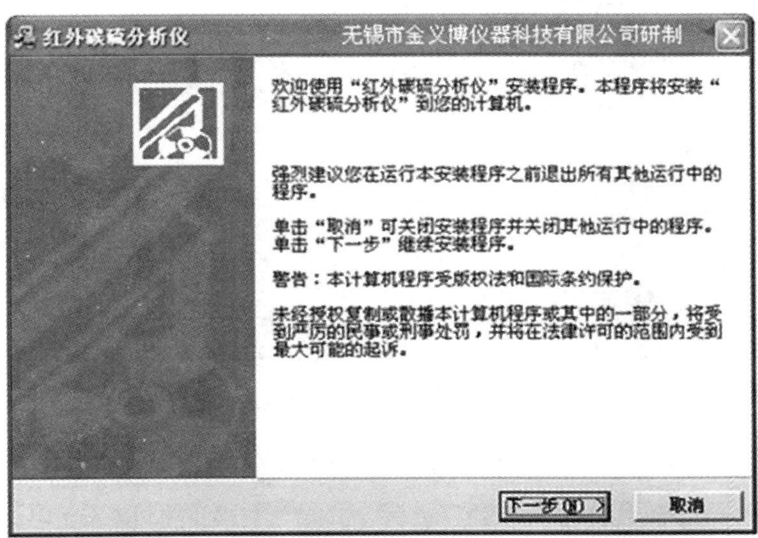

图 5-9　软件的安装界面(一)

安装程序提示选择安装目标目录,可以默认当前目录,也可单击“浏览”,选择其他目录安装程序。用鼠标左键单击“下一步”,进入下一步操作,如图 5-10 所示。

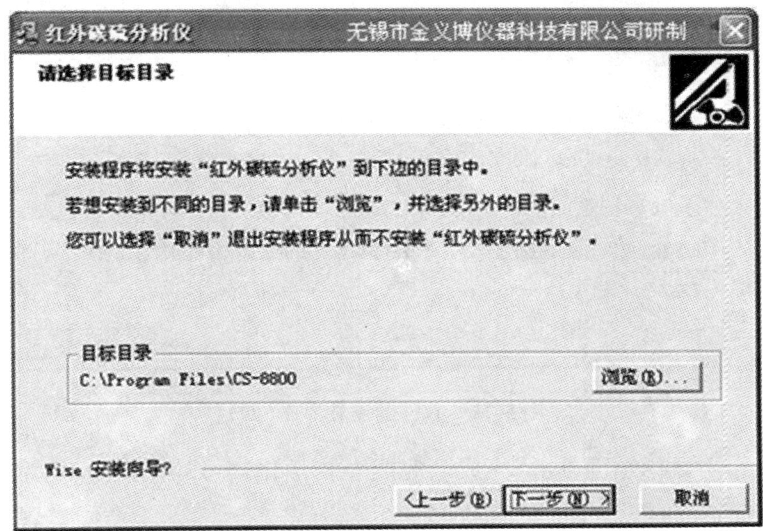

图 5-10　软件的安装界面(二)

进入开始安装界面,用鼠标左键单击“下一步”,进入下一步操作,如图 5-11 所示。

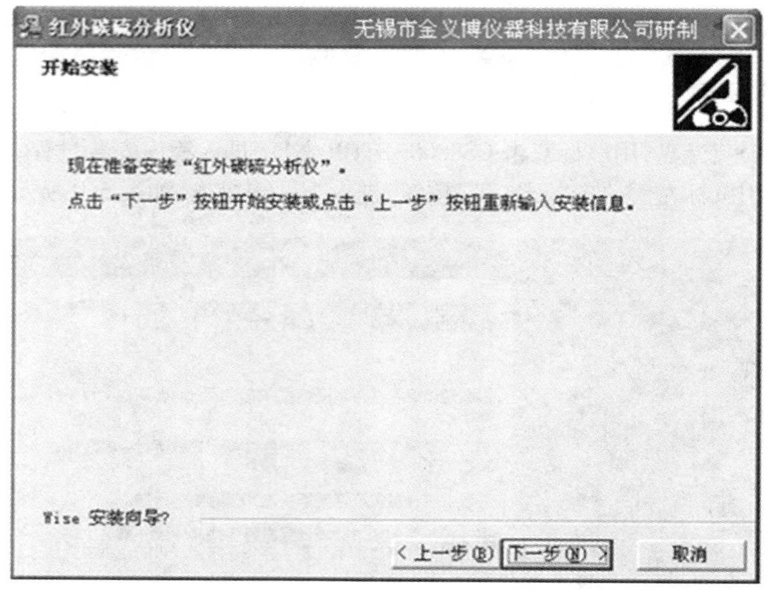

图 5-11　软件的安装界面(三)

安装程序将根据进度提示剩余安装时间,直到完全安装成功,如图 5-12 所示。

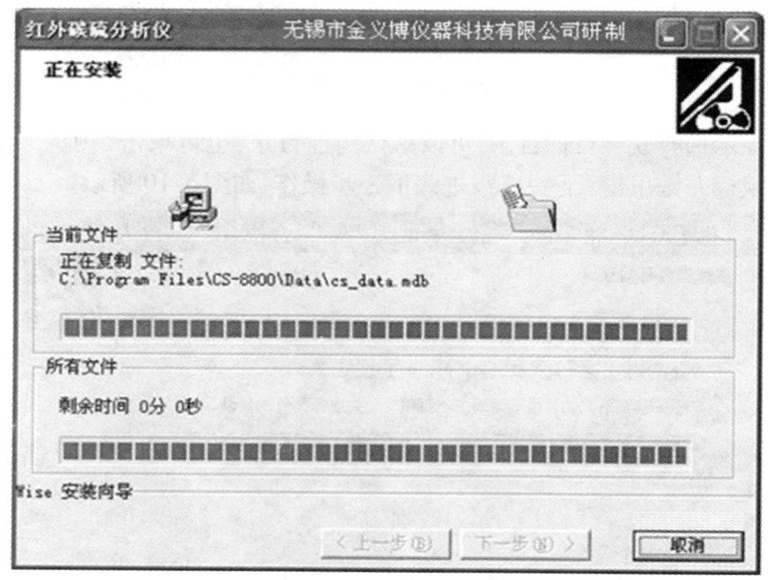

图 5-12　软件的安装界面(四)

安装结束后,用鼠标左键单击“完成”,完成安装,如图 5-13 所示。

5.3.2　软件的注册

软件安装成功后,双击“CS8800”图标,进入系统登录窗口,初始用户名为 admin,在密码

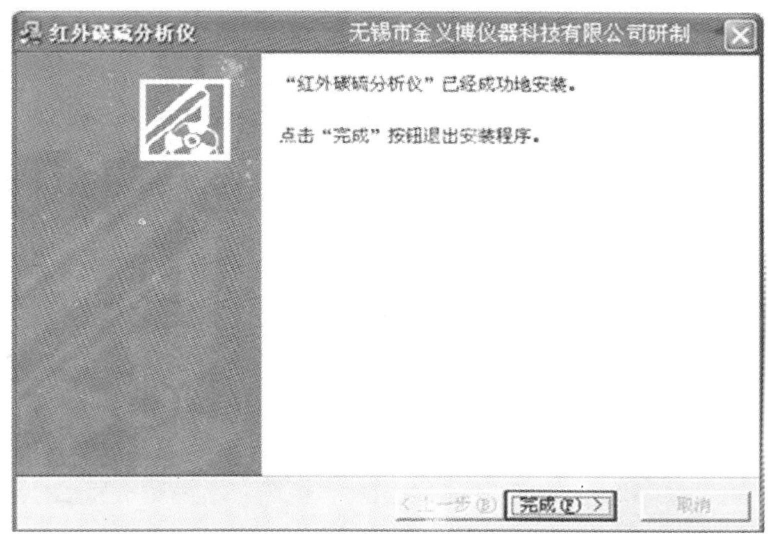

图 5-13　软件的安装界面(五)

栏中输入初始密码"1",点击"登录"即进入分析界面,如图 5-14 所示。

图 5-14　登录界面

该软件即可进行演示操作,用手动输入重量,点击"分析"即自动演示分析过程,并显示释放曲线及分析结果(见图 5-15)。但软件要联机进行操作,必须经过正式注册方可正常使用。

选择"帮助"菜单,进入"注册",显示注册内容,系统将自动提取本机机器码。将机器码发给厂家,获得注册码,输入正确的注册码,该软件即注册成功(见图 5-16)。

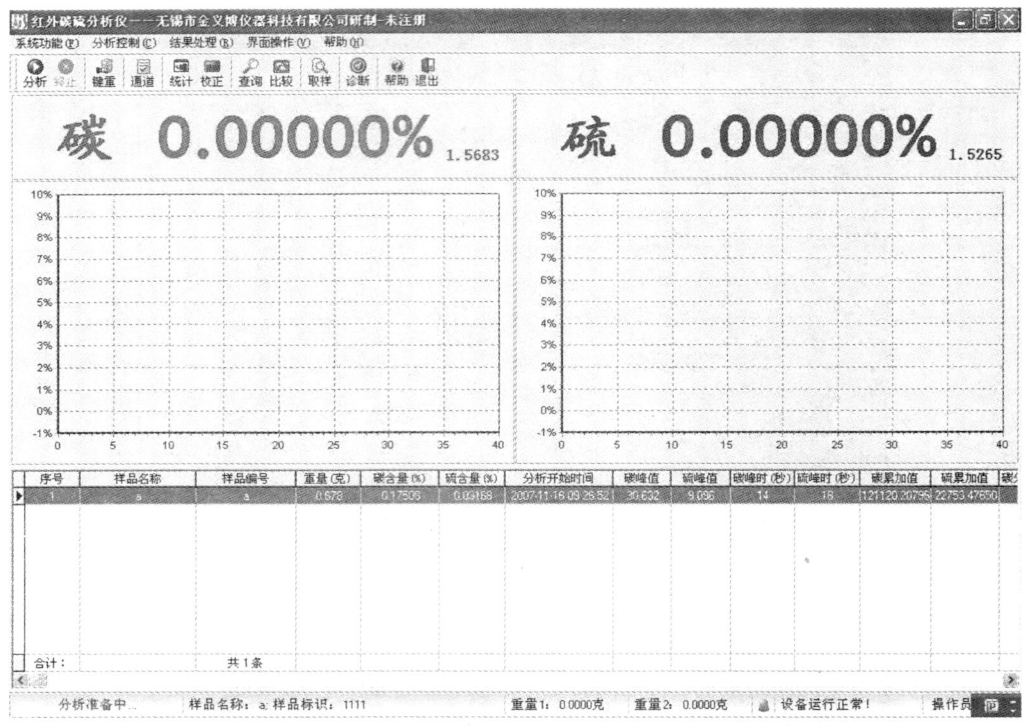

图5-15　自动演示

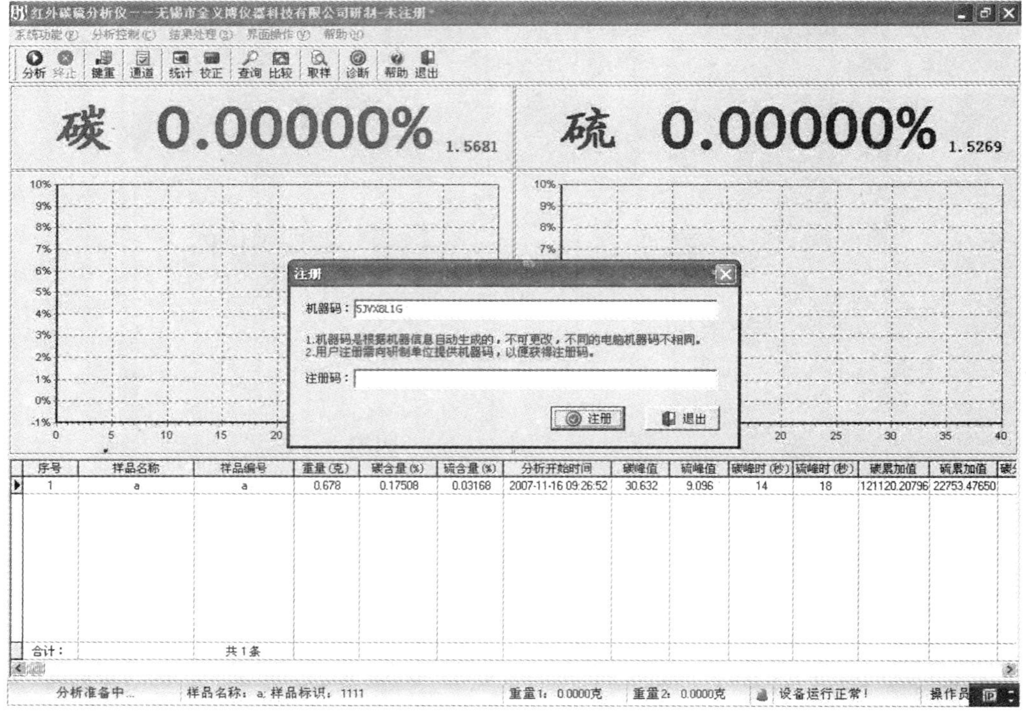

图5-16　注册界面

注册成功后,退出程序,然后重新进入,即可显示正常的工作状态。

正常工作状态的标志:(1)池电压有跳动而稳定的信号(一般在 1.5000 左右);(2)屏幕右下角显示设备运行正常。

5.4　分析

5.4.1　准备工作

分析前的准备工作包括以下步骤:

(1) 陶瓷坩埚放入马弗炉中升温至 1000℃处理 4 h 后冷却,放入干燥器备用;

(2) 标准样品,助熔剂;

(3) 坩埚钳,样品勺;

(4) 分析用氧气及动力气(压力均调节为 0.18 MPa);

(5) 红外检测池预热 1 h,高频炉预热 30 min。

5.4.2　分析操作

CS-8800 是为钢和其他材料(如水泥、煤、橡胶、塑料、土壤等材料)的分析而设计的。样品称量的量、加入的助熔剂种类,以及仪器的灵敏度是随着燃烧的样品材料特性的不同而不同。

以钢的分析为例说明如下:将灼烧处理后的瓷坩埚放入电子天平,经过云皮重量后,放入试样,试样重量一般在 400 ~ 500 mg,通过按键把样品重量存入微机,加入约 1.5 g 左右的助熔剂,用坩埚钳将盛有试样的坩埚移至高频感应炉的坩埚托上,启动高频炉上“升炉”按钮,将气路密封后,用鼠标点屏幕上的分析,仪器即进入分析状态。

注意:(1) 坩埚必须用干净的坩埚钳夹取,不要用手触摸;

(2) 仪器读取的只是样品的质量数,而不应含助熔剂的质量数。

5.5　分析软件的使用

5.5.1　主分析界面介绍

主分析界面如图 5-17 所示。

5.5.2　主菜单功能介绍

主菜单共有 5 个子菜单,列于表 5-1 中。

表 5-1　主菜单的子菜单

主菜单	系统功能	分析控制	结果处理	界面操作	帮　助
子菜单	修改密码	开始分析	结果统计	工具栏	帮　助
	用户管理	终止分析	结果查询	任务栏	关　于
	系统设置	键　重	系数校正		
	系统恢复	通道管理	空白校正		
	系统诊断	样品管理	曲线比较		
	退出系统	线性数据	曲线拟合		
			结果打印		

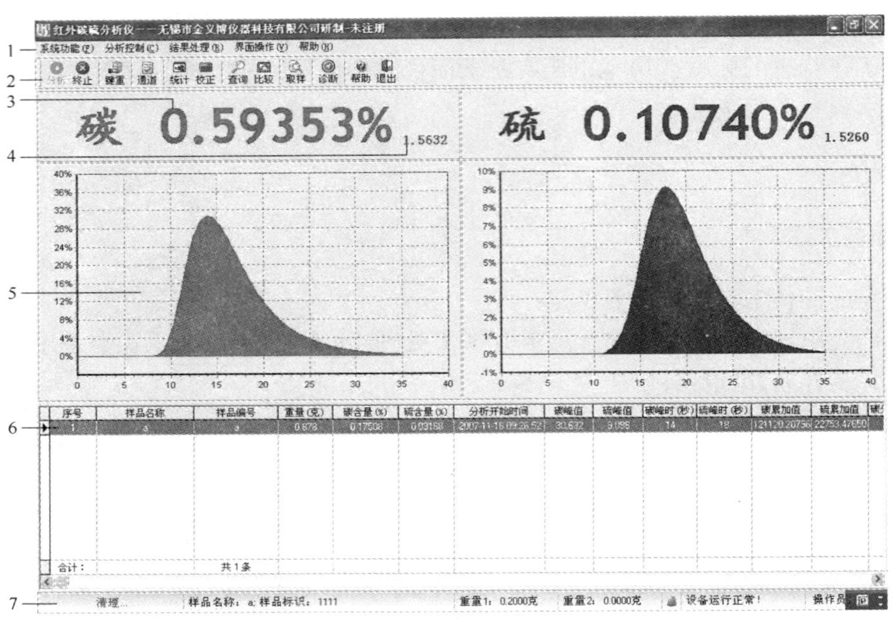

图 5-17　主分析界面

1—主菜单栏；2—快捷菜单栏；3—分析结果栏；4—池电压显示栏；5—实时分析曲线显示栏；6—分析结果速查栏；7—分析状态栏

5.5.3　系统功能

(1) 修改密码。选择“修改密码”子菜单(见图 5-18)，进入“修改登录密码”对话框，在“原密码”中输入当前密码，在“新密码”和“确认密码”栏中输入修改后的密码，点击“确定”

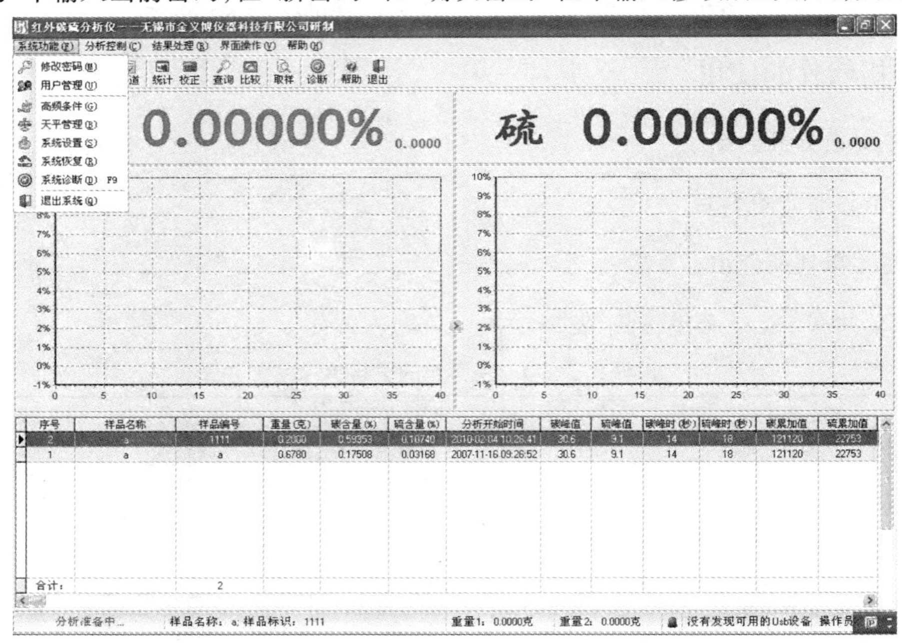

图 5-18　“系统功能”子菜单

按钮，密码修改成功，新的密码生效（见图 5-19）。

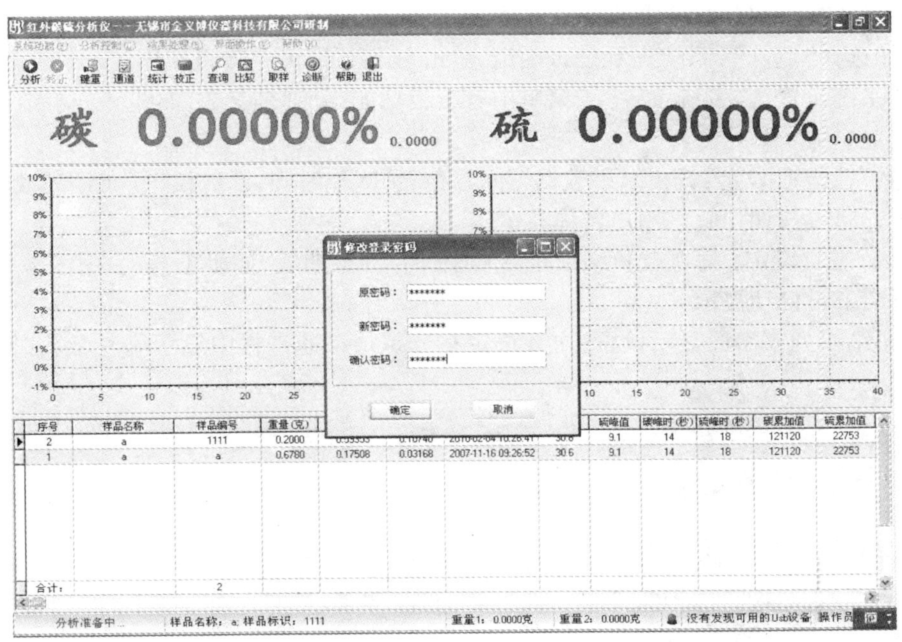

图 5-19　“修改密码”对话框

（2）用户管理。选择“用户管理”子菜单（见图 5-18），系统弹出“用户管理”对话框（见图 5-20），显示当前操作本仪器的所有管理员和操作员。管理员为部门管理者，可对操作员进行增加和删除，并可对操作员的资料及密码进行修改。操作员即化验员，是仪器的具体操作者，可对本软件的大部分菜单进行操作。

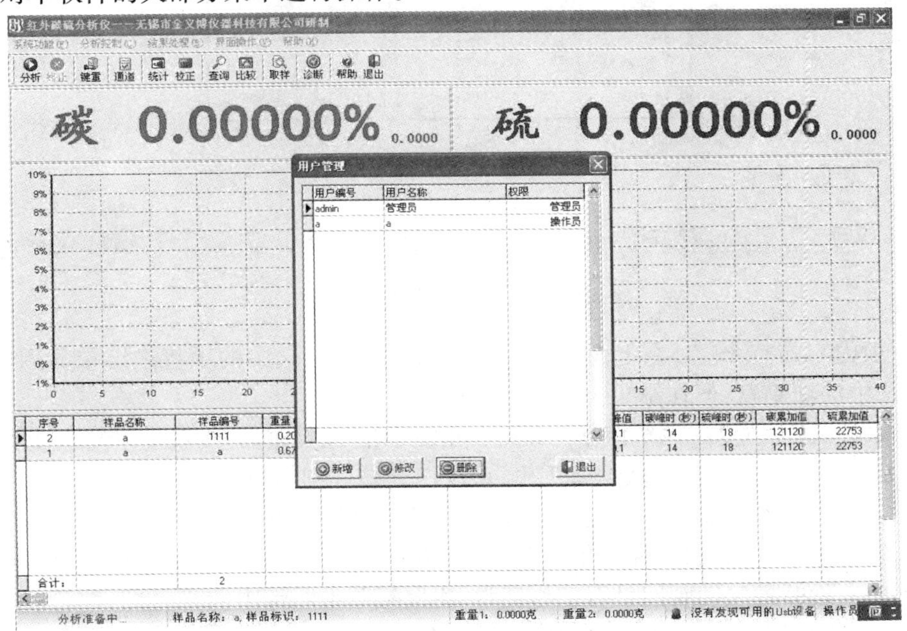

图 5-20　“用户管理”对话框

管理员可以增加新的操作员，输入用户编号、用户名称、密码，再点击“保存”按钮，即可增加新的操作员。用鼠标选中某一操作员，选择“修改”可对该操作员的基本信息进行修改和编辑，如选择“删除”，系统提示是否确定，单击“确定”即可删除该操作员。

(3) 系统设置。“系统设置”子菜单中有三组功能，分别是参数、曲线和分析结果列表字段显示设置。

“参数”主要是设定：分析结果数据行间颜色；预吹氧时间；系数校正返回记录数量；是否自动分析；高频运行时间；该用户名称。

“曲线”主要设定：每次分析结束是否自动保存释放曲线；如果不自动保存，系统是否在每次分析结束时自动提示。

“分析结果列表字段显示设置”主要设定在分析结果速查栏中显示哪些参数，如图 5-21 所示。

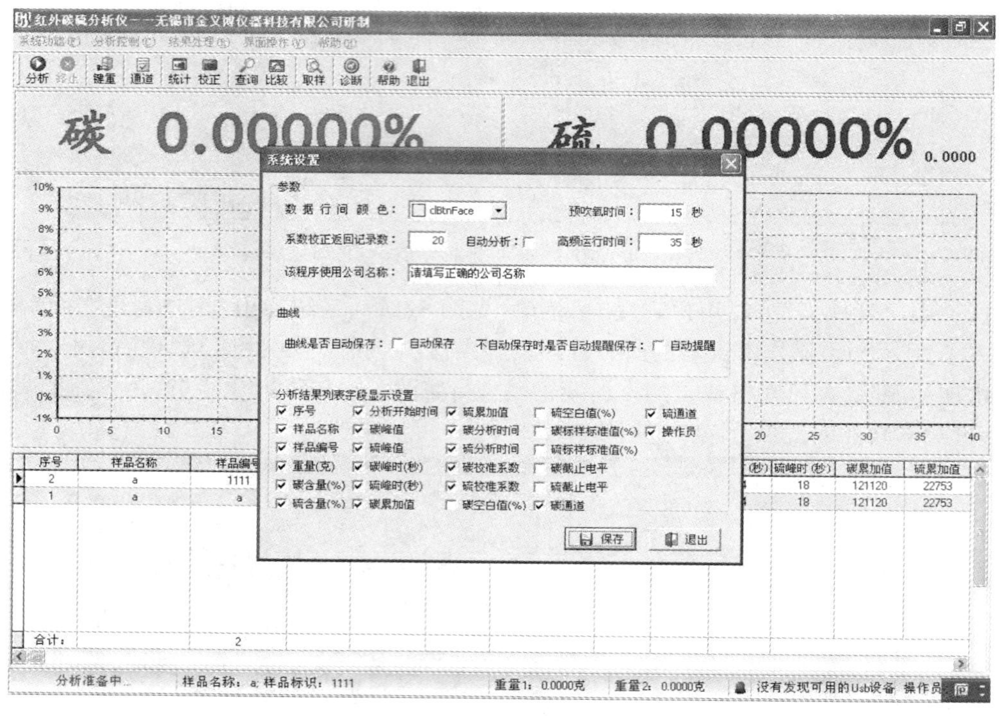

图 5-21　“系统设置”对话框

在每项内容前有个□，在上面打上 √ 就是选中该项，选中的项将在结果显示栏中显示出来，未选中的项隐藏，但在结果查询中所有项都显示。

(4) 系统恢复。选择“系统恢复”，系统弹出提示框“是否真的要系统恢复”(见图 5-22)，如果选“是(Y)”，那么所有的数据将丢失，系统回到软件刚安装好的状态。

注意：一旦“系统恢复”，那么整个软件的数据都将丢失，所以本项不推荐使用。

(5) 系统诊断。“系统诊断”给出了仪器的分析气路图(见图 5-23)，用户可以用鼠标点击每个阀门来诊断各气动阀门是否工作正常；用鼠标单击图示中的“高频”，能检查高频是否工作正常。各阀门和高频也可直接按数字键打开/关闭(见表 5-2)。

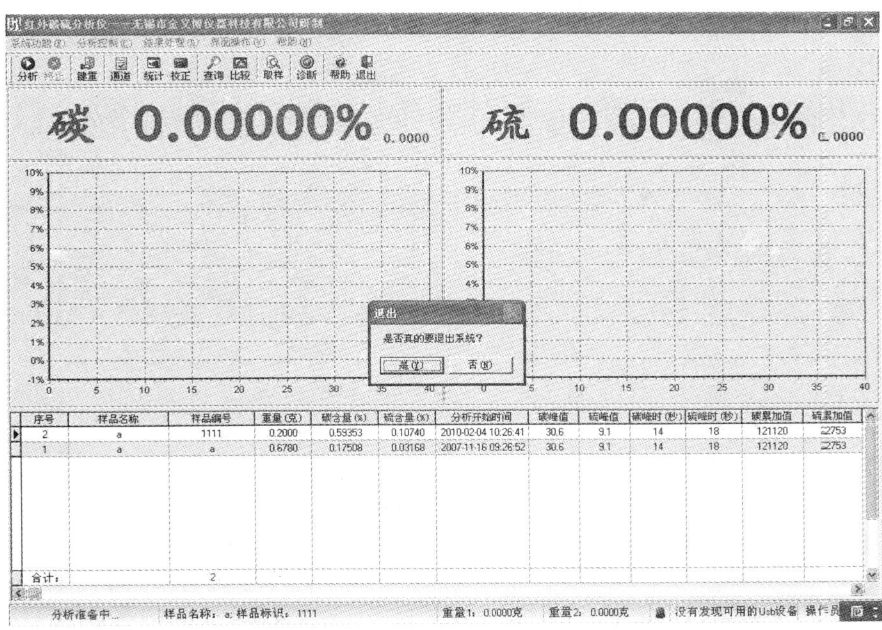

图 5-22　“系统恢复”提示框

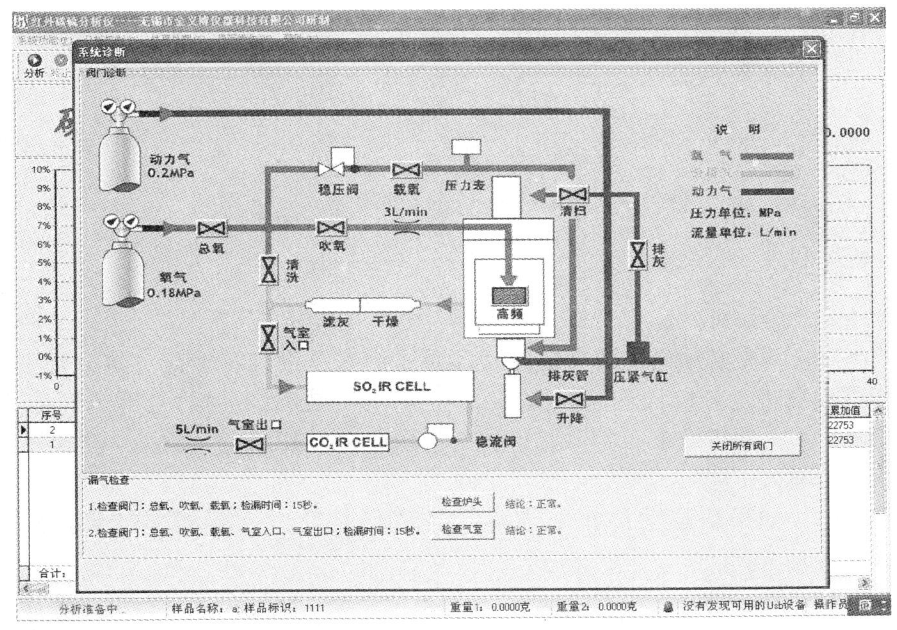

图 5-23　“系统诊断”界面

表 5-2　各数字键对应开关/阀门

1	总　氧	2	吹　氧	3	载　氧	4	清　洗
5	气室入口	6	气室出口	7	排　灰	8	高　频

在“系统诊断”菜单的下方是漏气检查，用鼠标单击“检查炉头”或“检查气室”，系统将自动打开相应气路的阀门，再关闭阀门，通过检测压力是否变化得出结论是否漏气。

注意:图中的压力表和分析气流量显示为选配项目,用户需在本公司购买相应的选配件,该功能才能实现。没有该选配件的用户将无法实现该项功能。

(6) 退出系统。选择"退出系统",系统弹出对话框"是否真的要退出系统"(见图5-24),选择"是(Y)",系统退出该程序。

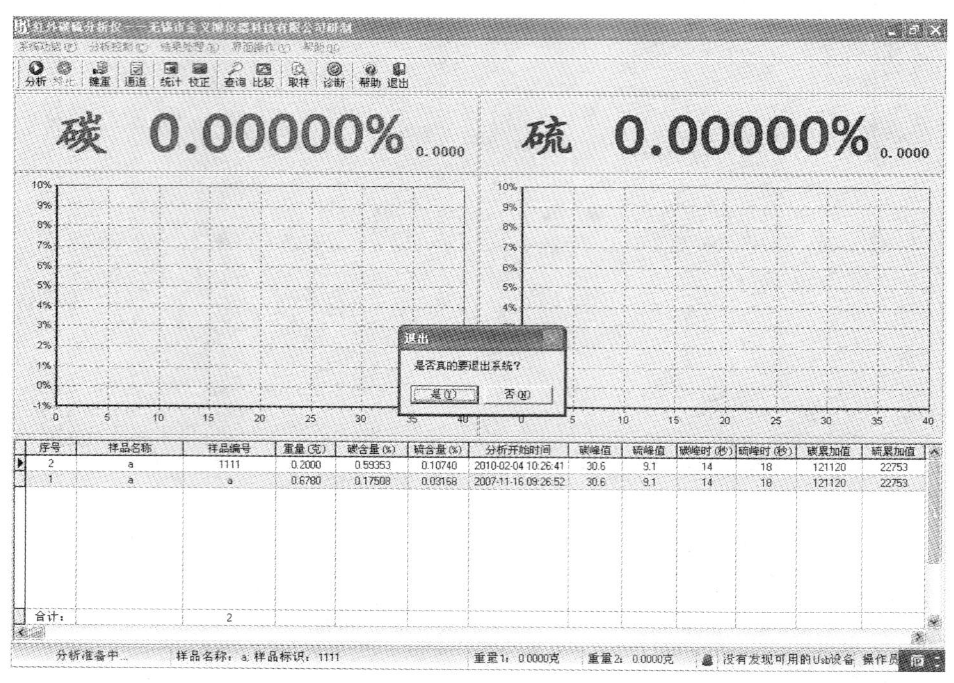

图5-24　"退出"对话框

5.5.4　分析控制

5.5.4.1　开始分析

要进行分析,首先必须满足两个条件:(1)重量库有重量;(2)升降气缸升降一次。选择"开始分析",仪器进入分析状态,首先是吹氧过程,然后是燃烧过程,分析结束时,仪器自动关闭所有阀门,本次分析结束。"开始分析"对应快捷键为F1。

5.5.4.2　终止分析

分析过程中,如果要提前终止或结束,选择"终止分析",仪器即结束本次分析。如图5-25所示。

注意:(1) 如果终止分析在吹氧过程,本次重量有效,样品也未燃烧,可继续本次分析。

(2) 如果终止分析在燃烧过程,样品已经燃烧,本次重量计入本次分析结果。

5.5.4.3　键重

本台仪器的重量输入有两种方式:(1)由电子天平自动输入;(2)由手工输入。本功能即为手工输入重量。

自动输入样品重量:用电子天平称好重量,按天平右下角"PRINT"键,重量即进入程序。

手动输入样品重量:选择"键重",弹出重量框,在重量输入框中输入重量,单击"添加"按钮,在重量列表中即按序号排列出输入的重量。如图5-26所示。

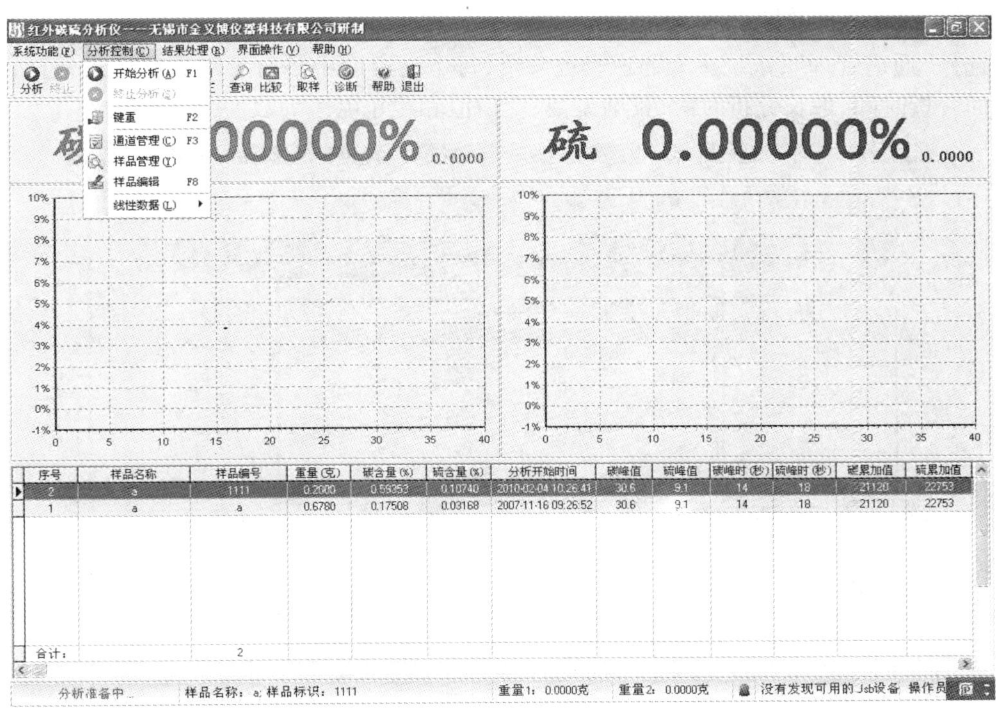

图 5-25　“分析控制”菜单项

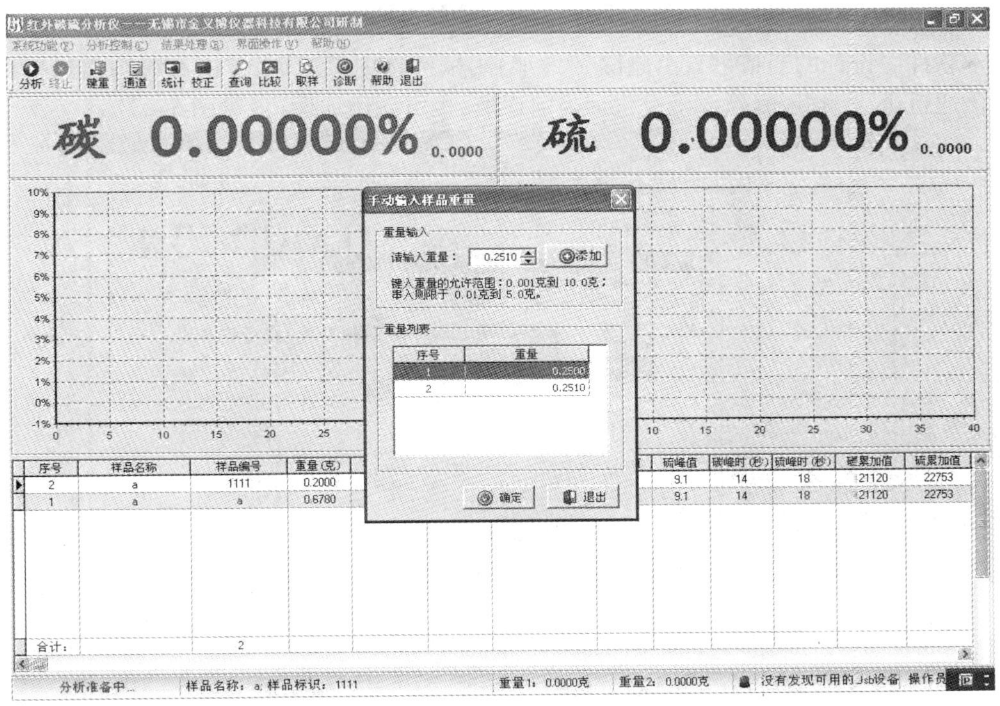

图 5-26　“手动输入样品重量”对话框

如需删除某重量，用鼠标选中该重量，双击鼠标左键即可删除该次重量。

5.5.4.4　通道管理

选择“通道管理”，系统进入通道管理菜单，每个通道库中各有 8 组原始通道，记录了该通道的分析时间、最长分析时间、校准系数、空白值和截止电平等数据（见图 5-27）。

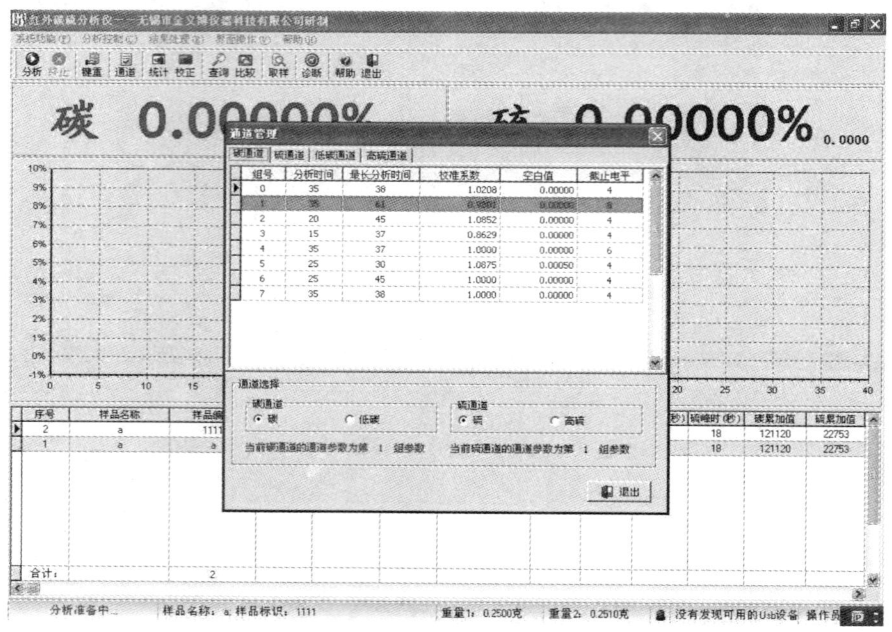

图 5-27　“通道管理”对话框

本软件中设计的通道可自由删除和增加：用鼠标选中某通道，单击右键弹出选择菜单，可对该通道进行编辑、删除或是设置为当前通道，也可新增加通道（见图 5-28）。

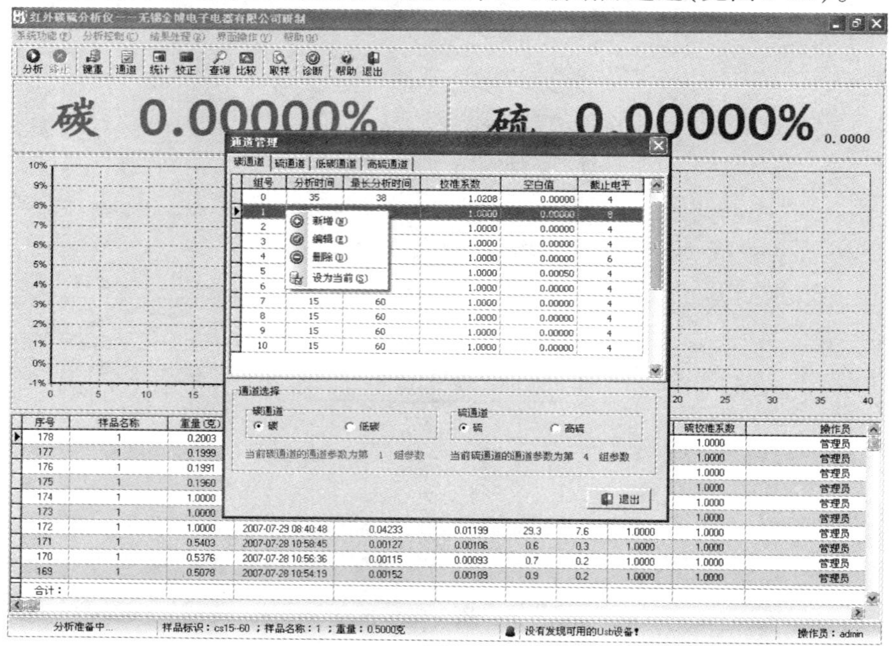

图 5-28　“新增通道”对话框

选择“编辑”，系统进入该通道的属性菜单，除通道号无法改变，其他各性能均可在规定范围内任意修改。修改完成，单击“保存”按钮，编辑的内容被保存，如图 5-29 所示。

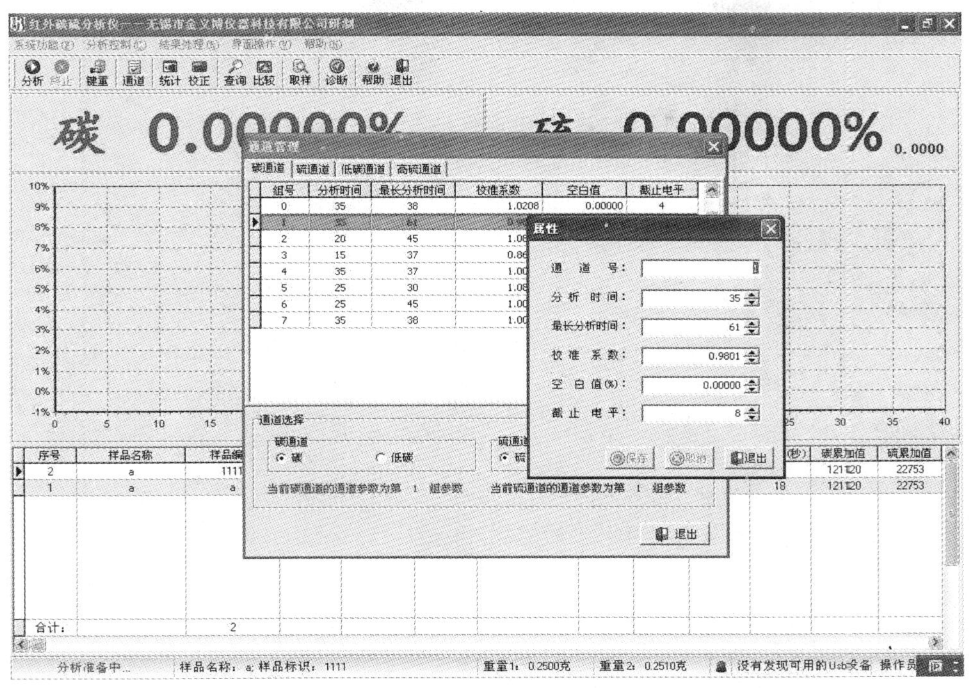

图 5-29　“通道属性”对话框

针对不同的用户，分析的材料中碳硫存在极高或极低差异的可能，我们正常的红外检测池面临无法适应该含量段的情况。本软件设计了可在碳、低碳、硫、高硫四个通道库中任意选择一组碳硫通道库，当选择了某碳通道和硫通道后，如果在提示中选择应用选择的通道组合，则系统自动调用该通道库的工作曲线，同时池电压显示也选择对应红外检测池的池电压，分析结果既是该对应检测的实际结果（见图 5-30）。

注意：本功能须有对应的硬件配套，需增加碳池或硫池才能正常使用。

5.5.4.5　样品管理

选择“样品管理”，系统进入样品管理的属性菜单，显示当前样品库中所有的样品标识和样品名称。在菜单最下面有一行按钮，可对样品库中已有的样品标识、名称等修改和删除，并可新增新的样品标识和名称。

在样品库中任意选择某样品名称，按鼠标右键，也可对样品库中已有的样品标识、名称等修改和删除，并可新增新的样品标识和名称（见图 5-31）。

5.5.4.6　线性数据

在“线性数据”中有四个子菜单，“线性库列表”、“分析中修正碳”、“分析中修正硫”及“分析中修正碳硫”，如图 5-32 所示。

（1）线性库列表。在“线性数据”中选择“线性库列表”，系统列出碳硫的线性库数据，用户可在界面中修改该数据并保存，也可单击鼠标右键选择导出，将该数据库寻出为线性库文件保存（见图 5-33）。

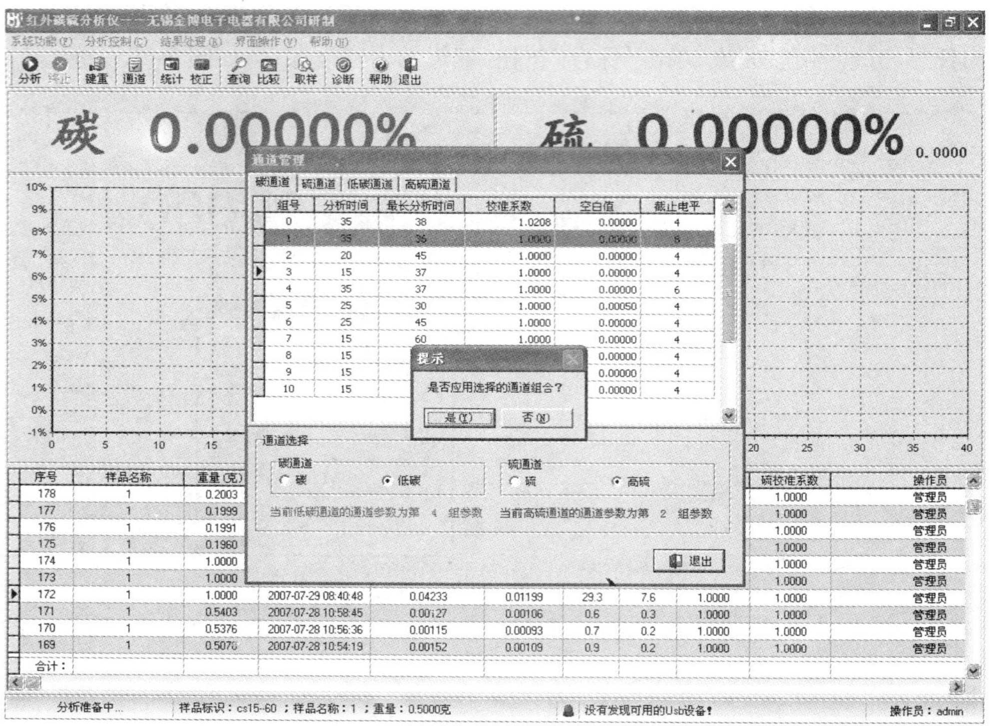

图 5-30　“应用通道组合”提示框

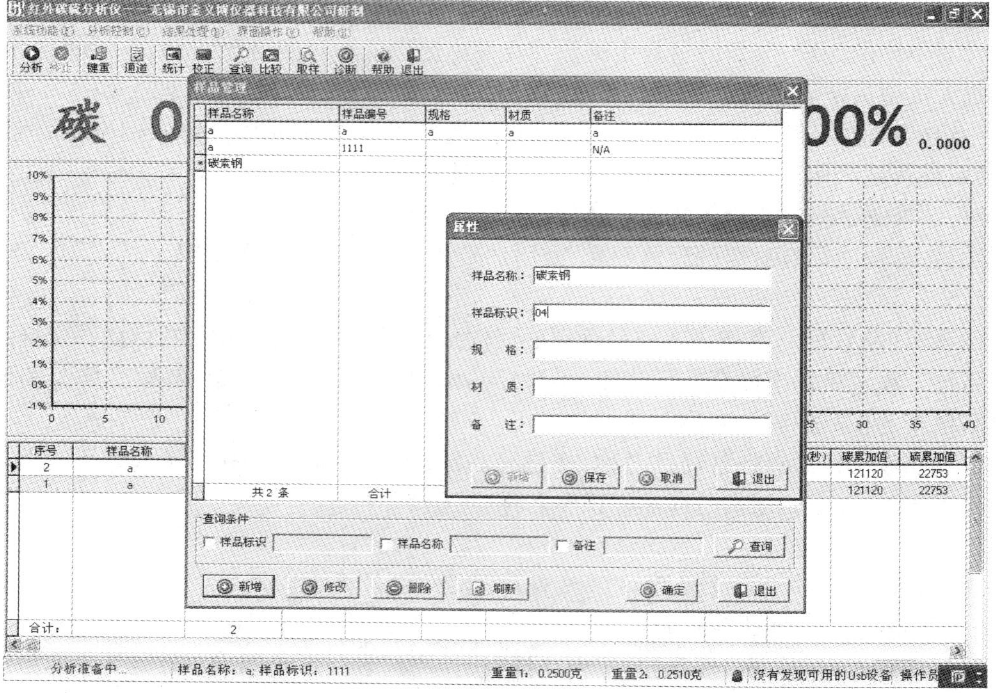

图 5-31　“样品管理属性”对话框

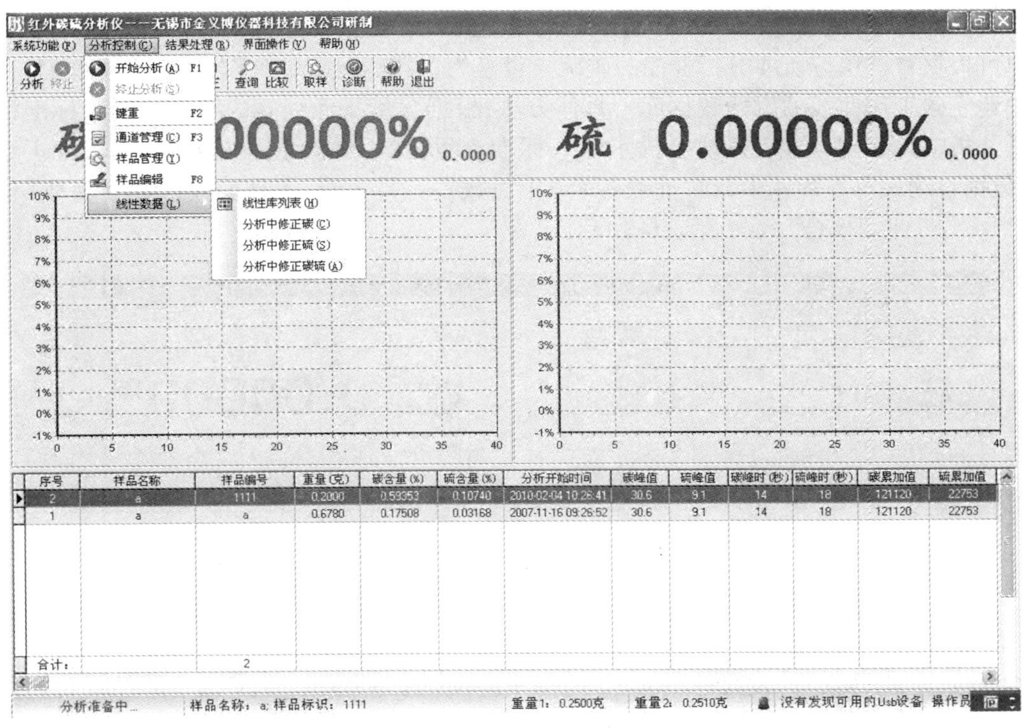

图 5-32　“线性数据”的子菜单

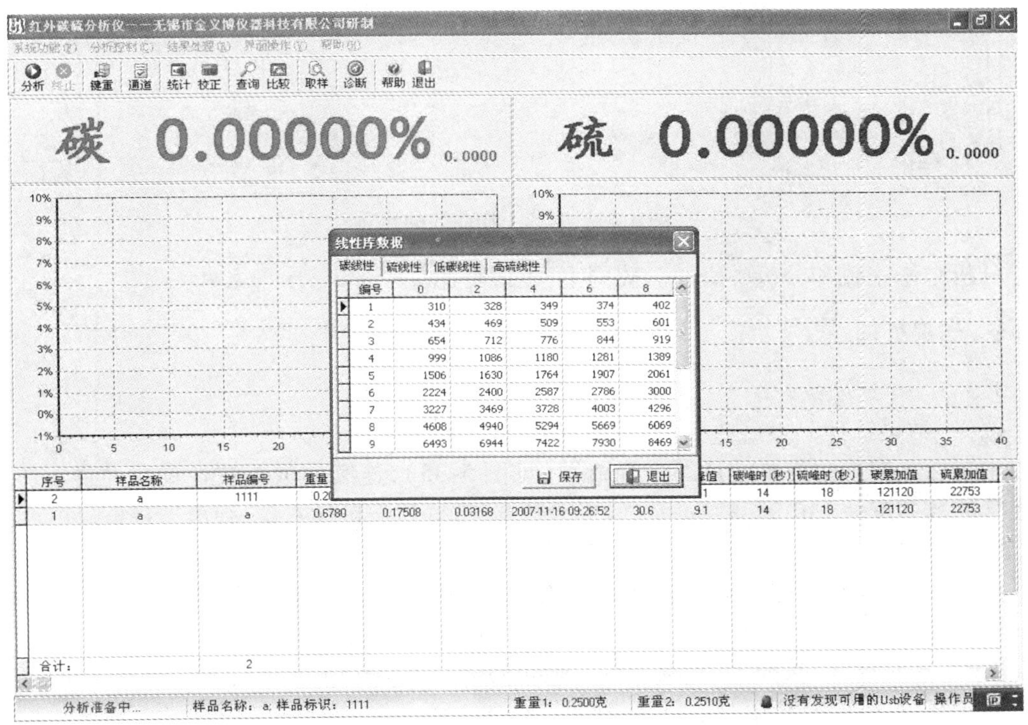

图 5-33　“线性库数据”对话框

（2）分析中修正碳。CS-8800 型红外碳硫分析仪的软件中设置了建立工作曲线的功能，用户可根据自己单位所要分析样品的碳硫含量是为仪器建立碳硫工作曲线。本功能是在分析中建立碳工作曲线的原始数据库。具体方法：根据含量从低到高的顺序依次对标准样品进行分析，每次分析结束，系统会提示输入标准含量，然后进入下一次分析，全部分析结束后，数据自动保存在程序中，在"曲线拟合"中对数据进行拟合，工作曲线即建立完成（详见 5.5.5.6 节"曲线拟合"），如图 5-34 所示。

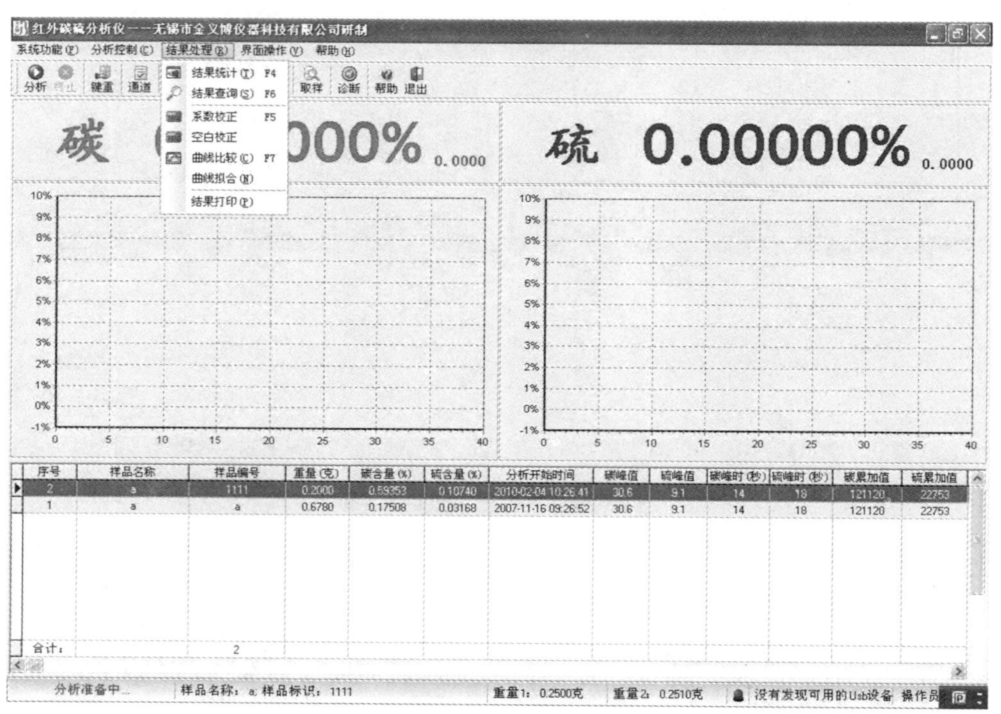

图 5-34　完成工作曲线的建立

分析中修正硫和分析中修正碳硫同上，不再赘述。

5.5.5　结果处理

5.5.5.1　结果统计

选择"结果统计"，系统进入样品管理的属性菜单。

用鼠标左键选中所要统计的分析结果（见图 5-35），连续的数据按住鼠标左键向下拉，不连续的数据按住 Ctrl 键，然后用鼠标选择数据，选好后按鼠标右键，弹出选择框。

选择框中的"导出 Excel"，可以将当前的所有数据导出 Excel（见图 5-36）。

在弹出的菜单中单击"选择"按钮，则被选中的数据列表显示，其余数据不显示。选择最后一行的"统计"按钮（见图 5-37），系统对选中的数据自动求出平均值和标准偏差。

单击"相对统计"按钮，系统提示输入碳硫的标准值，输入后按"确定"，则计算出相对标准偏差、绝对示值误差和相对示值误差（见图 5-38）。

5.5.5.2　结果查询

在菜单中选择"结果查询"，系统弹出结果显示框，如图 5-39 所示。

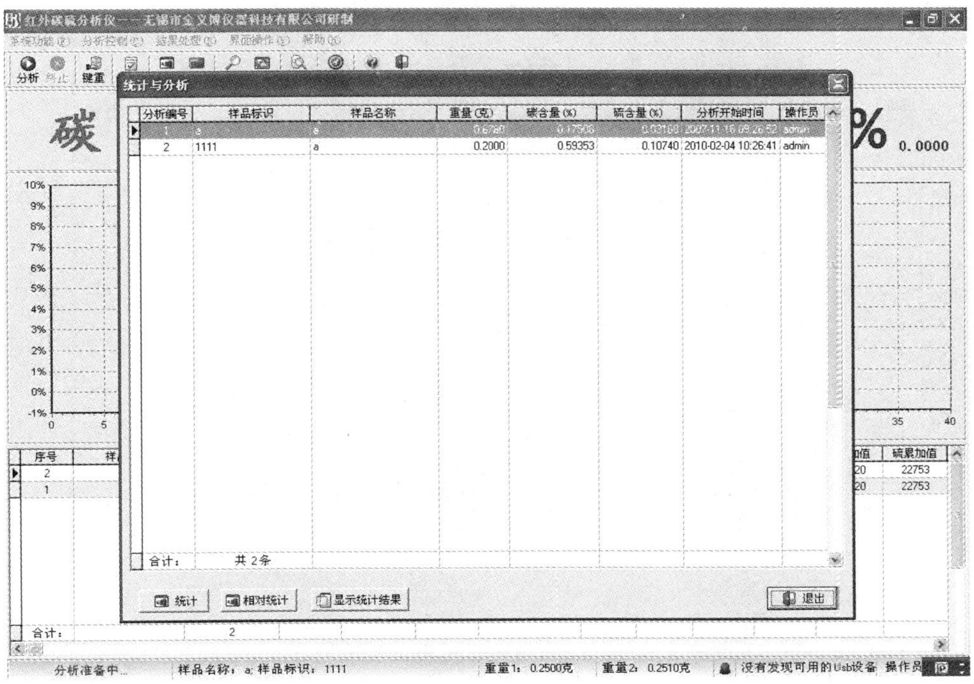

图 5-35　所要统计的分析结果

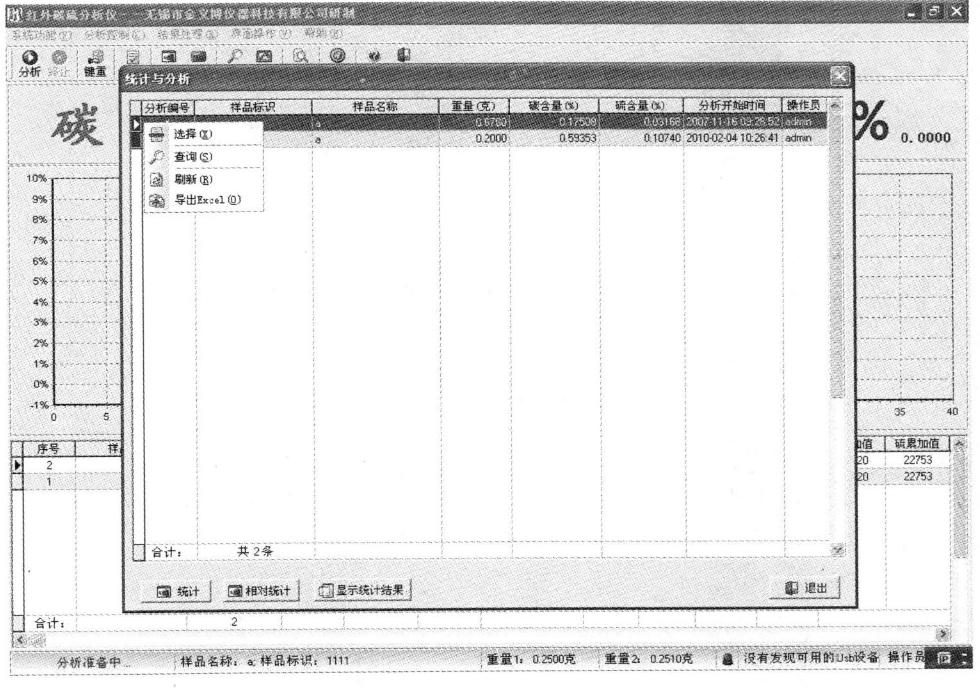

图 5-36　导出 Excel

选择下方的“查询”按钮，弹出“查询条件”对话框(见图 5-40)，用户可根据样品标识、样品名称、操作员、分析起始时间和截止时间任意选择查询条件。

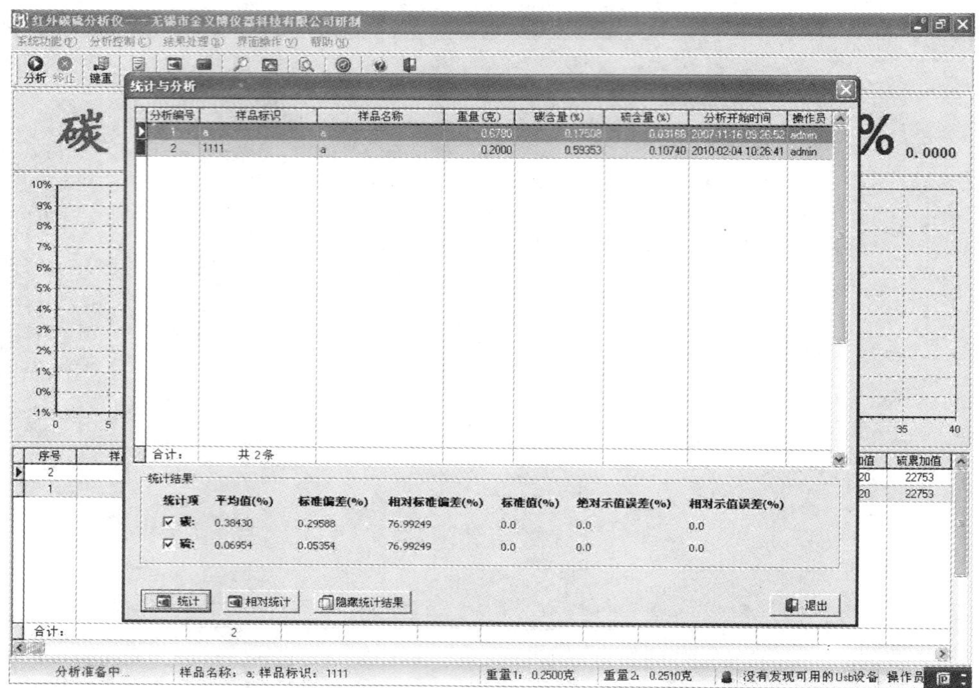

图 5-37　"统计"对话框

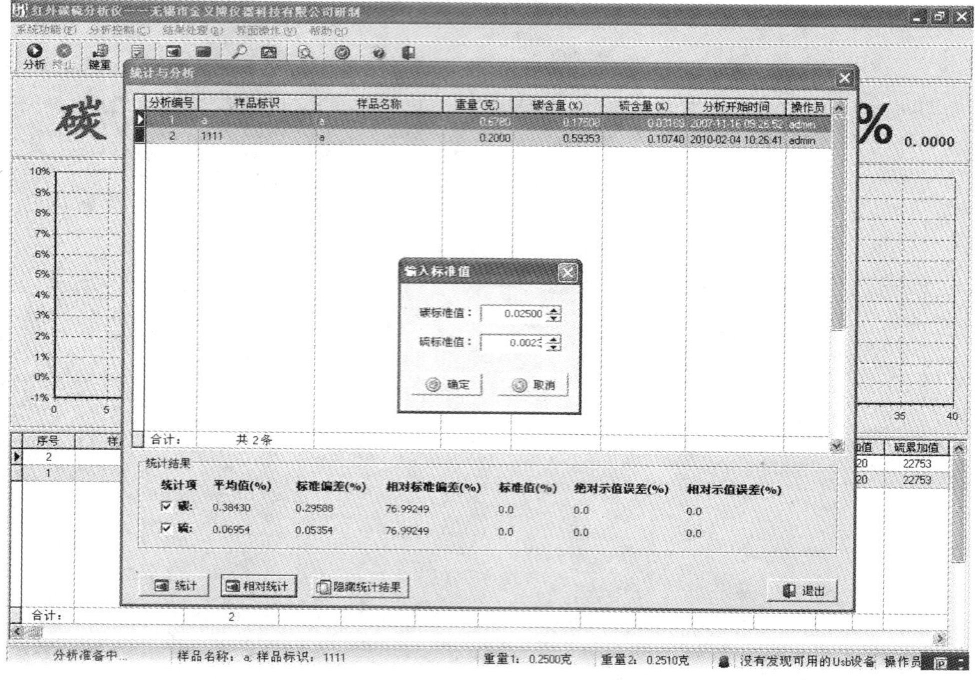

图 5-38　"输入标准值"对话框

选择下方的"导出 Excel"按钮,用户可根据所需要的字段将数据导出,并以 Excel 表格形式生成文件,保存在磁盘中(见图 5-41)。

图 5-39 “分析结果”对话框

图 5-40 “查询条件”对话框

5.5.5.3 系数校正

在菜单中选择“系数校正”，系统弹出系数校正框。

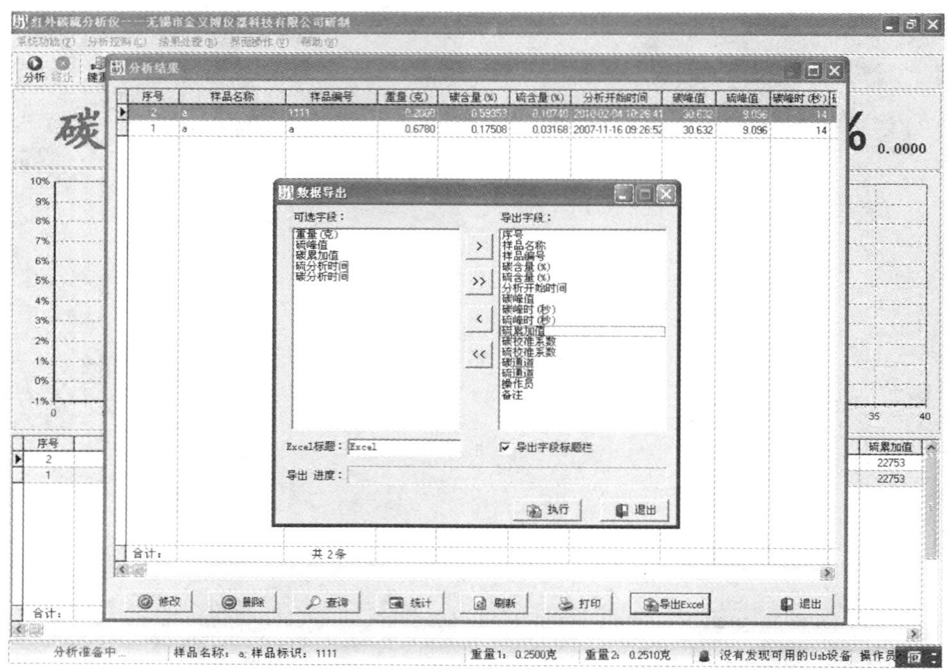

图 5-41　“数据导出”对话框

在分析结果中选择已知碳硫含量的分析结果,并在结果前的 □ 中打上 √ 。用户可以单独对碳进行校正,也可单独对硫进行校正,或是同时校正碳硫。只要在下方校正碳/校正硫的 □ 中打上 √,并输入标准含量,然后单击“校正”按钮(见图 5-42)。

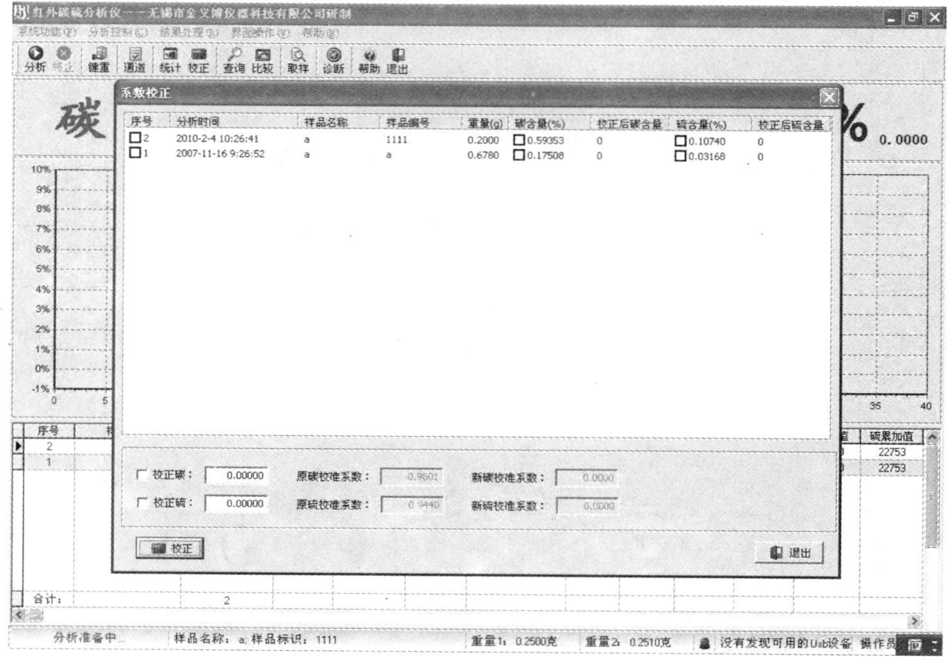

图 5-42　“系数校正”对话框

系统提示是否确定要进行校正，选择“是(Y)”，原来的校正系数就改变了，从下一次分析开始，系统将按照新的校正系数进行计算(见图5-43)。

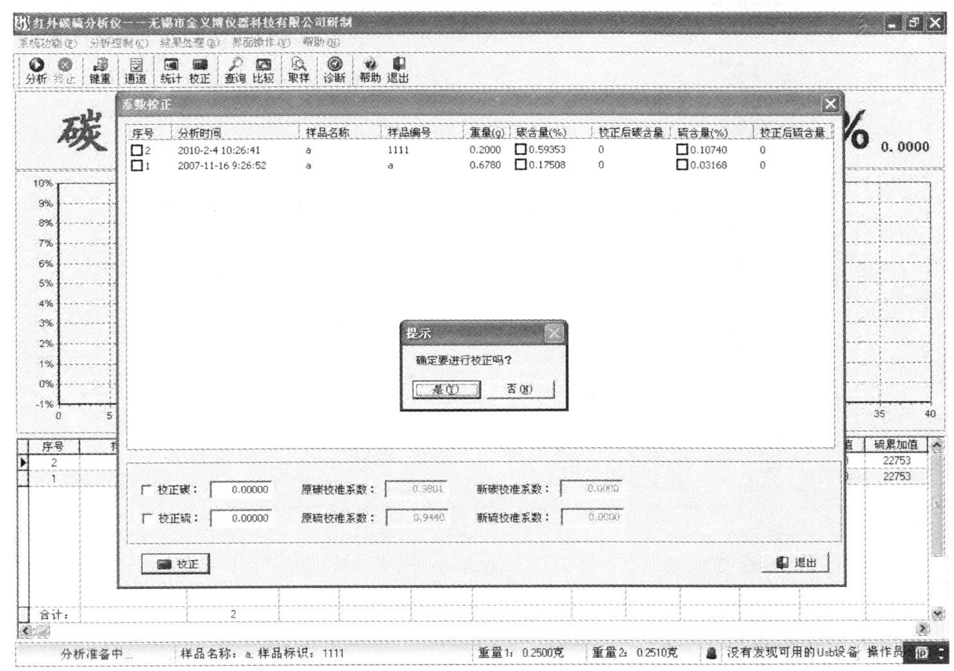

图5-43 “系数校正”提示框

5.5.5.4 空白校正

空白校正是在分析超低含量样品时，由于助熔剂、坩埚中的空白影响分析结果，所以要预先扣除。具体方法同系数校正，但在校正时标准含量由系统自动默认为0，无需输入。空白校正后，在当前的碳硫通道中分析的结果就自动扣除空白值。

5.5.5.5 曲线比较

前面在5.5.3节“系统设置”中介绍了，每次分析结束时，系统会提醒是否保存释放曲线，也可设置为自动保存曲线。曲线保存后自动进入结果库，用户可任意调用并对同一样品的释放曲线进行比较。

在菜单中选择“曲线比较”，系统弹出曲线比较框，如图5-44所示。

在弹出的对话框中选择“提取”按钮，系统显示当前所有保存了曲线的分析结果，可以用鼠标左键双击直接选中，也可在查询条件中根据相关条件调用曲线，选择后的样品进入“已选曲线”中，用户可自行设计显示的颜色(见图5-45)。

选好后单击“确定”，选中的曲线就显示在曲线比较框中。

5.5.5.6 曲线拟合

曲线拟合是对5.5.4.6中分析中修正碳/硫的结果进行拟合，通过调整C0、C1、…、C5各参数的值，使分析出的结果与标准样品值重合，从而拟合出一条标准曲线。

注意：本功能为管理员操作，普通操作员无此权限。

拟合好曲线后，选择“绘曲线”按钮，可以看出拟合的曲线和标准曲线是否接近，从而判断新拟合的曲线好坏(见图5-46)。

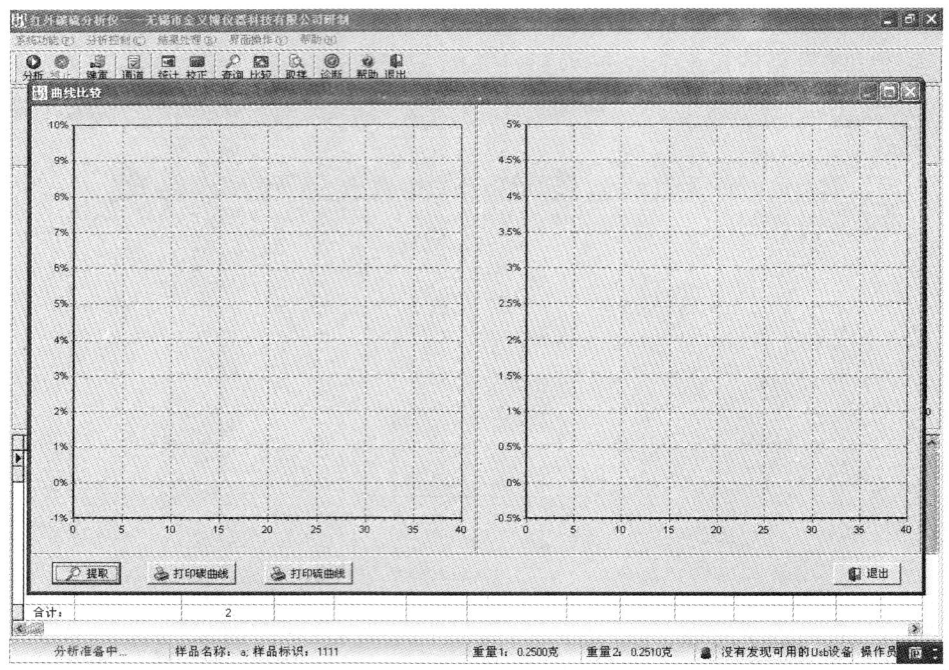

图 5-44　“曲线比较”对话框

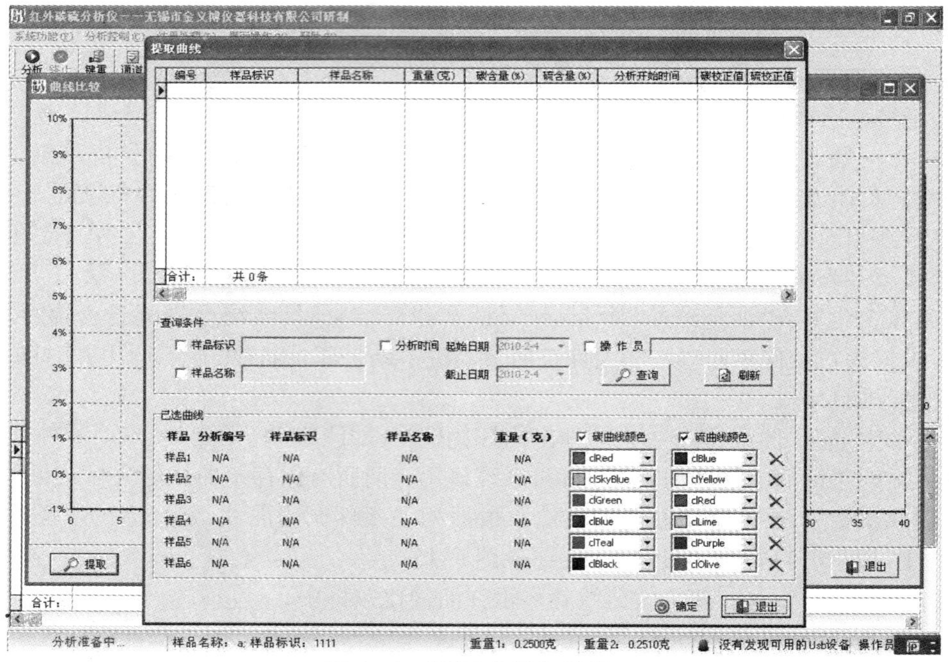

图 5-45　“提取曲线”对话框

5.5.5.7　结果打印

本软件的结果打印设置了两种打印模式：报表模式和检测站模式。

(1) 报表模式。报表模式主要针对一般用户打印分析结果时使用，在“公司”栏中输入公司名称，然后选择所要打印的全部数据(见图 5-47)。

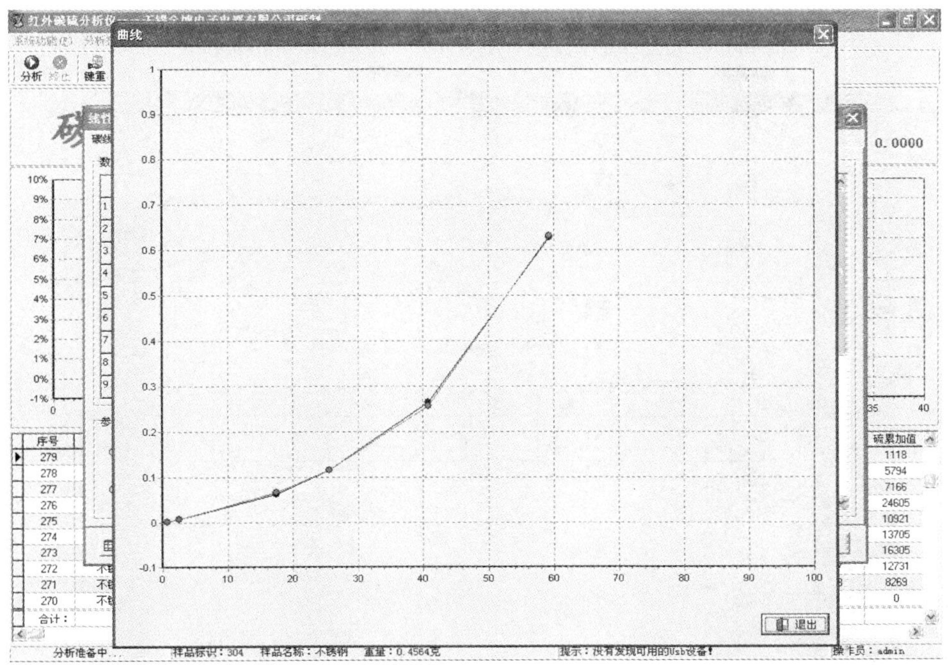

图 5-46　“曲线”界面

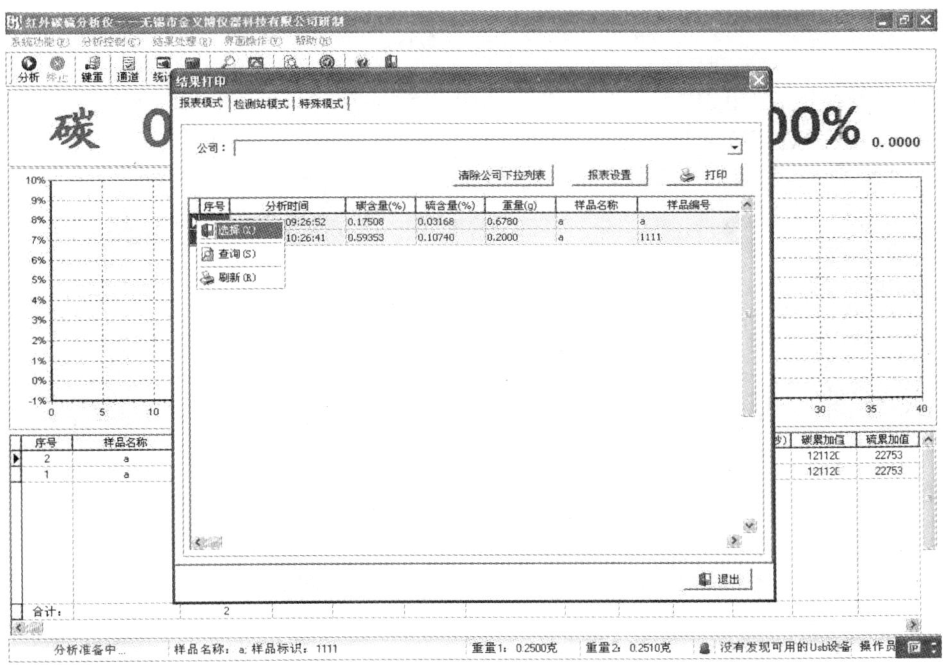

图 5-47　报表模式下“结果打印”对话框

选择分析结果：将鼠标光标放在序号左边的小方格上，按住 Ctrl 键，同时用鼠标选择要进行打印的数据。

选择好以后单击鼠标右键，点击“选择”选项，分析结果选择完成。

选择好后单击“报表设置”,可对当前使用的表格格式、行距、列宽等进行调整,如图 5-48 所示。

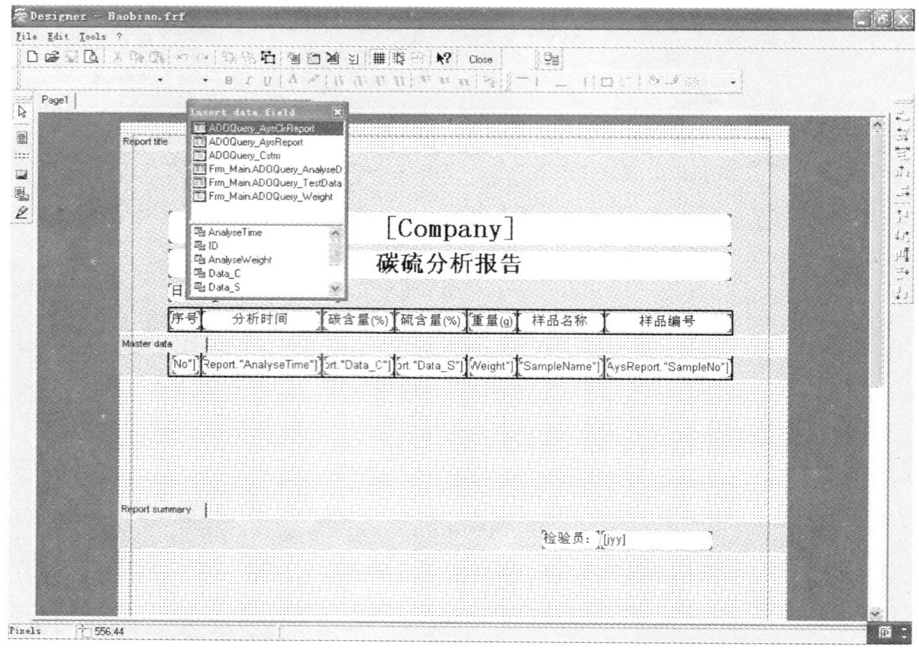

图 5-48　调整格式

调整好表格格式,单击“打印”按钮,进入打印预览模式(见图 5-49),单击屏幕左上角的打印机图标,即开始打印表格。

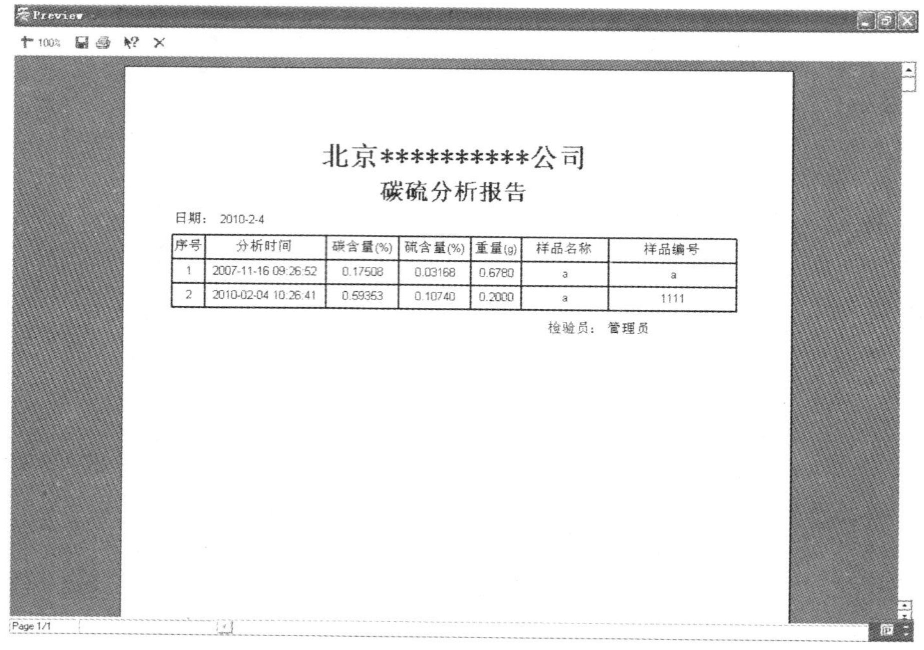
北京***********公司

碳硫分析报告

日期: 2010-2-4

序号	分析时间	碳含量(%)	硫含量(%)	重量(g)	样品名称	样品编号
1	2007-11-16 09:26:52	0.17508	0.03168	0.6780	a	a
2	2010-02-04 10:26:41	0.59353	0.10740	0.2000	a	1111

检验员: 管理员

图 5-49　打印预览

（2）检测站模式。检测站打印模式主要针对对外提供来样检测，需对客户出具检测报告的单位。一般是对某一样品连续分析几次，对分析结果进行统计，然后打印结果。

如图 5-50 所示，输入“送样单位名称”，选择好要打印的数据，直接单击“打印”按钮，显示该样品的平均值、标准偏差和 RSD 值，如图 5-51 所示。

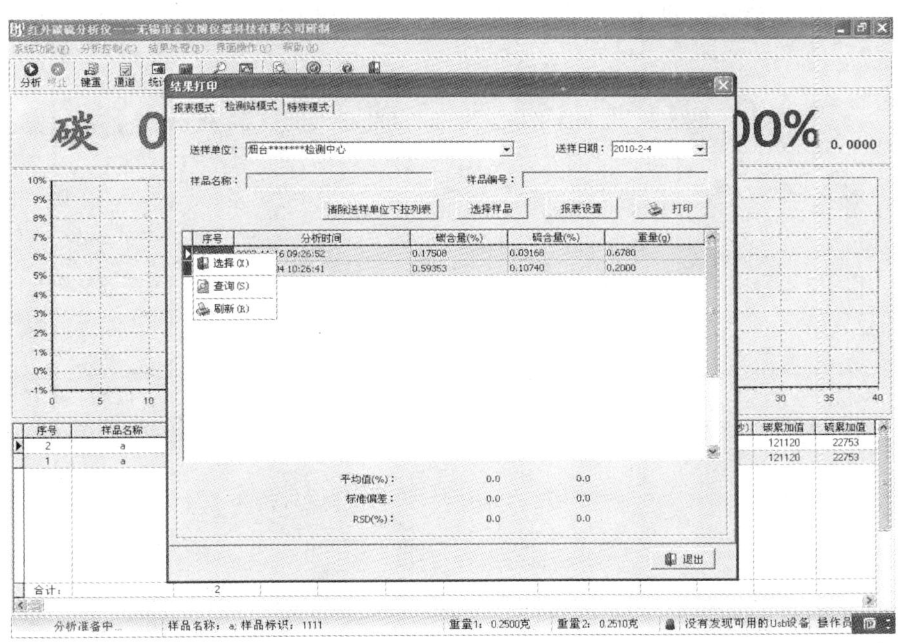

图 5-50　检测站模式下“结果打印”对话框

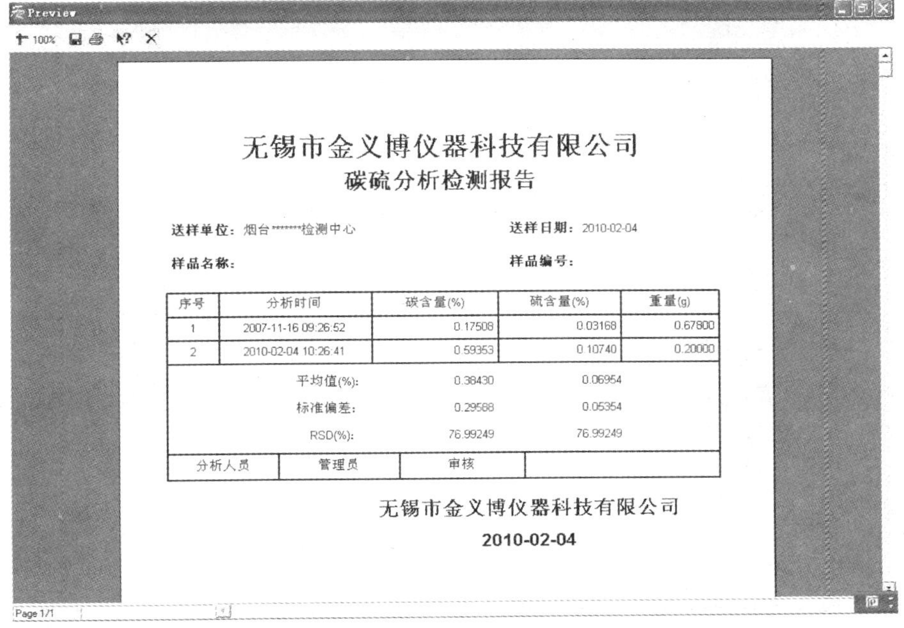

无锡市金义博仪器科技有限公司

碳硫分析检测报告

送样单位：烟台*******检测中心　　送样日期：2010-02-04

样品名称：　　样品编号：

序号	分析时间	碳含量(%)	硫含量(%)	重量(g)
1	2007-11-16 09:26:52	0.17508	0.03168	0.67800
2	2010-02-04 10:26:41	0.59353	0.10740	0.20000
	平均值(%):	0.38430	0.06954	
	标准偏差:	0.29588	0.05354	
	RSD(%):	76.99249	76.99249	
分析人员	管理员	审核		

无锡市金义博仪器科技有限公司

2010-02-04

图 5-51　打印预览

5.5.6　界面操作

界面操作主要是控制工具栏和任务栏是否在操作界面中显示，可用鼠标选择是否显示，如图 5-52 所示。

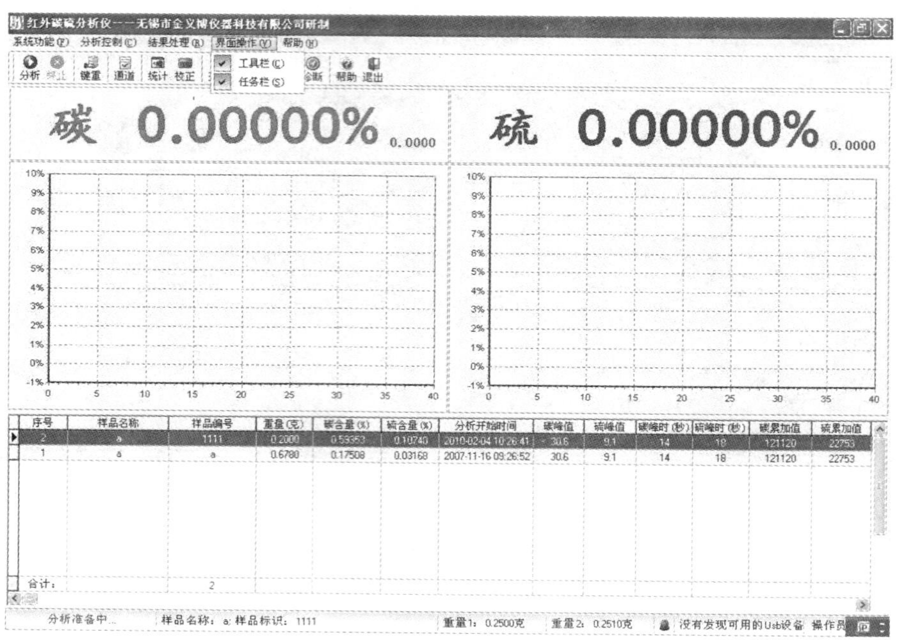

图 5-52　选中“工具栏”和“任务栏”

如果不选中这两项，则在操作界面中不显示两项的内容，如图 5-53 所示。

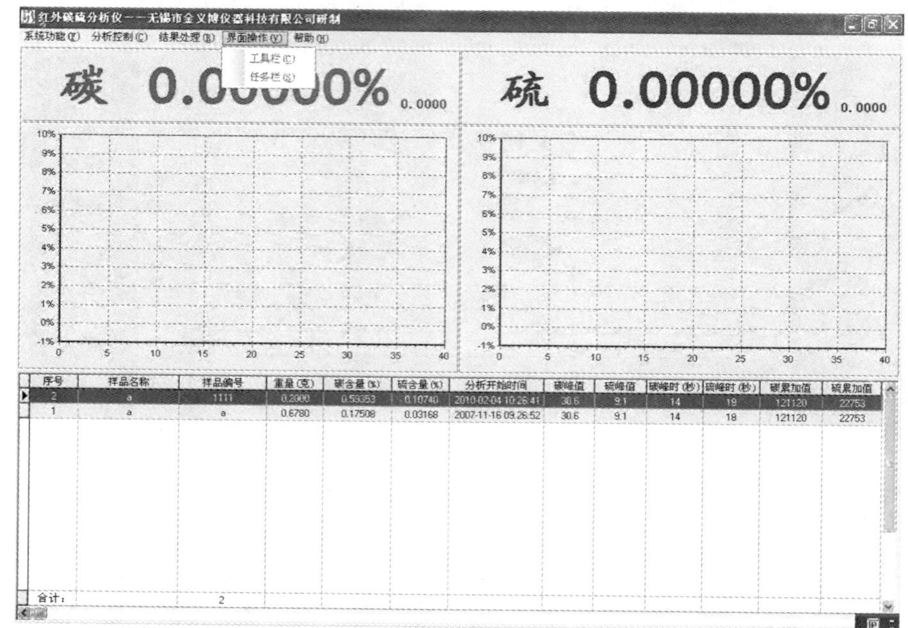

图 5-53　未选中“工具栏”和“任务栏”

5.6　基本工作原理

5.6.1　红外检测原理

CO_2、SO_2 等气体分子在红外光波段，具有选择性吸收谱图，当某些特定波长的红外光通过 CO_2 或 SO_2 气体后，能产生强烈的光吸收，此吸收规律可由朗伯-比尔定律得出。

$$I_0(\lambda)=I_i(\lambda)[-\alpha(\lambda)CL] \tag{5-1}$$

由于探测器是将光信号转换为电信号，当探测器工作在线性区域内，则式(5-1)可改写为：

$$V_0(\lambda)=V_i(\lambda)[-\alpha(\lambda)CL] \tag{5-2}$$

式中　$I_0(\lambda)$，$V_0(\lambda)$——分别为通过吸收池后出射光强和对应的电信号值；

$I_i(\lambda)$，$V_i(\lambda)$——分别为特定波长 λ 的入射光强和对应的电信号值；

$\alpha(\lambda)$——测定气体在特定波长 λ 的吸收系数。

分析池光路图如图 5-54 所示。由式(5-2)可知，当选定某一特定波长并且确定了分析池(吸收池)长度时，由测量光强 I_0 能换算出混合气体中被测气体的浓度，这就是红外吸收法能定量测量气体浓度的基本原理。本仪器选定的测量波长：CO_2 为 4.26 μm，SO_2 为 7.4 μm。

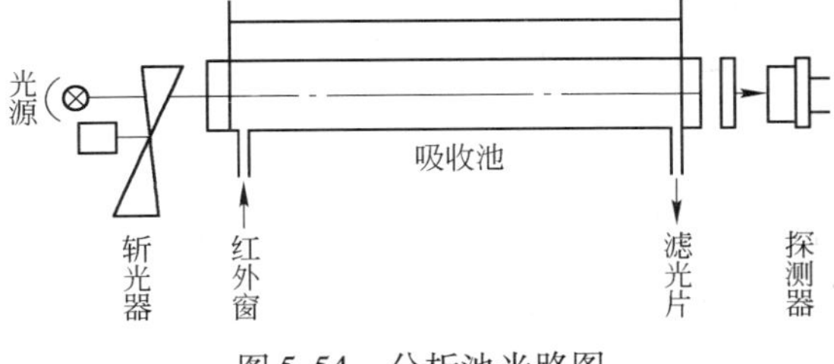

图 5-54　分析池光路图

5.6.2　高频加热原理

当金属导体处在一个高频交变电场中，根据法拉第电磁感应定律，将在金属导体内产生感应电动势，由于导体的电阻很小，从而产生强大的感应电流。由焦耳-楞次定律可知，交变磁场将使导体中电流趋向导体表面流通，引起集肤效应，瞬间电流的密度与频率成正比，频率越高，感应电流密度集中于导体的表面，即集肤效应就越严重，有效的导电面积减少，电阻增大，从而使导体迅速升温。

5.6.3　高频感应电路工作原理

打开面板上的电源开关，220 V 交流电压经电源滤波器 LB1 后分三路分别供整机工作，一路经滤波器 LB2 供轴流风机 F 工作；一路供灯丝变压器 T2 工作；一路经固态继电器 K2 控制供高压电路工作。当高频开关打开后，固态继电器 K2 打开，升压变压器 T1 的初级加入 220 V 交流电压，次级输出高压，经高压整流堆 V1 ~ V4 整流后产生直流高压供振荡管制阳极，此时 C3、C4、L2 组成 LC 振荡回路，燃烧加热开始。通过调整栅极电位器 W，可改变栅极流，从而改变电路中的负反馈作用。当设定的燃烧时间一到，高压电源自动关闭，燃烧加热过程结束。详见图 5-55 电原理图。

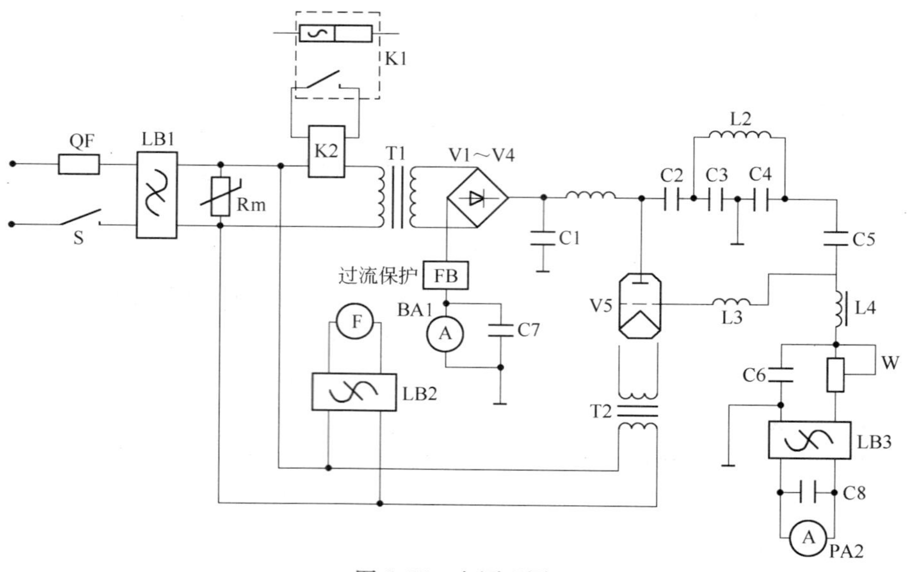

图 5-55　电原理图

另外，电路中设有过时过流保护装置，一旦阳极电流超过 0.7 A，或者燃烧时间超过 1 min，电路自动切断高压电源并报警。听到报警声后，按下面板上的“复位”开关，报警声消除，机器恢复原工作状态，通过处理后可继续工作。

5.6.4　气路工作原理

图 5-56 为仪器的气路原理图，氧气经氧气瓶上端的减压阀，调节压力为 0.18 ~ 0.2 MPa 送入仪器，供燃烧用，动力气一般采用氮气或压缩空气，供动力用。

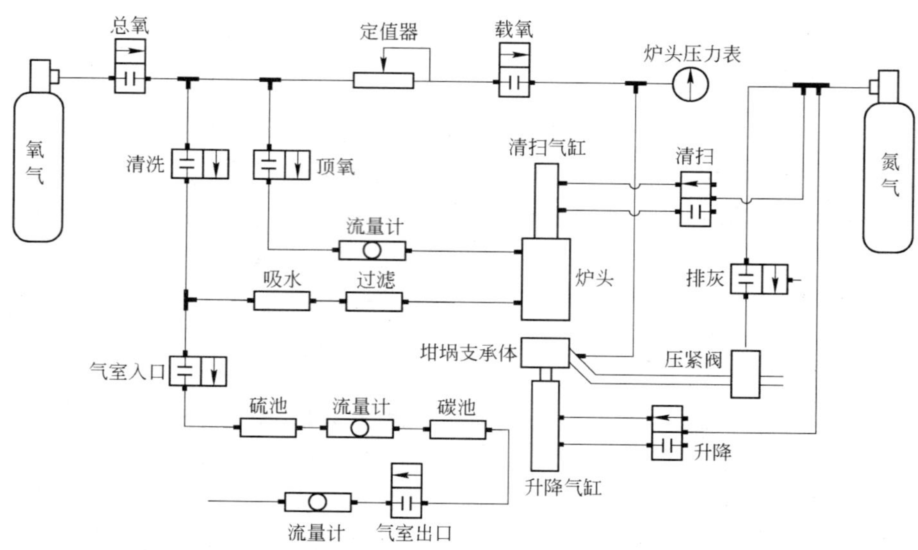

图 5-56　气路原理图

动力气一路经压紧阀将排灰管压紧；一路通过自动清扫阀供自动清扫装置清扫石英管；一路通过升降阀供气缸升降。

燃烧用气通过总氧阀经净化炉净化干燥后分两路供仪器：一路经 0 ~ 3 L/min 流量计调节一定期流量后供顶吹氧，清洗过滤网时经清洗阀供除尘；一路经定值器调节，供载气使用定值器的目的是为了使燃烧室内保持定压。样品通过加热通氧燃烧后产生的混合气体经脱脂棉除去粉尘，干燥剂除去水分，经气室入口阀进入硫池，再经 0 ~ 5 L/min 流量计进入碳池，最后经 0 ~ 5 L/min 流量计确定实际流量后经气室出口阀放空。

5.6.5　整机工作原理

整机工作原理如图 5-57 所示，共分上、中、下三大部分，上部是气路系统，每个箭头表示气体流动方向；中部是一个虚线框，框中反应了整个气体分析室内由箭头所联系的光信号转换电信号的全过程；下部为电路控制系统。

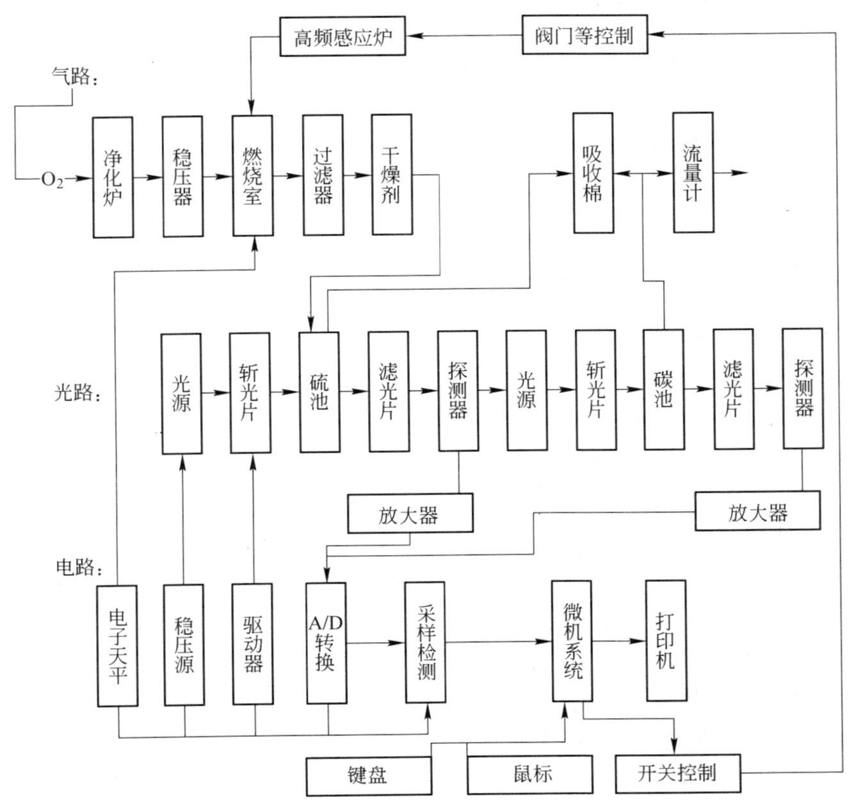

图 5-57　整机工作原理图

5.7　仪器常见故障及处理办法

5.7.1　池电压故障

【故障 1】：池电压跳动不稳定，波动大于 0.01 V/min（正常应小于 0.002 V/min）。

故障原因及处理办法：(1) 如果是碳、硫有一路信号不稳定，可能是该路放大板元件损坏，需要换放大板。

（2）如果是碳硫均不稳定，可能是马达转换不稳，可检查马达驱动电压是否正常，再检查马达驱动和马达。如有问题，需要换马达驱动板或马达。

【故障2】：池电压信号较低，池电压小于1.0000 V。

故障原因及处理办法：池电压较小，但跳动稳定，是因为镀金管内壁脏了，信号的放大倍数减小。需联系厂家上门清洗或更换镀金管。

【故障3】：池电压信号极低，小于0.1000 V。

故障原因及处理办法：（1）如果是碳、硫有一路信号极低，则是光源未工作，检查该路光源的是否有电压、光源是否坏了，需要换光源。

（2）检查调制马达是否转动，如果马达不转动则池电压显示零点信号，需要换马达驱动板或马达。

【故障4】：池电压无信号，显示为0.0000 V。

故障原因及处理办法：无信号输入，说明下位机信号未能传输到上位机，可先检查USB是否连接正常或USB驱动是否安装正确，需调整USB线。

【故障5】：池电压信号大于1.9 V并且无变化。

故障原因及处理办法：池电压信号过大，显示过量程。调节放大板50K电位器，按逆时针方向调小，直到信号稳定在1.5000 V左右即可。

5.7.2 燃烧问题

【故障1】：高频炉不燃烧。

故障原因及处理办法：（1）检查高频炉控制板：打开软件，打开“诊断”功能，按数字键“8”，检查控制板上高频对应的LED是否亮，不亮说明信号未能传输，可检查光纤是否连接正常或更换。如果LED亮起，说明信号已经传输过来，检查控制板上连固态继电器的两根线上是否有DC12 V，如果没有12 V，则是控制板坏了，需要换控制板。如果12 V正常，说明控制电路完好，检查高频电路部分。

（2）检查高频电路：高频电路由电子管作为主导元件，所以首先检查电子管是否工作，目测电子管灯丝是否亮，由灯丝变压器供电，为AC6.3V。如果正常，检查整个电路回路是否有断路现象，可用万用表检测线绕电阻的阻值，应为5K，如果阻止无穷大则是电阻断路。

【故障2】：分析不开始。

故障原因及处理办法：仪器分析不能正常开始，说明上位机给出指令下位机未能收到，是通讯出错，可检查连接光纤是否连接正常，更换光纤即可。如果光纤完好，则是主机板通讯部分硬件出错，可更换主机板。

【故障3】：开始燃烧时烧保险。

故障原因及处理办法：燃烧时烧保险，是因为高频电路部分接线松动了，或是由于高压部分绝缘性不好导致高压打火，造成烧保险。可紧固高频电路各部分连接部件，在高压部分加高压套管，以确保绝缘。

【故障4】：气路密封性不好。

故障原因及处理办法：（1）气路接头和电磁阀部分不会发生漏气现象，更换干燥剂或清扫炉头后均匀应检查气路的密封性，如果发生漏气可在各密封圈处均匀涂上真空硅脂，以确保密封。

(2) 如果发现载氧压力迅速下降,是排灰管处破裂,只要更换排灰管即可。

5.7.3 分析过程常见故障

【故障 1】:板流不在正常范围(正常为 200 ~ 600 mA)。

故障原因及处理办法:板流小于 200 mA,说明样品称样量过少。燃烧功率低;非铁磁样品。可增加样品称样量,或增加助溶剂量。

【故障 2】:释放曲线不正常。

故障原因及处理办法:(1) 峰形出现拖尾现象,说明样品称样量多、含量太高难释放、功率低。

(2) 释放出双峰,说明高含量样品称量过多。

(3) 出峰时间大于 20″,说明样品难熔、吹氧不足。

(4) 释放时间大于 50″,含量高、拖尾;坩埚空白大;分析流气量低。

说明: 几种加速剂作用:增强分析体系感应效果(Cu、Sn);降低样品材料熔点,熔融完全(Fe);碳、硫溶解度大有利碳硫释放(W、Fe),有稀释作用,可提高样品材料熔点帮助释放完全。

【故障 3】:熔体形状有气泡。

故障原因及处理办法:说明熔体温度偏低(助溶剂选择不当等);功率偏低。可选择适当助溶剂或减少样品称样量。

【故障 4】:分析结果重复性不好。

故障原因及处理办法:(1) 含量太高超出线性范围,可减少样品称样量。

(2) 含量低空白不稳,坩埚应在富氧气氛中处理;使用高纯氧;适当延长一些吹氧时间;选用纯度高的助溶剂。

(3) 样品处理不好,可将样品清洁;重新取样;烘烤;规范取样。

(4) 样品不均匀,可取大平均值;多做平行分析或要求送验单位重新取样。

(5) 助溶剂质量,空白不稳定,应选择空白稳定。

(6) 仪器久置不用,将造成探测器、电子元件受潮或其他原因,采用标准样品做实验检查,并由维修人员配合检查或保养维修。

第三部分　燃烧法碳硫分析技术

6　CO_2 的数字化热解方程与 CO 和 CO_2 的热平衡

碳量的热法测定，首先将试样置于高温炉（如电阻炉、高频炉、电弧炉等）中通氧燃烧，生成并逸出 CO_2 气体，然后测定 CO_2 的含量，再换算出碳的质量分数。然而生产实践中发现，在生成 CO_2 的同时，也产生部分 CO，而且电弧炉和高频炉燃烧产生 CO 较多；用电阻炉燃烧产生 CO 较少。对 CO 的生成，人们早有发现，仪器制造者也采用了相应的措施。但很多人并不十分了解其本质。本章用化学热力学的原理，首次导出了 CO_2 的数字化热解方程，求得了不同温度下 CO_2 热解出 CO 的量。据此，提出了 CO 的产生，主要是由 CO_2 热解所致的新理念。

6.1　CO 的生成

耐人寻味的是，用电弧炉燃烧测定碳量之后的尾气，进行气相色谱分析，结果发现尾气中的 CO 占含碳量的 3% 左右[1]。用红外法测定碳量，发现也有 CO 存在[2]。用电阻炉燃烧生成的 CO 最少。CO 的存在影响碳量测定的准确度，为了探索 CO 的产生，研究以下三个化学反应：

$$C + \frac{1}{2}O_2 \Longrightarrow CO \tag{6-1}$$

$$C + CO_2 \Longrightarrow 2CO \tag{6-2}$$

$$CO_2 \rightleftharpoons CO + \frac{1}{2}O_2 \tag{6-3}$$

三个化学反应都能生成 CO，然而每个反应都是有具体条件的，反应(6-1)是在 O_2 不足、红热的碳过量的条件下生成 CO，煤气中毒多与此反应有关。在测定碳的条件下，O_2 是过量的纯氧，碳量也很少，因而此反应难生成 CO。

6.2　$CO_2 + C \Longrightarrow 2CO$ 反应的转化方程

反应(6-2)是在封闭的体系中，在碳的存在下，产生 CO 的反应，也是热处理渗碳的重要反应之一。此反应与温度关系密切。在碳的存在下，不同温度时，CO_2 转化率 α_{CO_2} 由近似方程给出：

$$\alpha_{CO_2}=\frac{1}{\sqrt{1+4e^{-20.76+20382.5}/T}} \tag{6-4}$$

式中，α_{CO_2}表示转化率，T 表示绝对温度，利用此式可计算不同温度下 CO_2 的转化率，见表6-1。

表 6-1　$C+CO_2 \longrightarrow 2CO$ 的 α_{CO_2}-T 的数字关系

T/K	α_{CO_2}/%	T/K	α_{CO_2}/%	T/K	α_{CO_2}/%
800	0. 04730	1123	0. 879037	1400	0. 995969
900	0. 19106	1173	0. 938358	1600	0. 99343
1000	0. 516926	1260	0. 957042	1800	0. 999840
1073	0. 770303	1273	0. 983110	2006	0. 99948

从表 6-1 可知，在缺氧的封闭体系中，当碳过量时，在 1273 K（1000℃）温度下有 98% 的 CO_2 转化为 CO。若用管式炉放入纯的 CO_2 和 C，并组成封闭体系，升温至 1000℃（即 1273 K），测定 CO_2 的转化率，实验结果与转化方程计算相符。证明了转化方程计算的正确性。然而碳量的测定条件，并非封闭体系，而且有过量的氧存在，碳量也很少，因而很难由 CO_2 再生成 CO。相反 CO 易生成 CO_2。因此反应（6-2）在测定碳的条件下，很难生成 CO。要指出的是反应（6-2）不仅是热处理渗碳的重要反应，也是地下煤气化的主要反应。烟囱排出的废气、汽车尾气中的 CO 都与这个反应有关。测定有机物中的碳量或高碳量的物质，如果条件控制不当，也是潜在的隐患。

6.3　CO_2 的数字化热解方程

$$CO_2 \rightleftharpoons CO+\frac{1}{2}O_2$$

此反应是一个可逆反应，又是一个快反应，式（6-1）和式（6-2）能产生少量的 CO 由逆反应式（6-3）再生成 CO_2。

免去推导过程，反应的转化率 α 与温度 T 之间的数字关系见式（6-5），此式是模拟 CO_2 的生成条件导出的。

$$\alpha=1/1+e^{-10.543+33996.87/T} \tag{6-5}$$

为了对 CO_2 的分解趋势有一个定量的了解，利用式（6-5）将不同温度下的计算结果列于表 6-2 和图 6-1 中。

表 6-2　不同温度下 CO_2 的转化率

T/K	α/%	T/K	α/%	T/K	α/%	T/K	α/%
2000	0. 00157	3000	0. 31233	3700	0. 79500	4400	0. 94356
2123	0. 00419	3100	0. 39564	3800	0. 83153	4500	0. 95204
2300	0. 01423	3200	0. 47977	3900	0. 86127	4600	0. 95900
2500	0. 04497	3300	0. 55995	4000	0. 88532	4700	0. 96476
2700	0. 11422	3400	0. 63274	4100	0. 90475	4800	0. 96954
2800	0. 16816	3500	0. 69628	4200	0. 92046	4900	0. 97353
2900	0. 23505	3600	0. 75016	4300	0. 93319	5000	0. 97688

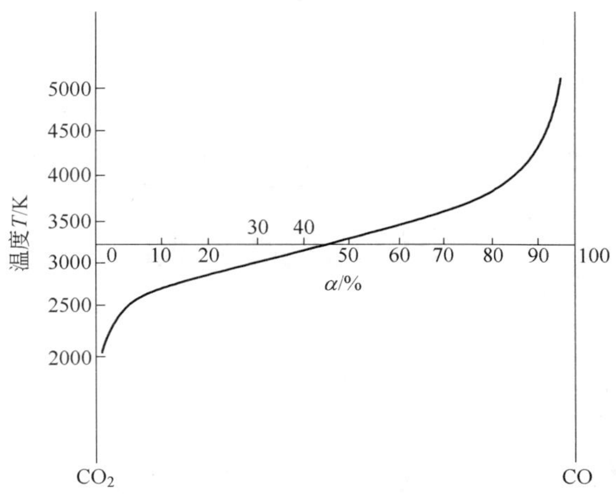

图 6-1 CO_2 转化为 CO 的 α-T 曲线

α_T 是平衡时 CO_2 的转化率。从转化率的数据可知:温度在 2000 K 以下,CO_2 转化成 CO 的量很少,不影响碳的测定。随着温度的升高,转化率的数值增加,CO_2 的分解倾向增大,只有在温度过高时,如 $T=2500$ K,$\alpha_T=4.49\%$,对碳的测定才有显著影响。换句话说,温度过高,对碳的测定不利。由于电弧炉的电弧温度很高(可达 3500 K),所以应有少量 CO 生成。高频炉的局部温度也能达到 2500 K,所以也能产生少量的 CO。

参考文献

[1] 田英炎. 钢铁中碳、硫测定的新理论. 西安理工大学情报室,1984.

[2] 王玉兴,崔秋红. 冶金分析,1995,15(3):33.

7 SO_2的数字转化方程与SO_2和SO_3的热平衡

7.1 数字化方程的提出

热法测定硫，是将硫试样通氧高温燃烧，首先生成SO_2，即：$S + O_2 \longrightarrow SO_2$，然后用红外法、电导法或滴定法测定$SO_2$，微机换算出硫的质量分数。试样中的硫若能全部氧化成SO_2，即熔渣残余硫趋近于零，求得结果方能代表试样中硫的含量。由于硫试样的多样和复杂性，做到此点并不容易。因此测定某种硫试样时，必须根据试样的组成和性质，认真选择分析仪器、添加剂、试样用量、标准样品、测定方法。争取试样中的硫能100%转化为SO_2。然而SO_2是一种不稳定的化合物，它在氧的存在下，可进一步氧化为SO_3，即：$SO_2 + \frac{1}{2}O_2 = SO_3$，此反应是接触法制$H_2SO_4$的重要反应。分析需测定$SO_2$的含量，故不希望$SO_2$能转化为$SO_3$。为此，我们用热力学的原理，推导出$SO_2$的转化方程，用数字化给出了$SO_2$在不同的温度下转化为$SO_3$的限度。我们又用动力学的观点和方法，定性地研究了$SO_2$转化为$SO_3$的速度问题。这些理论，为又好又快地测定硫，提供了合理的参数。另外，高温适宜测硫，是从实践中得出的共识，但理论上是个疑惑，SO_2的数字化方程给出的定量数据与公论相吻合，解答了这个疑惑。

7.2 SO_2的数字化转化方程

$$SO_2 + \frac{1}{2}O_2 = SO_3$$

此反应属于$A + nB = C$型气相反应。

某一反应物转化了的量，可用产物中某一量表示即：

$$\alpha_{SO_2} = \frac{SO_2\text{转化了的量}}{\text{反应体系中}SO_2\text{的总量}} = \frac{p_{SO_3}}{p_{SO_2} + p_{SO_3}}$$

$$= \frac{p_{SO_3}/p_{SO_2} \cdot p_{O_2}^{1/2}}{p_{SO_2}/p_{SO_2} \cdot p_{O_2}^{1/2} + p_{SO_3}/p_{SO_2} \cdot p_{O_2}^{1/2}}$$

因为
$$K_p = \frac{p_{SO_3}}{p_{SO_2} \cdot p_{O_2}^{1/2}}$$

若令$p_B = p_{总} B_V$，$B_V = \frac{V_B}{V_{总}}$（体积分数），

上式可写成：
$$\alpha_{SO_2}=\frac{K_p}{\left(\frac{1}{pB_V}\right)^n+K_p} \tag{7-1}$$

因为
$$\Delta G^{\ominus}=-RT\ln K_p$$

所以
$$K_p=e^{-\Delta G^{\ominus}}/RT$$

又
$$\Delta G^{\ominus}=a+bT$$

代入：
$$\alpha_{SO_2}=\frac{e^{-(a+bT)/RT}}{\left(\frac{1}{pB_V}\right)^n+e^{-(a+bT)/RT}}$$

可得
$$\alpha_{SO_2}=\frac{1}{1+\left(\frac{1}{pB_V}\right)^n\cdot e^{b/R+a/RT}} \tag{7-2}$$

转化率的改变，常伴随着温度和压力的同时改变，为了便于从转化率的初始浓度计算转化温度，这里可从 A + nB ══ C 转化方程(7-2)导出方程(7-3)：

$$T=\frac{-a}{b+Rn\ln\frac{1}{pB_V}+R\ln\frac{\alpha_{SO_2}}{1-\alpha_{SO_2}}} \tag{7-3}$$

式中，B_V 是反应物平衡时的体积分数，若反应前以 100 mol 原料气体为基准，B_V 值可由下式决定：

$$B_V=\frac{B_0-nA_0\alpha_{SO_2}}{100-nA_0\alpha_{SO_2}}$$

式中，A_0、B_0 分别表示气体混合物中反应物 A、B 的初始浓度(%)，代入式(7-3)可得：

$$T=\frac{-a}{b+nR\ln\frac{100-nA_0\alpha_{SO_2}}{p(B_0-nA_0\alpha_{SO_2})}+R\ln\frac{\alpha_{SO_2}}{1-\alpha_{SO_2}}} \tag{7-4}$$

反应 $SO_2+\frac{1}{2}O_2$ ══ SO_3，是接触法制硫酸的重要反应，在生产中炉气的组成初始浓度一般是 SO_2 为 7%，O_2 为 11%，N_2 为 82%。设总压 p 为 1 atm，若 SO_2 全部转化，氧的平衡浓度约为 7.5%；若 SO_2 转化 50%，氧的平衡浓度为 9.25%，$B_V=9.25\%$；若 SO_2 转化率为 1%，则 $B_V=10.9\%$。对于 $SO_2+\frac{1}{2}O_2$ ══ SO_3 的反应，$a=-22600$，$b=21.50$，$n=\frac{1}{2}$，$A_0=7\%\times100$，$B_0=11\%\times100$，$p=1$ atm，$R=1.987$，$N_2=82\%\times100$，代入式(7-4)得：

$$T=\frac{22600}{21.50+1.987\times0.5\ln\frac{100-0.5\times7\alpha}{11-0.5\times7\alpha}+1.987\ln\frac{\alpha}{1-\alpha}}$$
$$=\frac{11373.93}{10.82+0.5\ln\frac{100-3.5\alpha}{11-3.5\alpha}+\ln\frac{\alpha}{1-\alpha}} \tag{7-5}$$

式(7-5)为接触制硫酸 SO_2 氧化成 SO_3 的 α-T 方程。给出 α 可计算 T，其计算值与文献值见表 7-1。

由于 H_2SO_4 工业的发展，对 SO_2 氧化为 SO_3 的理论研究已较为成熟。它所提供的数据是可靠的。由表 7-1 可知:给出不同的转化率,计算值与文献值仅差 1 ~2℃。数据证明了转化方程的可靠性。

表 7-1　不同转化率下温度的计算值与文献值

α/%	T/℃		α/%	T/℃	
	文献值	计算值		文献值	计算值
99.4	390	388.0	94.5	490	489.6
99.2	400	399.4	93.5	500	498.1
99.0	410	408.5	92.5	510	508.70
98.7	420	419.5	90.8	520	518.70
98.4	430	428.8	89.2	530	528.79
98.0	440	438.7	87.5	540	538.40
97.5	450	449.17	85.6	550	548.20
97.0	460	457.7	83.5	560	557.77
96.2	470	469.4	81.2	570	568.21
95.4	480	479.21	78.7	580	578.30

现在讨论的体系是用燃烧法测定硫,因为是在纯氧中燃烧,氧的浓度可视为 100%,即 $B_V = 100\%$(SO_2 和 CO_2 量很少,可忽略),若 $p_{总} = 1$ atm。

将上述数据代入式(7-2),可得:

$$\alpha = \frac{1}{1 + \left(\frac{1}{1 \times 100\%}\right)^{1/2} \cdot e^{10.82 - 11373.93/T}} = \frac{1}{1 + e^{10.82 - 11373.93/T}} \tag{7-6}$$

应用式(7-6)给出 T 可计算 α,现将 600 ~2500 K 范围内的计算结果列于表 7-2。

表 7-2　二氧化硫的转化率与温度的关系

T/K	α/%	T/K	α/%
600	99.97	1600	2.39
700	99.56	1700	1.58
800	96.77	1800	1.10
900	86.05	1900	0.79
1000	63.50	2000	0.59
1100	38.22	2100	0.45
1200	20.73	2200	0.35
1300	11.19	2300	0.28
1400	6.29	2400	0.22
1500	3.76	2500	0.18

由表 7-2 中数据作 α-T 曲线图,结果如图 7-1 所示。

由表 7-2 和图 7-1 可直观的看出转化率和温度之间的数字化关系。

(1) 当 T 很高时,$T\to\infty$,$\alpha\to 0$,即随着温度的升高;SO_2 的转化率变小(产生的 SO_3 少),

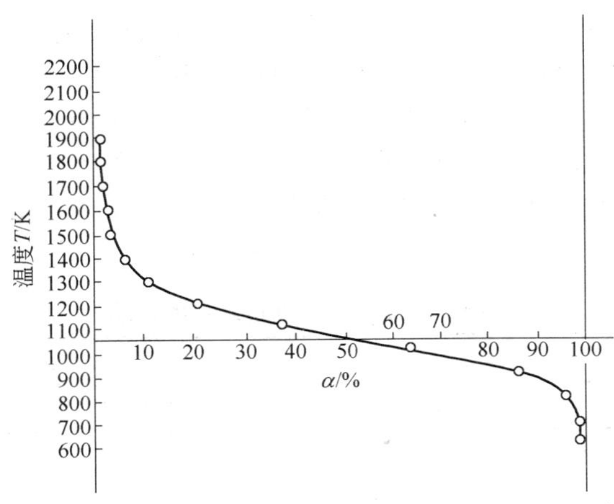

图 7-1　SO_2 转化为 SO_3 的 α-T 曲线

有利于硫的测定。

（2）当温度很低时，$T\to 0$，$\alpha\to 1$ 或 $\alpha=100\%$，即随着温度的降低，SO_2 的转化率增大（产生的 SO_3 多），不利于硫的测定。

（3）当转化率 $\alpha=5\%$，$T=1453$ K，测硫误差一般在 5% 以内，因此，测定硫的温度必须高于此温度，为了减少误差，在我国测硫多在 1300℃ 左右，在国外多在 1400 ~ 1500℃，甚至有 1900℃ 测定硫的。

另外，有试验测得，温度在 1400℃（1672K）SO_2 的转化率为 2% 左右，计算值为 2.1%。理论值与试验值基本吻合。

7.3　SO_2 的转化速度

7.3.1　反应速度的指数定律

阿累尼乌斯公式：

$$K = A e^{-E/RT} \tag{7-7}$$

式中　K——反应速率；

A——频率因子，可查表；

$e^{-E/RT}$——指数因子，小于 1 的数；

E——活化能，可查表。

对于反应 $SO_2+\frac{1}{2}O_2 = SO_3$，$E=209.35$ kJ/mol，活化能是阻碍反应的因素，活化能越大，反应速度越慢，由于 SO_2 转化反应的活化能较大，因此 SO_2 的转化速度极慢。众所周知，大气中含有 SO_2，从热力学上讲，在常温下转化率可达 99.9% 以上，而实际上几乎不转化。

7.3.2　催化剂与转化速度

工业制造硫酸，是将 SO_2 在存在 O_2 的条件下，使之快速地转化为 SO_3，解决的办法就是选择催化剂。催化剂为什么会加快反应速度，主要原因就是它能降低活化能，导致反应速度加快。V_2O_5 在 430 ~ 600℃ 有很好的催化活性，它能使活化能降到 83.6 kJ/mol。另外 Cr_2O_3

在 500 ~ 650℃，Fe_2O_3 在 580 ~ 700℃也有好的催化活性，都能加快 SO_2 的转化速度。现代工业制硫酸多用 V_2O_5 作催化剂。但我们关注的是 Cr_2O_3 和 Fe_2O_3，一种是不锈钢燃烧生成物，另一种是钢铁燃烧后的生成物，Cr_2O_3 在 580℃附近和 Fe_2O_3 在 630℃附近时，催化剂活性很强，在此温度下 SO_2 的转化率又高，反应速度又快，这必然给测硫带来麻烦。这里，有一个奇怪的现象，即电弧炉燃烧定硫时，测定同种碳钢标样，随着分析次数的增加，测定结果偏低，见表 7-3。

表 7-3 连续测定对分析结果的影响

分析次数/次	1	2	3	4	5	6	7	8	9	10	11	12	13	14	15
碘标液体积/mL	2.05	2.15	2.15	2.10	2.00	2.00	2.00	2.00	1.95	1.60	1.45	1.80	1.65	1.80	1.80

注：称样 1 g，硫含量 0.021%，锡粒 0.5 g 助熔。

若将除尘管和炉管中的粉尘去除后，继续测定，结果又可恢复正常。

分析高合金钢时，上述现象更为严重，测定结果更低。此时，发现除尘管中有粉红色的物质出现，经分析，物质中含有 Fe_2O_3 和 Cr_2O_3。随着分析次数的增多，Fe_2O_3 和 Cr_2O_3 的量也增多，催化作用更强。

催化加速 SO_2 转化为 SO_3，显然使硫的测定结果偏低。为了避免低温催化转化，可采取以下办法：

（1）在技术上要加稳燃剂，避免 Fe_2O_3 进入低温区。

（2）尽可能地缩短 SO_2 通过低温区的时间。

（3）提高炉气温度，防止低温转化。

（4）避免催化剂与 SO_2 接触。

（5）清除管路中灰尘。

这里，还必须指出：催化剂只能改变化学反应速度，但它不能改变化学平衡和限度。也就是说，催化剂不能实现热力学上不能发生的反应。因此，我们寻找催化剂时，首先要根据热力学核算该反应在某一条件下是否可能发生，如果不可能发生，再花力气去寻找催化剂是徒劳的。对于 SO_2 在 O_2 存在的条件下生成 SO_3 的反应，我们首先用热力学的观点和方法导出了转化方程，计算出在某一温度条件下的转化限度，然后再研究催化剂对这个慢反应的加速作用。

7.3.3 温度与转化速度

对于同一反应，式(7-7)中的 A、E 值是相同的，同一个反应在两个温度时的速度常数之比：

$$\frac{k_2}{k_1} = e^{\frac{E}{R}\left(\frac{1}{T_1} - \frac{1}{T_2}\right)}$$

若取 $T_1 = 298\ K$，$T_2 = (298 + 10)K$

则：

$$\frac{k_2}{k_1} = e^{\frac{E}{76310}}$$

当 $E = 76310\ J/mol$，则 $\frac{k_2}{k_1} = e = 2.7$

即温度升高 10℃，反应速度约为原来速度的 2 ~4 倍，这和范特荷甫规则相符。

因为一般反应的活化能 E 均在 10^4 ~10^5 J/mol，且以 10^5 J/mol 居多，范特荷甫规则就是根据这一事实，粗略估计出每升高 10℃反应速度增加 2 ~4 倍。

对于硫的测定 T 一般在 1600 K，温度每升高 10℃反应速度增两倍计算，若初始温度 300 K，$2^{130}=1.361\times10^{39}$。

1600 K 时的速度常数比 300 K 时的速度常数高 1.361×10^{39}倍。

温度升高，反应速度的提升是惊奇的。在此温度下 SO_2 瞬间可转化出 SO_3。然而在此温度的转化率即限度仅有 0.0238%。对硫的测定不会有任何影响。由于高温 SO_2 的转化率很低。对硫的测定有益无害。

从以上讨论可知，高温对硫的测定好处很多，此研讨符合分析实践，与分析工作者的公论相吻合。

综合上述分析，热力学解决化学反应方向和限度问题，动力学解决反应速度问题，速度与时间相关，与效率有关，两者相辅相成，合力解决化学反应中的诸多问题。

8 碳硫联合测定的最佳温度

在测定碳、硫的过程中，最佳温度的选定涉及反应较多，如：有各种形式碳的转化反应、各种形式硫的转化反应、CO_2 的分解反应、SO_2 的转化反应等，上述反应，用热力学和动力学的原理逐个进行分析，共同的特征是温度影响较大。具有代表性的是 SO_2 的转化反应与 CO_2 的热解反应。SO_2 转化为 SO_3 的反应，其转化率随温度的升高而减少；CO_2 的热解产生 CO 的反应，则随温度的升高而增加。换句话说，温度升高对硫的测定有利，温度过高对碳的测定不利。对于碳、硫联合测定而言，温度影响应从两方面考虑，如将两方面影响的定量关系作图，曲线交点即为最佳温度。此两反应的方程式：

$$CO + \frac{1}{2}CO = CO_2 \tag{8-1}$$

$$SO_2 + \frac{1}{2}O_2 = SO_3 \tag{8-2}$$

对反应（8-1）和反应（8-2）这两个转化方程进行运算，选取所需数据列于表 8-1。

两个反应式，两个转化方程，所得如图 8-1 所示 a、b 两条曲线，曲线交点即为最佳温度。从图 8-1 和表 8-1 可知，温度在 2124 K（即 1851℃）时为测定碳、硫的最佳温度条件。此时，两反应的转化率接近相等，$\alpha = 0.42\%$。

表 8-1 不同温度下 CO_2 和 SO_2 的转化率

T/K	α_{CO_2}/%	α_{SO_2}/%	T/K	α_{CO_2}/%	α_{SO_2}/%
2132	4.4831×10^{-3}	4.1269×10^{-3}	2126	4.2867×10^{-3}	4.1893×10^{-3}
2131	4.4498×10^{-3}	4.1373×10^{-3}	2125	4.2547×10^{-3}	4.1998×10^{-3}
2130	4.4168×10^{-3}	4.1476×10^{-3}	2124	4.2229×10^{-3}	4.2103×10^{-3}
2129	4.3839×10^{-3}	4.1580×10^{-3}	2123	4.1913×10^{-3}	4.2209×10^{-3}
2128	4.3513×10^{-3}	4.1684×10^{-3}	2122	4.1599×10^{-3}	4.2315×10^{-3}
2127	4.3189×10^{-3}	4.1788×10^{-3}	2121	4.1288×10^{-3}	4.2422×10^{-3}

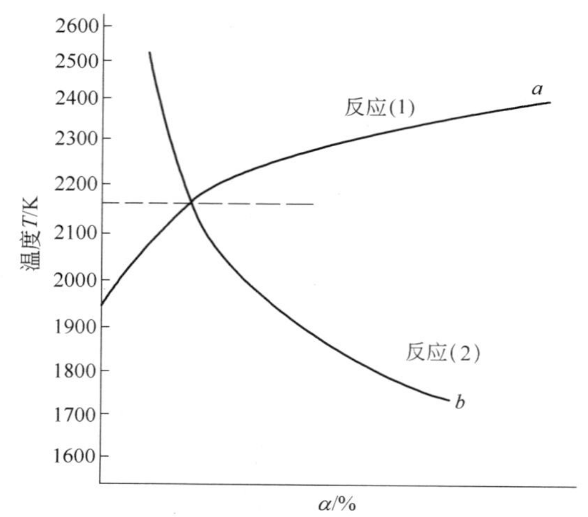

图 8-1 两种反应的 α-T 曲线

以上推算，是按碳、硫联合测定考虑的，在我国一般多用电阻炉，很难达到最佳温度。在国外多用红外法，由高频感应炉加热熔融试样，温度可达 2173 K 以上，超过联合测定的最佳温度。这样对测硫有好处，由于 CO_2 热解成 CO 的倾大，因而对测碳有影响。为了补偿不足，前面已经提到，从仪器设计上增加了铂催化器，其作用是：(1)将 SO_2 氧化成 SO_3，并除去；(2)将 CO 再氧化成 CO_2，以提高碳的测定准确度。另外，也可以在测硫中增设测 CO 的探头，测出的 CO 量换算成碳的质量分数，再并入碳的总量中。

应用热力学的理论，研究碳、硫测定的转化率与温度之间函数关系，确定 CO_2 的转化方程和 SO_2 的转化方程，丰富碳、硫测定的理论。由转化方程提供的数据，为改善碳、硫测定方法，确定最佳温度条件提供了参考。

用高频炉-红外法测定碳硫，调整温度可通过调节高频炉的功率和添加剂的成分及用量来解决。1 g 的 *W* 发热量　$\Delta H = -4.448$ kJ，1 g Fe 发热量　$\Delta H = -7.2332$ kJ。

1 g Sn 发热量　$\Delta H = -476$ kJ。Sn 对测硫有影响，Fe 发热量大又带磁性有利于高频感应，它是最合适的温度调节剂，至于用量要靠试验和经验来解决，这里不再赘述。

参考文献

[1]　田英炎. 化学反应的转化方程. 陕西省化学会议论文选集，1981.

9　燃烧法测定碳硫的添加剂

9.1　常用添加剂的种类

燃烧法测定碳和硫，常用的添加剂有 Sn、Cu、Fe、CuO、V_2O_5、Cr_2O_3、SiO_2、SnO_2、Si、W、Mo、MoO_3、WO_3、B_2O_3 等[1]。不同的燃烧系统，所用添加剂也有差别。例如高频炉常用钨粒，电弧炉常用铁粉、硅钼粉，而管式炉多用锡粒、V_2O_5[2] 等。测定试样不同，有时选用一些专用添加剂或复合添加剂，电弧炉燃烧选用 TH-100 添加剂。高频炉燃烧选用含有锡的钨粒，都属复合添加剂。由于添加剂的组成不同，性质不同，所以在燃烧过程中，起的作用也不同。

9.2　添加剂的作用

9.2.1　助熔作用

铁的熔点约在 1529℃，在 1500 K 的温度下难以熔化，虽然铁中含有其他一些元素，使凝固点有所降低，但不能使铁熔化成液体。CO_2 和 SO_2 不能在固相中逸出，只能在液相中释放，因此，必须加入助熔剂降低熔点。由于此点的重要性，过去常把添加剂称助熔剂。

9.2.2　发热作用

所用的添加剂中，有些是金属和非金属元素，在氧气流中氧化燃烧，能放出大量的热，可以提高炉温，特别是对于电弧炉燃烧，有显著的作用。

9.2.3　调节介质的酸碱性

氧化燃烧生成 CO_2 和 SO_2，都属于酸性氧化物，碱性介质不利于 CO_2 和 SO_2 的释放，选取适量的偏酸性添加剂加入燃烧体系，可使介质变成中性或弱酸性，有利于 CO_2 和 SO_2 的逸出。特别是 SO_2 对介质酸碱性更加敏感。因此，要注意调节介质的酸碱度。

9.2.4　搅拌作用

搅拌能加速硫离子的扩散，有利于与氧气接触，使氧化反应加快，添加剂（如 SiO_2）由于液体密度小于铁的氧化物，在体系内部向上飘浮的过程中，可加快硫离子的扩散，有些添加剂受热后生成气体物质，当气体逸出时，能起到良好的搅拌作用。

9.2.5　催化作用

如氧化铜，在燃烧过程中，碳和硫都能夺取 CuO 中的氧生成 CO_2 和 SO_2，然后氧再与铜生成 CuO，起催化加速作用。

9.2.6 稳燃作用

电弧炉的燃烧,有时欠稳定,若在电弧炉燃烧中加适量锡粒或二氧化硅,有助于稳燃。

9.2.7 抗干扰作用

燃烧后生成的 Fe_2O_3、SnO_2 等粉尘,对 SO_2 有吸附作用,导致测试结果偏低,加入有关的添加剂,可阻止吸附,减小干扰。

9.2.8 参与化学反应

此点很重要,在后面硫酸盐的热法高速测定及通氮燃烧的理论问题等内容中详细讨论。

9.3 对添加剂的要求

添加剂作为化学制品,有规格要求。常量碳、硫测定,要用分析纯,低含量测定,有时用光谱纯或电子纯试剂,要求杂质要少,碳、硫含量要低。另外对添加剂的几何形状、粒度、空隙度等物理性能也应注意。如钨系列助熔剂,粒度在 0.84 ~ 0.42 mm,孔隙度 15% 左右,这样透气性好,反应快,有利于氧化燃烧。更重要的是添加剂的空白问题,要求添加剂的空白值要小,一般应小于被测物质碳、硫含量的 10%,此项要求对于高含量碳、硫的测定,不会引起很大的麻烦,而对于低碳、低硫的测定,就是很大的问题。如碳含量为 0.005%、硫含量为 0.0005% 的试样测定,要求添加剂中碳含量小于 0.0005%、硫含量小于 0.00005%,制备这样的添加剂是很困难的,即使能制备出来,测定其含量也有难度。因此,添加剂的空白问题,是测定低碳、低硫过程中最难解决的问题。

9.4 添加剂燃烧的热力学分析

燃烧法测定碳、硫是在高温含氧条件下,将一些金属、非金属元素及其化合物进行氧化还原。讨论某些元素对氧亲和力与温度的函数关系(见图 9-1),这对于理解试样的燃烧和添加剂的作用机理有益。

(1) 图 9-1 中 $\Delta G^\ominus$ 值是对 1 mol 氧而言,这样做的目的主要是为了便于比较。由图可见 $\Delta G^\ominus$ 值都随温度的上升而增加,即氧化物稳定性随温度的上升而减小,但 CO 与众不同,它的 $\Delta G^\ominus$ 随温度的升高而减小,即 CO 在低温易于析碳,在高温反而稳定。

(2) $\Delta G^\ominus$ 负值越大,它与氧的亲和力越大,生成的相应氧化物稳定性越高。尽管各元素被氧化的难易程度随温度有所变动,但从图中可排出一个一些元素与氧亲和力的大致顺序:

Cu,Pb,Ni,Sn,Co,Fe,Cr,Mn,Si,Al,Ca

上述元素从左至右与氧的亲和力逐渐增加。

(3) 依照化学反应的热力学条件,图中位置较下边的元素可能将位置较上面的元素从其氧化物中还原出来。如 CuO、V_2O_5、PbO、Pb_3O_4、WO_3、NiO 等氧化物,在适当的温度条件下,碳和硫均能夺取上述氧化物中的氧,生成 CO_2 和 SO_2 气体,并从体系中逸出。有些铁合金,在无氧气流中,通氮气作为载体进行硫的测定,从图中可以选择添加剂和温度,从理论上讲可供选用的有 CuO、V_2O_5、WO_3[3]、MoO_3、Fe_3O_4、Pb_3O_4、Fe_2O_3、NiO、CoO 等。由于 MoO_3 有升华挥发现象,Pb_3O_4 碱性过强,NiO、CoO 与氧和亲和力与 SO_2 接近,因此,首选的添加剂应

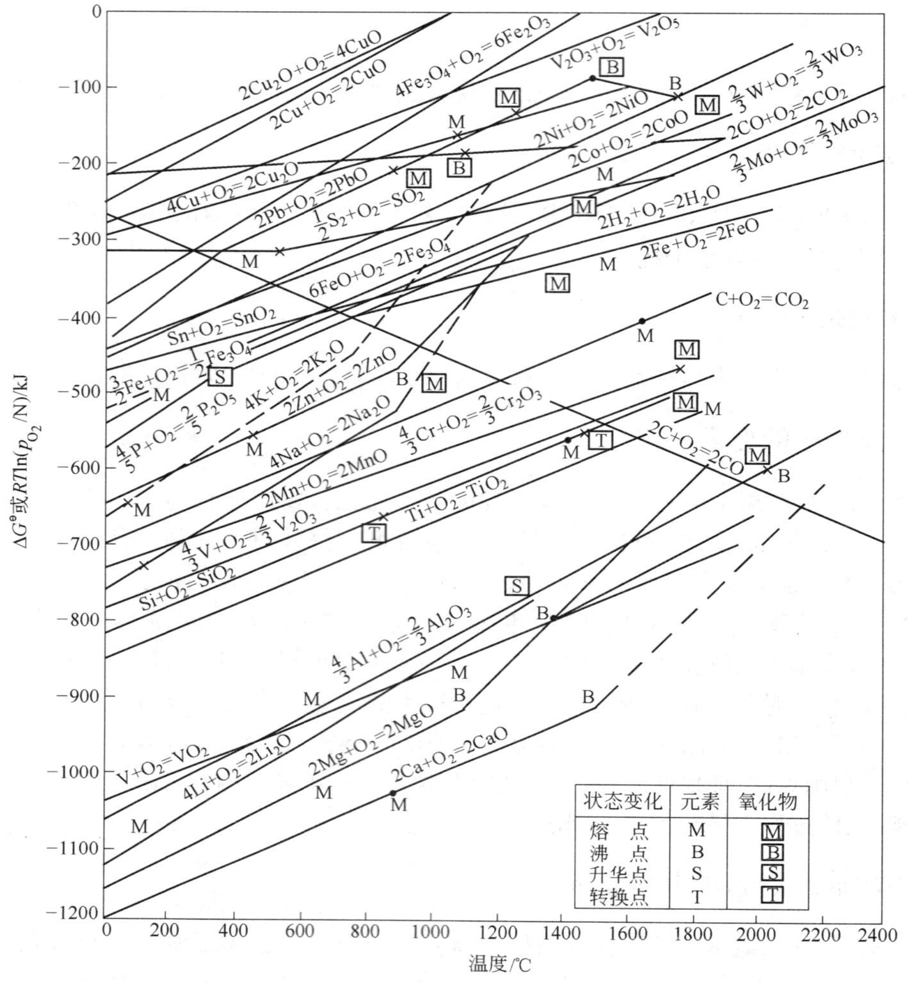

图 9-1　一些元素对氧亲和力与温度的关系图

为 CuO、V_2O_5 和 WO_3。为了调整介质的酸碱性，对不同铁合金，可适当地加入 SiO_2、Pb_3O_4 和 SnO_2 等氧化物，使介质趋向中性或偏酸性，以利于 SO_2 的生成与释放。

用 Si、Al、Ca 能脱除 FeO 中的氧，用 Al 与 Fe_3O_4 制取铝热剂，也都是根据这个道理。

（4）一些元素与氧化合生成氧化物，一般都是放热反应，与氧亲和力越强的元素，即生成氧化物标准自由能 $\Delta G^{\ominus}$ 负值越大，则放出的热量越多。用电弧燃烧测定碳、硫，有时加入适量的 Si 或 Al 等元素，生成相应的 SiO_2 和 Al_2O_3 并放出大量的热，用以补偿电弧炉的热量不足。由于这些元素燃烧时消耗氧，所以在使用这些物质作添加剂时，必须有足够的氧气，以保证电弧炉内所含物质得到充分氧化。

（5）关于碳的燃烧反应，从图 9-1 可见有三个：

$$C + O_2 = CO_2 \tag{9-1}$$

$$2C + O_2 = 2CO \tag{9-2}$$

$$2CO + O_2 = 2CO_2 \tag{9-3}$$

就温度而言，电弧炉瞬间的电弧温度3000 K以上，电阻炉通常的温度在1500 K以上，从图可见，反应(9-2)的$\Delta G^{\ominus}$负值更大，在高温条件下，反应(9-2)的倾向大于反应(9-1)。可以这样说，碳的燃烧反应，分两步进行，第一步先生成CO，第二步反应(9-3)由CO再生成CO_2。这里讨论一个问题，在电弧炉或高频炉进行燃烧，大约有4%左右的CO逃逸，此问题与反应(9-3)有关。从动力学考虑，CO氧化生成CO_2，由于氧气不足或反应速度慢，有少量未反应的剩余CO随气流带出。另一方面，从化学平衡及转化方程考虑，在温度过高时(如2200℃)，平衡体系有4%的CO稳定存在。反应速度问题，是动力学问题，在氧气充足，适当温度条件下，CO的氧化反应是瞬时完成的。综合考虑，热力学转化是首要问题，高频炉的温度可达2200℃(瞬时的、局部的)，有文献记载可达2500℃，电弧炉的电弧温度3000℃以上，它能使氧气生成O_3，在瞬时间，也能使碳在高温生成CO。

9.5　管式炉燃烧常用添加剂的作用原理

用管式电阻炉燃烧测定碳量、硫量，用的添加剂品种较多，此处选择介绍Sn、CuO、V_2O_5等添加剂的作用原理。

(1) 锡。锡的主要作用是助熔。钢的熔化温度一般在1400℃左右，某些铁合金熔化温度更高。熔化试样，一靠燃烧过程产生的热量，二靠加入助剂降低熔点。锡的熔点是231℃，钢铁分析常用它作助熔剂，除助熔外，它兼有发热作用和稳燃作用。由于锡助熔作用突出，不仅用于电阻炉燃烧，也用于电弧炉、高频炉燃烧。由于锡氧化生成SnO_2属碱性氧化物，加入过多，会引起硫测定值降低，因此，锡应适量加入。

(2) CuO。CuO常用作燃烧法测定碳的添加剂。为了实现完全氧化，CuO起催化作用，它在高温时放出氧，然后在氧气中再转化为CuO。

此处CuO起氧化剂的作用。由于氧化铜熔点较低，并兼有助熔作用。

$$C + 4CuO \xlongequal{} 2Cu_2O + CO_2$$

$$2Cu_2O + O_2 \xlongequal{} 4CuO$$

(3) V_2O_5。V_2O_5熔点低(690℃)有助熔作用，属酸性氧化物，它有利于SO_2的释放，常用作燃烧法测硫的添加剂。其作用原理与CuO相似，在氧气流中，它既是催化剂又是氧化剂。

$$S + V_2O_5 \xlongequal{} 2V_2O_3 + SO_2$$

$$V_2O_3 + O_2 \xlongequal{} V_2O_5$$

其他添加剂如NiO、Co_3O_4、Fe_2O_3、PbO_2与CuO有类似的性质，都可作测碳的添加剂。而WO_3、TiO_2、MoO_3、Cr_2O_3与V_2O_5有相似的作用，都可用作测硫的添加剂。通常情况碳和硫进行联合测定，因此多用复合添加剂。

9.6　电弧炉常用添加剂的作用原理[4]

9.6.1　发热作用

电弧炉燃烧常用添加剂有Sn、Si、Fe、MoO_3等，其发热作用见下列反应：

$$Sn + O_2 \xlongequal{} SnO_2, \quad \Delta_r H_m(1500\ K) = -565\ kJ$$

$$Si + O_2 \xlongequal{} SiO_2, \quad \Delta_r H_m(1500\ K) = -907.48\ kJ$$

$$4Fe + 3O_2 \xlongequal{} 2Fe_2O_3, \quad \Delta_r H_m(1500\ K) = -1615.87\ kJ$$

$$MoO_3 + FeO \xlongequal{} FeO \cdot MoO_3, \quad \Delta_r H_m(1500\ K) = -420.1\ kJ$$

电弧炉主要靠试样和添加剂的氧化燃烧放出热量，使试样熔化，要求添加剂有高的发热量。

9.6.2　MoO_3 的作用原理[5]

一级品的 MoO_3 硫的含量应低于 0.0007%，比分析纯 MoO_3 硫含量低于 0.002% 还要严格。控制 MoO_3 中硫的空白值，是至关重要的。若空白值高，对硫的测定有害。需用优质纯的 MoO_3 作添加剂，才有利于 SO_2 的测定。在电弧炉中，硫离子靠扩散从熔融的液相介质中到熔体表面，再与氧气接触氧化生成 SO_2，扩散的速度取决于温度和搅拌。提高温度有利于硫的测定，然而如何实现搅拌呢？这里 MoO_3 有奇妙的作用。MoO_3 的熔点 795℃，沸点 1155℃，MoO_3 沸腾时，体积增加约 5000 倍，它从液相中逸出时，产生气泡，起到了良好的搅拌作用，增加了硫离子向表面的扩散速度，有利于 SO_2 的生成。MoO_3 另一个重要作用是防止管道吸附，管式炉与高频炉燃烧也有吸附现象，但电弧燃烧吸附现象最为严重，经研究发现，吸附与 Fe_2O_3 有关系：

$$SO_2 + \frac{1}{2}O_2 \xlongequal{Fe_2O_3} SO_3$$

SO_2 氧化成 SO_3 在 1000 K 的平衡转化率为 63%，若无 Fe_2O_3 存在，反应速度极慢，SO_2 很难转化成 SO_3；Fe_2O_3 在 1000 K 是良好的催化剂，加速 SO_2 的转化，这样就有一定数量的 SO_3 生成。SO_3 是酸性极强的氧化物，它与碱性的 SnO 或 Fe_2O_3 生成相应的盐，引起的后果是测硫的结果偏低，通俗的说法，即管道吸附。MoO_3 能与 FeO 生成 $FeMoO_4$，减少 Fe_2O_3 的数量。另外 MoO_3 当温度低于 795℃时，从气相、液相转化为固相，此固体粉末覆盖在 Fe_2O_3 的表面，隔绝了 SO_2 和 O_2 与 Fe_2O_3 的接触，Fe_2O_3 失去催化作用，SO_2 难于转化成 SO_3，使测硫的结果较好。

综上所述，MoO_3 是酸性氧化物，它的加入有利于 SO_2 的释放，它在 1155℃生成气体，从液相中逸出时，起良好的搅拌作用，有利于硫离子的扩散和 SO_2 的生成。它能破坏 Fe_2O_3 的催化作用，防止管道吸附，它可以制成高纯度的 MoO_3，有较小的碳硫空白值。因此，MoO_3 是电弧炉燃烧测定碳硫的良好添加剂。

9.6.3　铁、硅添加剂的作用原理

（1）铁。在测定铸铁及含碳量较高的物质时，有时称 0.1 g 左右试样，这样在电弧炉中燃烧所放出的热量也较少，满足不了测试的温度。为了满足测试的要求，往往加入适量纯铁，根据计算，1 g 纯铁经燃烧后可放出 7233 J 的热量，此热量一般可以满足电弧炉的燃烧温度。

（2）硅。硅主要用作发热剂，0.15 g 的硅燃烧后生成 0.3174 g SiO_2，放出的热量为 4816.49 J，此热量相当于 0.66 g 纯铁燃烧生成 Fe_2O_3 所放出的热量。硅的纯度可达 99.999% 以上，又几乎无碳、硫空白，对低碳、低硫的测定有益。另外，硅氧化后的产物是 SiO_2 属酸性氧化物，它的密度比铁及其氧化物都小，在液相中有漂浮作用，有利于硫的测定。

9.6.4　复合添加剂的作用原理

复合添加剂由多种成分构成，由于组成不同，起的作用也有所差异，以下选 TH-100 添加

剂为例。

TH-100 添加剂是一种复合添加剂，由 MoO_3、锡粉、硅粉及其他的微量元素组成。按质量比，主成分的适宜比例为 MoO_3: Si: Sn = 15: 30: 55。采用它，空白小，发热量大，导电性好，转化率高，对碳、硫的测定均好，该添加剂获发明专利金奖，专利号 88106159。

TH-100 添加剂的作用及其特点如下：

（1）发热量大。主要是因为硅含量高，硫的转化率与温度密切相关，发热量大，燃烧温度高，可以提高硫的转化率。

（2）导电性好，能单独起弧。

（3）空白小。单晶硅可以说无碳、硫空白。MoO_3 采用特殊的生产工艺使空白值降低到 0.0002% 以下，几乎无碳、硫空白。锡，选用优质锡，尽可能减少空白。由于空白值低，可用于低碳、低硫的测试。

（4）粉尘少。粉尘主要来自 MoO_3 的挥发，其次是 SnO_2 和 Fe_2O_3，由于 MoO_3 用量少，所以粉尘少。用电弧炉燃烧 50 个试样，无需清理粉尘，不影响测试结果。

（5）无毒无味，不污染环境。使用时一次加入，省工省时，快捷简便。

该添加剂应注意防潮，如发现受潮，烘干后使用不影响其性能。

9.7 高频炉常用添加剂简介

9.7.1 高频感应炉对添加剂的要求

（1）选用添加剂最好是导电导磁材料，在燃烧过程中最好是放热反应，它与样品氧化物熔融时形成互熔的流体。挥发物不吸附 CO_2 和 SO_2。

（2）添加剂中碳、硫含量要低，$w(C) < 0.001\%$、$w(S) < 0.0005\%$。碳、硫空白值越小越好。

（3）添加剂与样品氧化熔融时，对坩埚无腐蚀作用，以免在燃烧过程中坩埚开裂、渗漏。

（4）添加剂钨的粒度最好控制在 0.84 ~ 0.42 mm 之间，孔隙度 15% 左右，表面致密光滑，这样可防止氧气流吹扰，又能快速氧化燃烧，还可减少表面吸附。

9.7.2 钨粒添加剂

钨粒是高频炉常用添加剂，其特点如下。

（1）钨是最难熔化的金属，它的熔点为 3380℃，电弧温度才能将钨熔化。由此，电灯泡中常用钨丝，它能用作添加剂，是因为钨容易氧化。

（2）钨粒在温度高于 650℃ 时通氧，开始氧化并发出大量的热。

$$W + \frac{3}{2}O_2 = WO_3, \ \Delta H = -840.11 \text{ kJ/mol}$$

此反应具有发热值高、反应速度快的特点，生成疏松的 WO_3。

（3）WO_3 属酸性氧化物，它的生成有利于 CO_2 和 SO_2 的释放，其熔点 1473℃，沸点大约 1750℃。WO_3 有一个重要特性，即温度在 900℃ 以上有显著的升华，有部分 WO_3 挥发。由于 WO_3 的逸出，增加了碳硫的扩散速度，使试样中碳、硫充分氧化。挥发的 WO_3 在 700 ~ 800℃ 又转化为固相，覆盖在管道中尚存的 Fe_2O_3 上，阻止了 SO_2 催化转化为 SO_3，防止了管道对硫的吸附，从而保证了碳、硫分析结果的可靠性。另外钨空白值低，可用于低碳、低硫的测定。因此，钨粒添加剂在高频炉燃烧中得到了广泛应用。

9.7.3　钨系列添加剂

（1）钨 + 锡粒添加剂。增加锡的含量，主要是为了助熔。钨熔点极高（3380℃），难起助熔作用，WO_3 熔点 1473℃，虽然在高频炉中能熔化并起助熔作用，但助熔不足。特别是分析耐热合金钢、铁合金等难熔化合物时使用钨 + 锡粒添加剂效果更好。

（2）钨 + 锡 + 铁添加剂。难熔的非磁性材料，如硅酸盐、有色金属等，除助熔以外，尚需磁性物质帮助燃烧，导磁性好，最佳选择就是加入纯铁。

（3）用铜或锡作添加剂。经试验表明，用铜作添加剂，碳的测定值接近标准值而且精度高，效果最好。用锡作添加剂测碳也可以，但不如用铜。用铜、锡助熔时，硫的测定值明显偏低，铜助熔，硫的测定值最差，用钨 + 锡混合助熔，对碳、硫的测定能满足技术要求，但就碳的测定而言，均不如铜添加剂。

参 考 文 献

[1]　吴诚，等. 高速分析及其应用. 北京：冶金工业出版社，2000：34 ~ 42.
[2]　[德]鲁道夫 · 博克. 分析化学分解方法手册. 谢长生，等译. 贵州：贵州人民出版社，1981：292.
[3]　田英炎. 兵器材料与工程. 1992，(4)：42.
[4]　田英炎. 电弧炉与卧式炉燃烧的热力学分析. 陕西机械学院学报，1981，(1)：32.
[5]　田英炎. 燃烧法测硫添加硅钼粉的某些理论问题. 兵器材料与工程，1998，(9)：35.

10　气体容量法的创新与自动化碳硫分析

10.1　等压与差压气体容量法碳量测定简述

气体容量法在等压条件下测定碳量是常用的经典方法，而且在国内外都作为标准方法推荐。“差压”气体容量法测碳是我国自创的，不仅测量准确，并有快速、直读等优点。二者的共同点是均属气体容量法，区别是在测量时压力不同。因此，压力的差别及其影响是研讨的核心问题。本研究创立了差压气容法测定碳的新理论，研制了新的碳硫分析仪，开拓了碳硫分析的新方法。

10.2　等压定碳

“等压”是指测碳读数时，量气管内气体压力与量气管外大气压力（即水准瓶液面的压力）相等，也就是量气管液面与水准瓶内液面高相等。采用 $w(C)=Af/m\times100\%$ 的函数公式进行碳量计算，常用的定碳仪是在气压为 101.32 kPa 和温度在 16℃时，按毫升数刻制的。若称取 1.0000g 试样，如果含碳量 $w(C)$ 为 0.05% 时（即 0.0005 g 碳），那么在 101.32 kPa 和 16℃时 CO_2 气体正好占有 1 mL 体积。常用的刻度方法是量气管内盛硫酸（0.1 mL H_2SO_4 + 100 mL H_2O），滴加甲基红溶液呈现红色（也可内盛氯化钠溶液），每格刻度为 0.05 mL，在 16℃、压力为 101.32 kPa 条件下刻制。在此条件下可按式（10-1）计算碳的质量分数：

$$w(C)=[(V_1-V_2)B-V_0B]\times100\%/m \tag{10-1}$$

式中　B——16℃、气压 101.32 kPa，用酸性水作封闭液时，封闭液面上每毫升 CO_2 中碳量含 B 应为 0.0005000 g，若用氯化钠酸性溶液作封闭液时 B 应为 0.0005022 g；

V_1——混合气体的体积，mL；

V_2——吸收 CO_2 后气体的体积，mL；

V_0——空白试验的气体体积，mL；

m——试样量，g。

然而，实际工作中并不是恒定在 101.32 kPa 和 16℃，而是经常变化，因此必须根据温度和压力测定出来数值进行校正，如何校正呢？通常乘以碳的校正系数 f，即把 101.32 kPa、16℃时体积 V_{16} 与在任意温度、压力下占体积 V_t 之比作为碳的校正系数。即：

$$f=V_{16}/V_t=0.002904\times P/T$$

$$w(C)=[(V_1-V_2)B-V_0B]\times f\times100\%/m \tag{10-2}$$

若 A 代表以刻度表示的碳量，则：

$$A=(V_1-V_2)B-V_0B$$

上式可简化为

$$w(C)=Af\times100\%/m \tag{10-3}$$

此即气体容量法等压条件下常用的计算公式。

10.3 差压定碳

“差压”是指测碳读数的量气管内气体压力与量气管外大压力不等，即两者之间存在着压力差，量气管内液面高于水准瓶液面，其高低与碳含量的高低存在着函数关系。这是差压定碳的基础。若 $P_{外}$ 表示大气压力，$P_{内}$ 表示量气管系统内部压力，则有：

$$P_{外} = P_{内} + h\rho g \tag{10-4}$$

式中 h——水准瓶液面至量气管液面的高度；

ρ——酸性水或氯化钠水溶液的密度；

g——重力加速度。

在一定的温度和压力条件下，吸收前量气管内部压力与大气压力相等，吸收后，CO_2 减少，甚至趋近于零，CO_2 的分压也一定趋向零，因此 $h\rho g$ 代表 CO_2 的分压。在指定温度、压力和封闭液的条件下 ρ、g 可视为常数，此时 $w(\mathrm{C}) = f(h)$ 是个单值函数。然而，事情是复杂的，h 除与温度、压力有关外，还与仪器的几何参数 K 有关即：

$$w(\mathrm{C}) = f(A, T, P, K, m) \tag{10-5}$$

10.4 解差压定碳方程

10.4.1 建立模型图

K 值与仪器的参数有关，具体说与量气管，水准瓶的规格有关，因此，计算 K 值必须结合实际对水准瓶和量气管的有关参数做出相应规定，模型图如图 10-1 所示。

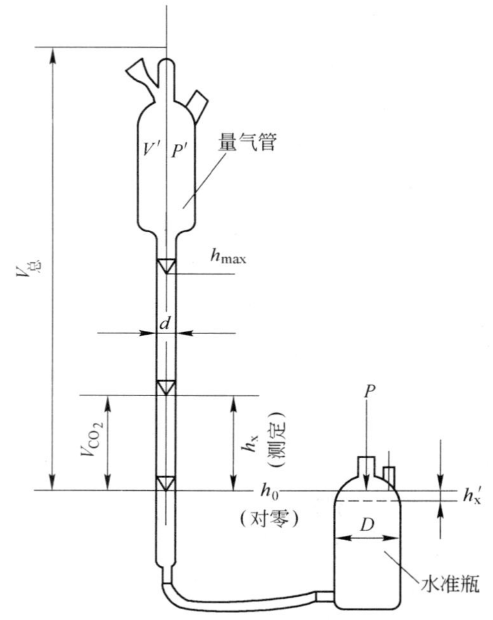

图 10-1 差压系统模型示意图

$V_{总}$—量气管总体积(约 530 mL)；h_{max}—量气刻度管有效高度(约 28 cm)；h_0—对零时水位线，其值为零；h_x—测定 CO_2 时读数线高度(cm)，其值为正；h_x'—测定 CO_2 时水准瓶液面高度(cm)，其值为负；D—水准瓶内径约 8.5 cm；d—量气刻度管内径约 0.92 cm；P—测定时大气压(hPa)；P'—测定时量气系统内压(hPa)；V'—测定时量气系统内剩余气体的体积(mL)

10.4.2 体积补正

差压与等压测定碳量，始态是相同的。环境的压力为 P 和温度为 T，含有 CO_2 混合气体的体积为 $V_{总}$。差压定碳时，终态 CO_2 被吸收，CO_2 的分压等于零，在封闭体系中，液面上升至某高度 $h(h = h_x + h_x')$，显然量气管内部的压力 P' 与大气压 P 之间存在压力差，其值为：

$$\Delta P = P - P' = h\rho g$$

对稀水溶液也可粗略的用水柱高度表示压力。

因为 $V_{CO_2} = \dfrac{\pi d^2 h_x}{4} = \dfrac{\pi D^2 h_x'}{4}$

所以 $h_x' = h_x d^2 / D^2$

则 $\Delta P = P - P'$

$= h_x + |h_x'| = h_x(1 + d^2/D^2)(\mathrm{cm\ H_2O})$

对量气管内剩余的局外气体,因为 $P'V' = PV$

所以 $$P/P' = V'/V;(P/P') - 1 = (V'/V) - 1;$$

$$(P - P')/P' = (V' - V)/V$$

则有 $$\Delta P/P' = \Delta V'/V$$

$$V_{总} = V_{CO_2} + V' = V_{CO_2} + V + \Delta V$$

因为 $$V = V_{总} - V_{CO_2} - \Delta V$$

所以 $$\Delta P/P' = \Delta V/(V_{总} - V_{CO_2} - \Delta V) \tag{10-6}$$

整理式(10-6)得:

$$P'\Delta V = (V_{总} - V_{CO_2})\Delta P - \Delta V\Delta P$$

$$(P' + \Delta P)\Delta V = (V_{总} - V_{CO_2})\Delta P$$

因为 $$P' + \Delta P = P$$

所以 $$\Delta V = (V_{总} - V_{CO_2})\Delta P/P \tag{10-7}$$

式(10-7)中的 ΔV 即为差压系统换算为等压系统时 CO_2 的体积补正值,即体积的差值。

10.4.3 求解 *K* 值

等压条件下 CO_2 的理论体积($V_{CO_2理}$)是可以计算的,而差压条件下的 CO_2 的体积 V_{CO_2} 难以计算。如果能找出二者之间的依存关系,即可从($V_{CO_2理}$)值求得 V_{CO_2} 值。

若 $$K = V_{CO_2}/V_{CO_2理} \qquad V_{CO_2} = KV_{CO_2理}$$

K 称为调校系数,K 等于什么,如何求得?这是至关重要的问题,并为分析工作者所关注。

$$\begin{aligned} K &= V_{CO_2}/V_{CO_2理} = [V_{CO_2}/(V_{CO_2} + \Delta V)] \\ &= V_{CO_2}/[V_{CO_2} + (V_{总} - V_{CO_2})\Delta P \cdot P^{-1}] \\ &= [(\pi/4)\mathrm{d}^2 h_x]/\{(\pi/4)d^2 h_x + [V_{总} - (\pi/4)d^2 h_x]\Delta P \cdot P^{-1}\} \\ &= [(\pi/4)d^2 h_x]/\{(\pi/4)d^2 h_x + [V_{总} - (\pi/4)d^2 h_x]P^{-1}[h_x(1 + d^2/D^2)]\} \end{aligned}$$

对特定的某一台测定仪而言,$V_{总}$、$(\pi/4)d^2$、$[1 + (d^2/D^2)]$ 均为常数。可分别用 N_1、N_2、N_3 表示,则上式可简写为:

$$K = N_2/[N_2 + (N_1 N_2 h_x)P^{-1}N_3] \tag{10-8}$$

给定仪器参数和高度 h_x,已知大气压力,应用式(10-8)可计算 K 值。

[计算示例]今设仪器有关参数为:

$N_1 = 530\ \mathrm{cm}^3$, $d = 0.92\ \mathrm{cm}$, $D = 8.5\ \mathrm{cm}$,则

$$N_2 = [(\pi/4)/(0.92)^2] = 0.66476$$

$$N_3 = 1 + [(0.92)^2/(8.5)^2] = 1.0117$$

当 $P = 1033.6\ \mathrm{cm}\ H_2O$ 时,则有

$$K = 0.66476/[0.66476 + (530 - 0.66476h_x)(1.0117/1033.6)]$$

从上式给出 h_x 可求 K,现将不同 h_x 时的计算数据列于表 10-1。

表 10-1 不同 h_x 的 K 值

h_x/cm	3	6	9	12	15	18	21	24	27	30
K/%	56.26	56.35	56.45	56.54	56.64	56.73	56.82	56.92	57.10	57.11

近似值：$K = 57.11 - (30 - h_x) \times 0.03$

从表 10-1 可见：(1)差压系统测量体积 V_{CO_2} 仅为等压系统测量体积 $V_{CO_2理}$ 的 56.2% ~ 57.1% 之间，而且随着 h_x 的提高而略有增大。如 $h_x = 3$ 与 $h_x = 30$ 时，K 值分别为 56.26% 与 57.11%，相差 0.85%。(2)h_x 的高低，表示碳量的高低，从计算的 K 值可知，用低含量校正的标尺测定高含量或用高碳校正的标尺测定低含量，都会带来误差。最佳的选择是用高含碳量校正的标尺测高含量，低含量碳校正的标尺测低含量。(3)为简化计算气体都是按理想气体处理的，水的稀溶液都是按纯水对待的，因此上述结果，都是近似的。(4)系数 K 建立了"差压"与"等压"气体容量法之间的关系式，即：

$$w(C) = AfK/m \times 100\% \tag{10-9}$$

10.4.4 高度的计算与验证

$$V_{CO_2理} = (\pi/4)d^2h_x + [V_{总} - (\pi/4)d^2h_x]h_x[1 + (d^2/D^2)]P^{-1}$$

$$= N_2h_x + (N_1 - N_2h_x)h_xN_3P^{-1}$$

两端乘以 P/N_3 得：

$$N_2h_x^2 - (N_1 + N_2P/N_3)h_x + V_{CO_2理}P/N_3 = 0$$

解 $h_x = \{N_1 + N_2P/N_3 + [(N_1 + N_2P/N_3)^2 - 4N_2 \cdot V_{CO_2理}P/N_3]\}^{1/2}/2N_2$

上式中根式前取负号得合理式：

$$h_x = \{N_1 + N_2P/N_3 \pm [(N_1 + N_2P/N_3)^2 - 4N_2V_{CO_2理}P/N_3]\}^{1/2}/2N_2 \tag{10-10}$$

由式(10-10)可求 h_x

[计算实例]如果取 $w(C)\% = 1.00\%$ 的钢样 1.0000 g 进行测定，则：

$$V_{CO_2理} = (1.0000 \times 1.00\%)12.011 \times 22283 = 18.552(cm^3)$$

$$h_x = \frac{530 + 0.66476 \times \frac{1033.6}{1.0117} - \left[\left(530 + 0.66476 \times \frac{1033.6}{1.0117}\right)^2 - 4 \times 0.66476 \times 18.552 \times \frac{1033.6}{1.0117}\right]^{1/2}}{2 \times 0.66476}$$

$= 15.81022(cm)$

即差压系统时测得的高度。

验证 $h_x = 15.81022$ cm，求得 V_{CO_2}：

$V_{CO_2理} = 0.66476 \times 15.81022 + (530 - 0.66476 \times 15.81022) \times 15.81022 \times (1.0117/1033.6) = 18.55(cm^3)$

而当 $h_x = 15.81022$ cm 时，实际测量体积 V_{CO_2} 为：

$$V_{CO_2} = (\pi/4)d^2 \cdot h'_x = 0.66476 \times 15.81022 = 10.510(cm^3)$$

$$K = V_{CO_2}/V_{CO_2理} = 10.510/18.55 = 56.66\%$$

此结果与表中数据相符。

10.4.5　绘制差压定碳的函数关系点线图

调校系数 K 成为沟通气体容量法等压定碳与差压定碳之间的桥梁。从 K 值可知，同样的含碳量，在同一台仪器上，在相同的温度、压力下测试，其体积“差压”值近似的相当于“等压”值的56.7%。若设定大气压为101.325 kPa，温度为289 K，在此条件下，0.05%碳量相当于1 cm^3 的 CO_2。体积换算见表10-2。

表10-2　等压与差压条件下的体积换算（$P=101.325$ kPa，$T=289$ K）

含碳量 $w(C)/\%$	V_{CO_2}（等压）/cm^3	V_{CO_2}（差压）/cm^3	含碳量 $w(C)/\%$	V_{CO_2}（等压）/cm^3	V_{CO_2}（差压）/cm^3
0.10	2	1.134	0.9	18	10.206
0.20	4	2.268	1.0	20	11.34
0.30	6	3.402	1.1	22	12.474
0.40	8	4.536	1.2	24	13.680
0.50	10	5.67	1.3	26	14.742
0.60	12	6.804	1.4	28	15.876
0.70	14	7.938	1.5	30	17.01
0.80	16	9.073	1.6	32	18.144

以碳量为纵坐标描点，可得到特定条件下 $P=101.325$ kPa、$T=289$ 不同碳量的间隔值。

然而在实际工作中，温度和压力是经常变化的，所以必须用 $f=0.002904P/T$，这个公式进行校准，从式中可知，温度越高，压力越低，f 值越小，相反 f 值越大。为了适应高山的低压、冬天的寒冷、夏天的炎热等各种气象条件，校正系数 f 要有很多的值，把这些点连成线，即得到如图10-2所示的函数关系点线图，习惯上称“斜线定碳标尺或直读标尺”。

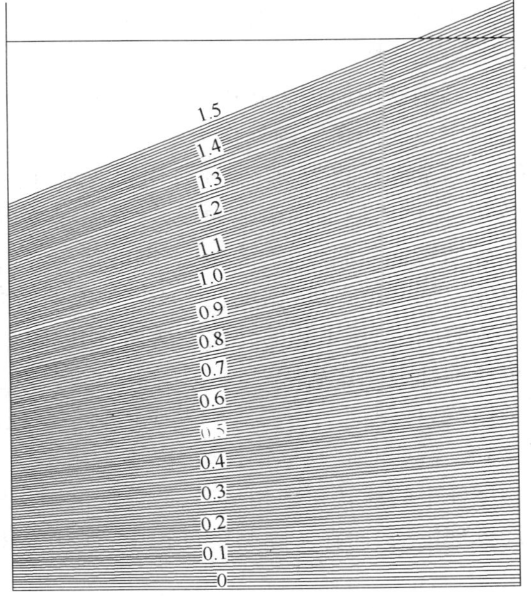

图10-2　斜线定碳标尺

斜线定碳标尺，也可以用试验的办法制作，即采用不同含碳量的标准样品，在设定的不同压力温度条件下，进行大量试验，找出不同压力条件下不同含碳量的高度 h_x，并刻上碳量，把复杂的计算用试验落实到标尺上，即相同碳含量不同压力温度条件下测量得读数刻度连接成线，得到各条子标尺，将各种不同碳含量的大量子标尺组合于非伸缩性软材质上面，制成适用各种气象条件的差压斜线定碳标尺，如图10-2所示。

这是一种以标样为相对量确定标尺位置的“标样定位法”，即先按仪器规定的操作程度分析已知碳含量的标样 $w(\mathrm{C})=a$ 待量气管内液面稳定并处于读数状态时，转动差压斜线定碳标尺，使其读数为 $w(\mathrm{C})=a$ 的刻线与量气管内液面水平重合。依此固定标尺位置后，按同样程度测量得未知试样碳含量，其读数值就是碳含量值。此值不需再校正计算。因此，该标尺习称定碳"直读标尺"。差压斜线定碳标尺，在微机碳硫自动分析仪中应用，长期分析实践证明：这种标尺具有准确、可靠、方便、可调、直读含量、测定快速等优点，为仪器自动化打下了基础。

10.5 重现性理论的应用

化学分析要求反应要"完全"，要达到平衡状态，即在 $\Delta_r G_m(T)=0$ 的条件下进行测定。然而，有些慢反应，要达到平衡状态往往需要很长时间，所以难以适应高速分析的要求。如果改变一下思路，在适宜的条件下"截取测试信号"，若能保证测试结果的重复性，有些非平衡的反应，也可用于分析，为高速化开拓新的途径。

流动注射分析（简称 FIA）是截取反应的成功范例。它是建立在反应时间和混合状态高度重现性的基础上，即使反应不稳定、不平衡，只要测定时控制截取的时间和条件，仍能得到不亚于平衡体系的分析结果。而且这种非平衡状态下的溶液处理技术，所提供测试信息的广泛性是均相平衡体系无法达到的。如水中氰化物的异烟酸-吡唑啉酮光度法，是环境分析中常用方法，在 638 nm 测定蓝色产物的吸光度，但该反应较慢，即使在加热条件下也需要 40 min 的显色时间，然而在形成最终蓝色产物之前，虽在反应初期即形成红色中间产物，但形成后立即转化，在常规的操作条件下无法来进行定量。通过"PIA"技术的"截取"反应，可成功地应用这一极不稳定的红色中间产物来实现氰化物的快速定量分析，在 548 nm 以 40 样/h 的速度完成测定，比原方法提高效率 10 倍。

又如钢铁中燃烧法测定硫，是将硫燃烧首先生成 SO_2，然后溶于水生成 H_2SO_3，再用碘液进行滴定。此法在国内外作为标准方法推荐。为了保证测硫的准确度，希望硫的转化率为 100%，即全部转化为 SO_2。此时用碘液进行滴定，求得其结果，方能代表钢铁中硫的含量，全部转化，使钢铁熔渣残余硫为零，这几乎是不可能的。

硫的转化与温度、钢液黏度、钢的成分、助溶剂、搅拌程度等均有关系，而影响最大的仍是温度。据文献记载，温度在 1510℃，硫的转化率为 98%。温度升高，反应速度快，缩短达到平衡时间，加速了硫的转化。然而，用电阻炉测定硫，一般都达不到这样高的温度，但为什么也能准确地测定硫呢？这里用高度重现性的理论可以得到说明。此理论的一个重要特点是采用"截取反应"，不必等到反应达到平衡或者接近平衡就去测量，在固定氧气流量、助熔剂、温度、截取时间与标钢比较，以确定硫的含量。至于硫的转化率问题只要标钢中的硫与被测试样中的硫转化率相适应，即可抵消由于转化率低所引起的偏差。对于碳的测定，虽然可计算理论值，而在实际测定过程中，往往采用标钢等标准样品校准，也是采用了重现性的理论。

由于采用非平衡状态的处理技术，这不仅使分析速度加快，同时提供的信息开拓了应用范围。

10.6 直读式差压碳硫分析仪的研制

理论的突破，技术的进步，集中体现在仪器的创新上。

气体容量法差压定碳定硫仪，是理论与技术结合解决仪器化的典型范例，该仪器已获国家金奖，销量近万台，直接经济效益超亿元。

从操作方式看，差压定碳时，水准瓶固定在某一选定的位置，勿须上下移动，去促使瓶内液面跟量气管内液面平齐，而是让量气管内液面自动平衡在某一高度。这一特征省去了等压测碳时人工降水准瓶去跟踪液面读数的繁重操作，也减小了由此造成的观测误差。更重要的是易于实现定碳直读和自动化。差压测碳与等压定碳相比：(1)读数只需一次，比等压测碳两次读数减少一次读数误差；(2)读数观察的是"静态"液面，比等压法的"动态"液面容易读准；(3)容易保持各次分析读数时间的一致性；(4)读数迅速，容易保持量气管在 CO_2 吸收前后温度的一致性，由此可见，差压测碳的操作方式有利于提高分析精度。

此仪器的核心技术是"斜线直读标尺"，早期是由李生军等研制成功并应用于碳分析仪器。现今直读型的碳硫分析仪型号颇多，但具有代表性的是 CS-H60 型微机碳硫分析仪。

该系列仪器采用单片机完成化学反应过程的控制以及模拟滴定，还采用了防腐蚀电磁阀，作为气路和液路的通断控制，具有操作简便、准确可靠等优点。仪器采用斜线标尺，实现了读数直读化。对于硫的测定，采用了注射式滴定，提高了分析精度。仪器配有电子天平可作不定值称量，提高了分析速度。

10.7　数字式差压碳硫分析仪的研制

10.7.1　仪器原理

前面已经提到差压定碳是体系的内压 $P_{内}$ 与外部大气压 $P_{外}$ 不相等的状况下实现碳的测试，即 $P_{外}-P_{内}=\Delta P=h\rho g$。此时，$w(\mathrm{C})=f(h)$ 是单值函数。用高灵敏度压力传感器测出压力差 ΔP，利用标样进行校准，根据重现性原理，通过微机处理，即可换算出碳的质量分数。对于硫的测定采用碘量注射滴定，光电法指示终点，脉冲记数，根据快慢滴的脉冲总数，由微机进行记忆、运算，最后求出硫的质量分数，碳硫分析整个过程全自动完成，时间仅需 65 s。

10.7.2　自动定碳原理

如图 10-3 所示，仪器准备动作结束，量气管充满酸性密闭液。连机分析，炉气通过 DZ_2 阀进入量气管，当量气管液面接近零点刻度线时，关 DZ_2 阀开 DZ_4 阀；仪器进入自动对零程序，对零延时 10 s 左右，自动采集零点信号值，同时在显示器上显示；然后进入吸收程序，DZ_5 阀工作，给水准瓶中加 0.03 ~0.035 MPa 的氧气压力，DZ_3 工作，让量气管中的待测气体进入吸收器，进行碳的吸收，待酸性密闭液碰 A_1 触针时，立即停止吸收动作；此时，DZ_5 阀停止动作，吸收器内的气体在液位差的自然压力作用下，经 DZ_3 阀全部回到量气管中，回复动作

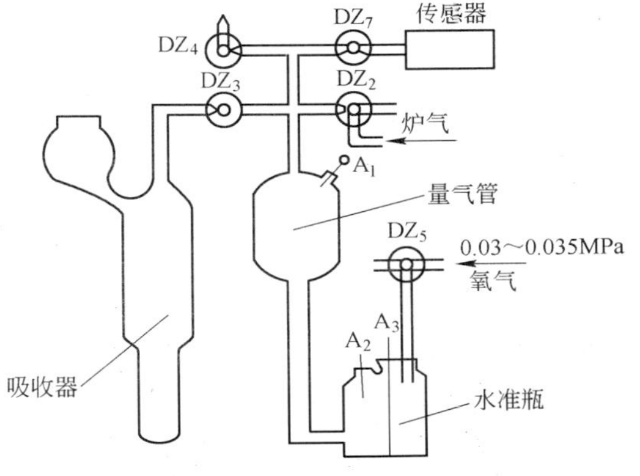

图 10-3　自动定碳原理

延时 17 s,传感器通过 DZ_7 采集数据,显示器随即显示测试值。再延时 5 s 仪器进入自动准备程序。

10.7.3　自动定硫原理

仪器准备动作结束时,硫的滴定液自动加至注射器中;仪器在进行分析的全过程中,即碳从通氧到回复这四个动作过程中,硫仅受其吸收杯中溶液颜色的变化而进行自动滴定。一般在通氧程序进行十几秒左右,硫吸收杯中溶液颜色变得很浅,此时光电转换信号最强,经比较电路比较,判断为快滴定,单片主机即发生快速电脉冲给步进电机驱动电路,步进电机快速旋转,推动注射内杆上升;当硫杯中溶液颜色逐渐加深,此时光电转换信号减弱,经比较电路比较,判断为慢滴定,单片主机即发出慢速电脉冲给步进电机驱动电路,步进电机慢速旋转;当溶液颜色到终点时,比较电路判断为停止滴定。这时,快、慢滴的电脉冲总数由单片主机自动记忆,待分析时间一到,随即进行运算显示。

10.7.4　仪器特点

压力气容法电脑数显碳硫分析仪的研制成功,产品已销售全国各地,并深受用户青睐。本产品国内首创,世界领先,具有自己的知识产权。压力气体容量法碳硫分析仪,现已有许多型号,但具有代表性的是 CS-H60D 型高智能碳硫分析仪,此仪器有如下特点:

(1) 仪器自动化。电子天平称量,计算机自动读入重量。从燃烧开始,到得出分析结果,过程自动完成。硫的滴定自动确定终点,自动记取脉冲数,自动计算出质量分数,又自动扣除空白装置,能确保测量数据。

(2) 仪器准时化。准时化是保证重现性的关键举措,标准样品对测试样品进行校准,重要的是条件要一致。如测定时间均是 65 s ,对零延时均是 10 s,回复动作延时均为17 s,再延 5 s 后进入自动准备过程。保证了准时化,才能消除“时漂”、“零漂”造成的影响,确保测量精度。

(3) 仪器数字化。现代的分析仪器不仅要测出数据,必须数显出数据,而且要打印出数据。过去用手工记录出的数据,置信度很差,用户不认可。外国用户更不认可。现在是信息时代,有的用户千里之外考核仪器,要的就是打印数据。气体容量法测碳,实现结果的显数、打印,不是一件容易的事,而该仪器能满足用户的需求。

(4) 仪器的可靠性。仪器是有两次吸收功能,对高碳试样,进行两次吸收,吸收更完全,并有清除量气管与吸收器之间管道中的残气对测试结果的影响,使测试结果更接近理论值,更加可靠。

10.8　差压测定碳硫新方法

10.8.1　碳的分析方法

新理论、新仪器推动了方法的创新,等压的气体容量定碳,被国内外作为经典方法推荐,它不仅用来检测钢铁中的碳量,而且用于铁合金、矿石、炉渣、水泥等领域的碳量测定,由于差压法定碳与等压法定碳存在着内在联系,即 $V_{等压}(CO_2)K = V_{差压}(CO_2)$,由此得出,凡是经典的气容法测碳量的方法,都可以用差压定碳的新仪器测定,而且,快速准确可靠。用等压气容法制定的标准方法,如 GB 223.69—89 适用于生铁、铁粉、碳钢、合金钢、高温合金钢和精密合金中碳量测定,GB 8704.2—88 适用于钡铁中碳量测定,GB 87052—88 适用于磷铁中碳量定,这些标准方法,可用 CS-H60D 型高智能碳硫分析仪器快速、准时地数显和打印出分析结果,而且精密度符合重复性及再现性规定的数值。

10.8.2 硫的分析方法

燃烧碘酸钾容量法(GB 223.68—89)适用于生铁、铁粉、碳钢、合金钢、高温合金和精密合金中硫的测定。GB 3253.6—82 用于锑中硫量测定。GB 5059.10—88 适用于钼中硫量测定。GB 11087.6—89 适用银中硫量测定。这些标准方法都可用 CS-H60D 型高智能碳硫分析仪测定,而且省工省时,测定精度符合国标。

10.9 气体容量法碳硫分析仪

人民日报海外版报道"我国湿法高速分析领先世界,年创经济效益近 10 亿元"。内容重点也在碳硫分析方面。以 CS-H60D 型为代表的"差压"气容系统碳硫分析仪,继承了经典的气体容法的特点和优点,在此基础上从理论、仪器、方法等方面,有所发现的创新、有所前进。为中国钢铁制品及国民经济的发展做出了一定的贡献。

10.9.1 CS-H60D 型高智能碳硫分析仪

CS-H60D 型高智能碳硫分析仪用于测定钢、铁、合金、有色金属、水泥、矿石、催化剂及其他材料中碳硫两元素的质量分数,如图 10-4 所示。其仪器参数见表 10-3。

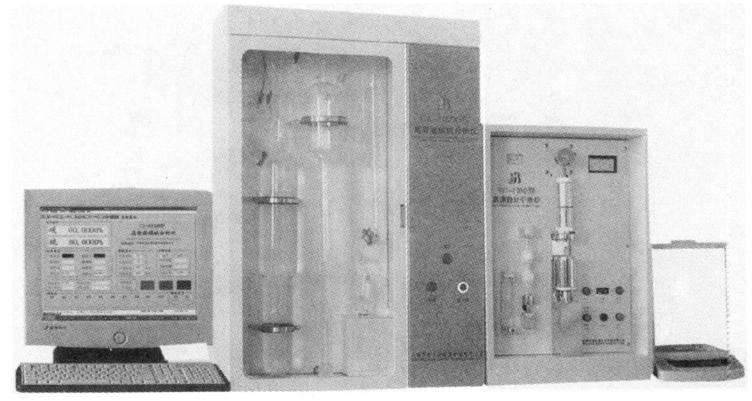

图 10-4 CS-H60D 型高智能碳硫分析仪

表 10-3 仪器参数

参数名称	碳	硫
分析方法	气体容量法	碘量法
测量范围	w(C)0.020% ~6.000%(可扩展)	w(S)0.0020% ~0.500%(可扩展)
分析误差	符合 GB/T 223.69—1997 标准	符合 GB/T 223.68—1997 标准
分析时间	高速自动引燃炉 65 s,管式炉 80 s(二次吸收加 10 s)	
称样方式	电子天平不定量称样,称量范围 0 ~100 g,读数精度 0.001 g	
读数方式	电脑屏幕显示,自动打印数据	
工作环境	室内温度 5 ~40℃,相对湿度小于 75%	
电源参数	电源电压 AC(220 ±50%)V,频率(50 ±2%)Hz	

10.9.2　CS-H60C 型和 CS-H60 型碳硫分析仪

CS-H60C 型智能碳硫分析仪和 CS-H60 型微机碳硫分析仪用于测定钢、铁、合金、有色金属、水泥、矿石、催化剂及其他材料中碳、硫两元素的质量分数。其仪器外形如图 10-5 和图 10-6 所示，其参数见表 10-4。

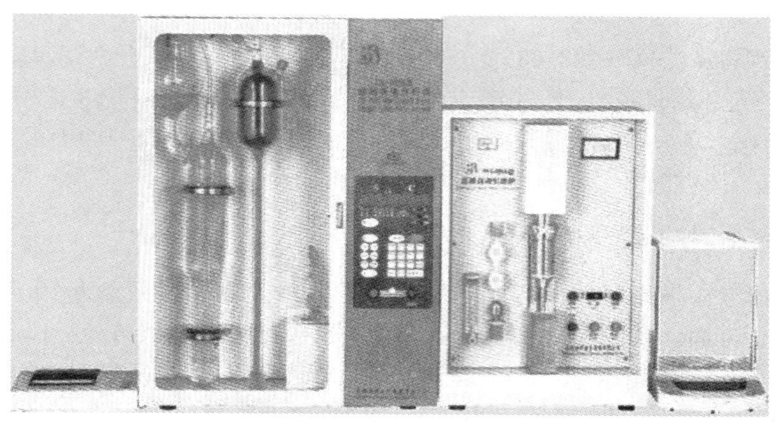

图 10-5　CS-H60C 型智能碳硫分析仪

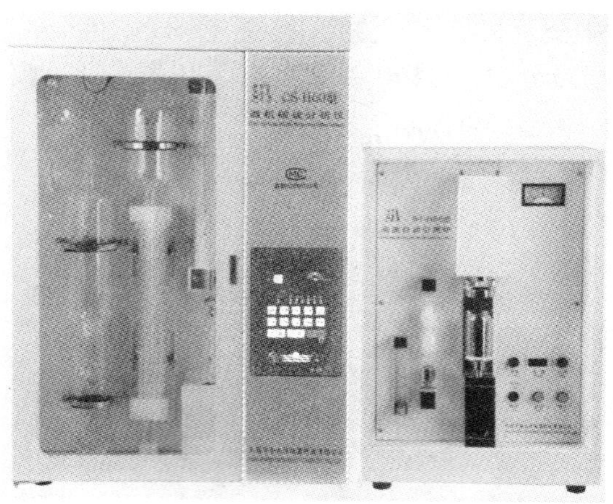

图 10-6　CS-H60 型微机碳硫分析仪

表 10-4　仪器参数

参数名称	碳	硫
分析方法	气体容量法	碘量法
测量范围	w(C)0.020% ~6.000%（可扩展）	w(S)0.0020% ~0.500%（可扩展）
分析时间	高速自动引燃炉 65 s，卧式管状燃烧炉 80 s（二次吸收增加 10 s）	
分析误差	符合 GB/T 223.69—1997 标准	符合 GB/T 223.68—1997 标准

CS-H60C 型和 CS-H60 型碳硫分析仪的差别包括以下几方面：

(1) 读数方式。前者数码管显示，打印质量分数。后者标尺直读。

（2）称样方法。前者电子天平不定量称样，气压传感器检测碳信号，碘量法注射定硫。后者定量称样，单片机完成控制及模拟滴定，防腐电磁阀控制气、液路。

（3）主要特点。前者不定量称样，自动读入重量；工作曲线储存；触摸按键。后者恒流、光电耦合、模拟定硫；触摸按键；遥控分析，自动准备。

HK 型管式燃烧炉如图 10-7 所示。

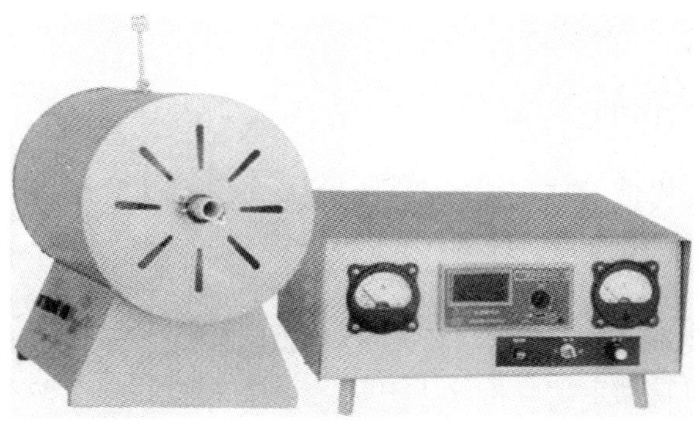

图 10-7　HK 型管式燃烧炉

11 自动定硫与非水定碳的原理与仪器

11.1 微机自动定硫仪的研发

我国水泥厂化验室以前进行水泥及熟料中 SO_3 的测定工作，速度慢、能耗高、劳动强度大，而且国内也没有自动化仪器。随着 GB 175—1992 及 GB 1344—1992 标准的贯彻与实施，水泥厂对 SO_3 的测定工作从时间、速度、精度等方面都提出了更高的要求。应国家建材局及广大水泥企业的要求，组织较强力量进行科研攻关，在连续突破几项重大技术难题后，终于使得我国首台微机自动定硫分析仪于 1993 年 3 月研制成功。该仪器的诞生，标志着我国 7000 多家水泥企业终于有了自己的 SO_3 分析仪。

本仪器结合硅酸盐中水泥分析的特点及要求，集无锡高速分析技术研究所等科研力量攻关而成的。仪器采用了计算机、分析化学和热力学等多项学科的技术，属技术密集型产品，对提高水泥质量、节约能源、降低劳动强度都有显著效果。

1993 年 12 月 5 日，无锡市建筑材料工业局组织了有关专家对该仪器进行了技术鉴定，与会专家经现场测试后，一致认为该仪器操作简便、结构合理、数据准确可靠、重现性好且节电显著。1994 年 6 月国家建材局科研院测试中心又通过了微机定硫自动分析仪国家级认证测试，并给予了很高的评价，认为该仪器值得大力推广与使用。1994 年 10 月该仪器又被国家科委、技术监督局、劳动部等五个单位评为国家级新产品。

微机自动定硫分析仪能快速准确地检测金属（如钢、铁等）及非金属材料（如矿石、炉渣、水泥及熟料等）中 SO_3 或总硫的质量分数。仪器采用可靠的 MCS-51 系列单片机完成程序控制和模拟滴定分析；选用防腐电磁阀，作为气路和液路的通断开关；操作简便结构合理。此仪器与该厂生产的高速自动引燃炉配套使用，测金属材料时，也可与管式炉配套。本仪器可单独使用也可与气体容量法测碳硫联用，又可与非水滴法测碳硫联用，如图 11-1 所示，本仪器分析时间 65 ~ 75 s 可调。

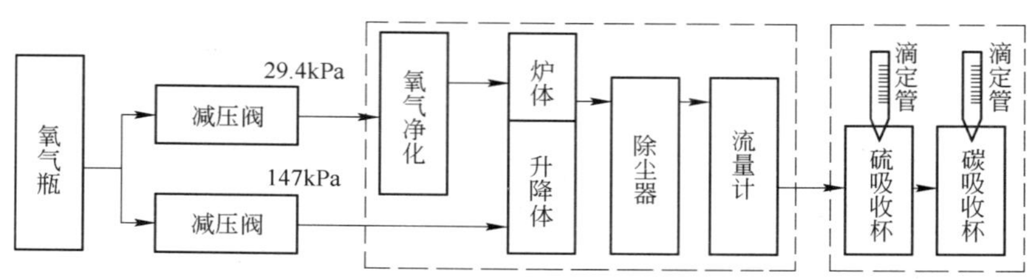

图 11-1　联用流程示意图

分析误差：水泥符合 GB 176—87 及 JBW 规定允许差；钢铁符合 GB 223. 2—89 规定允许差；铁矿符合 GB 6730. 16 ~ 17—86 规定允许差。

11.2　化学原理

11.2.1　碘量法测硫的化学反应

试样在高温下通氧燃烧，硫氧化成 SO_2，被酸性淀粉溶液吸收后，生成 H_2SO_3，用碘酸钾标准溶液滴定至浅蓝色为终点。

$$KIO_3 + 5KI + 6HCl + 3H_2SO_3 = 3H_2SO_4 + 6KCl + 6HI\uparrow \qquad (11\text{-}1)$$

$$w(S) = \frac{TV}{G} \times 100\%$$

式中　$w(S)$——硫的质量分数，%；

T——碘酸钾标准溶液对硫的滴定度；

V——消耗碘酸钾标准溶液体积，mL；

G——试样重量。

11.2.2　硫滴定液

（1）淀粉溶液。称取 4 g 淀粉，用少量水调成糊状，然后成细流加到不断搅动的 500 mL 沸水中继续煮沸 5 min，取下冷却，最后加水稀至 500 mL，加盐酸 50 mL，摇匀。

（2）KIO_3 标准溶液（$C1/6KIO_3 = 0.05$ mol/L）。

（3）KIO_3 标准溶液（$C1/6KIO_3 = 0.0025$ mol/L）。吸取（2）KIO_3 标准溶液 50 mL，加入 1000 mL 淀粉溶液中，加 1.5 g 碘化钾溶清，摇匀（低硫滴定液）。

（4）KIO_3 标准溶液（$C1/6KIO_3 = 0.005$ mol/L）。吸取（2）KIO_3 标准溶液 100 mL，加入 1000 mL 淀粉溶液中，加 3 g 碘化钾溶清，摇匀（高硫滴定液）。

11.2.3　非水定碳原理

CO_2 和 SO_2 均属酸性氧化物，溶于水可生成 H_2CO_3 和 H_2SO_3，可用碱进行中和滴定。对于 SO_2，可吸收于 H_2O_2 溶液中，使其成为硫酸，用 NaOH 标准溶液滴定，操作简便，终点易观察、结果准确。对于 CO_2 溶于水生 H_2CO_3 是二元酸，离解常数 $K_1 = 4.3 \times 10^{-7}$，$K_2 = 5.6 \times 10^{-11}$，它是很弱的酸，在水中进行中和滴定，滴定曲线突跃狭小，难选择指示剂，滴定很困难。若将 CO_2 溶于甲醇和乙醇介质后，由于甲醇、乙醇的质子自递常数均比水小（水 $PK = 14$，甲醇 $PK = 16.7$，乙醇 $PK = 19.1$），说明醇中 CH_3O^- 和 $C_2H_5O^-$ 醇钾滴定 CO_2 时的突跃比在水中明显，这就有可能选择合适的指示剂来确定指示终点。另外由于 CO_2 结构上的对称性，它不属于极性分子，而甲醇、乙醇的极性均比水小，依据“相似相溶”原理，CO_2 在醇中的溶解度比在水中要大，这也有利于 CO_2 的直接滴定。非水滴定，具有简便、快速、准确的特点，可用于低碳的测定，因而得到较广泛的应用。

11.2.4　碳滴定液

称取 0.6 g KOH 溶于 40 mL 水中，80 mg 百里香酚酞溶于 100 mL 乙醇中，混合后再加入 20 mL 二乙烯三胺，40 mL 乙醇胺和 800 mL 乙醇混匀。

以上吸收液中只适宜测定碳含量范围为 0.01% ~0.20%，若测定碳含量为 0.20% 以上的样品，只需改变吸收液中 KOH 的量即可(KOH 的最大量为 2.4 g/L)。

碳硫测定结果均可由标尺直读碳硫的质量分数。

11.3 气路原理

本仪器所需气体为氧气，一般由氧气瓶供给，在氧气瓶上装两只 YQY-6 型专用减压阀。

一只减压阀出口压力调节到 0.03 ~ 0.035 MPa，然后分为三路。一路经特效净化后，由一只二位三通电磁阀(DZ_4)向引燃炉供氧，样品在炉体内与氧气反应(电弧引燃)，生成炉气，经过除尘装置除尘，再经过流量计进入硫吸收器内；另一路也由一只二位三通电磁阀(DZ_1)控制向碘酸钾滴定瓶中加压，给滴定管加液。

另一只减压阀出口压力调节到 0.15 ~ 0.18 MPa，供引燃炉升降炉体做动力使用。如图 11-2 所示为微机自动定硫分析仪气路图。

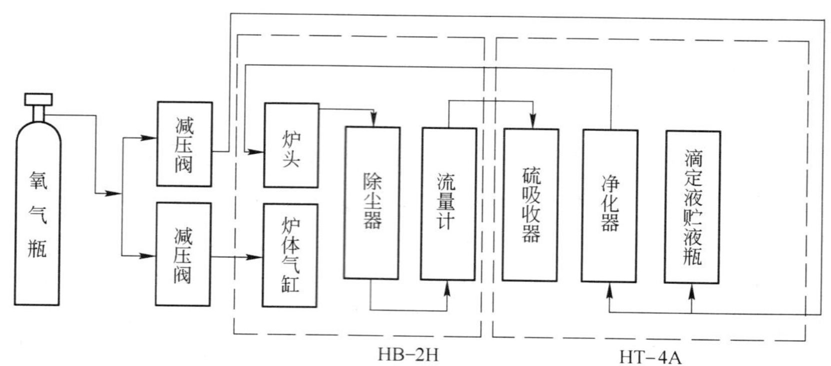

图 11-2 微机自动定硫分析仪气路图

11.4 测试原理

本仪器检测金属及非金属中的硫或 SO_3 所采用的方法均为燃烧-碘量法。对于钢铁等金属来说，是在氧气存在的条件下，用电弧炉代替管式炉来燃烧样品，使硫转变成 SO_2，最后采用恒压恒流光电耦合技术，由单片机完成模拟碘量法滴定；对于非金属类材料(如水泥及熟料等)中的 SO_3(或硫)来说，主要解决了硫酸盐的分解转化问题，本仪器采用专利添加剂 TH-100(专利号:8810659)，经锡箔包裹的样品在添加剂和氧气存在的条件下，经高速自动引燃炉高温燃烧反应后，将各种价态的硫转化成 SO_2。

水泥中的硫酸盐，主要是硫酸钙，它是水泥的早强剂，它的含量多少，事关水泥质量。解决水泥中硫的快速分析问题，意义非凡。硫酸盐虽然种类不多，但它分布在数千种物质当中，解决数千种物质中硫酸盐的分析问题，我们提出一个理论(见第 16 章)，研制了一项专利，破解了硫酸盐分解转化问题，使门庭广大、种类繁多的含硫酸盐物种，可在 100 s 以内实现硫的测定问题。

11.5 碳硫自动滴定原理

碳硫自动滴定原理采用光电控制，由 4 只玻璃电磁阀分别完成碳硫快慢滴定过程。燃烧出来的炉气中含有 CO_2 和 SO_2 混合气体，首先 SO_2 进入硫吸杯中进行吸收，吸收时溶液颜色由终点蓝色逐渐变淡，此时的透光强度增强，光电转换输出信号增大，经比较电路与快慢滴基准电压进行比较。当输出信号高于慢滴基准电压时，比较电路输出低电平，此时控制慢滴玻璃电磁阀的继电器吸合，慢滴阀打开，开始自动慢滴定。当大量的 SO_2 气体进入吸收杯使溶液颜色变得无色透明时，光电输出信号更强，高于快滴基准电压。同上原理，快滴阀打开，开始自动滴定。随着滴定的进行，溶液的颜色又由无色逐渐变成浅蓝色，透光强度减弱，光电输出信号减小。当信号电压低于快滴基准电压时，快滴定关闭，快滴停止。当达到终点颜色时，慢滴阀也关闭，此时滴定过程结束（自动定碳原理与定硫相同）。

11.6 自动定硫分析仪

11.6.1 SH60D 型高智能硫分析仪

SH60D 型高智能分析仪如图 11-3 所示，其主要技术指标如下。

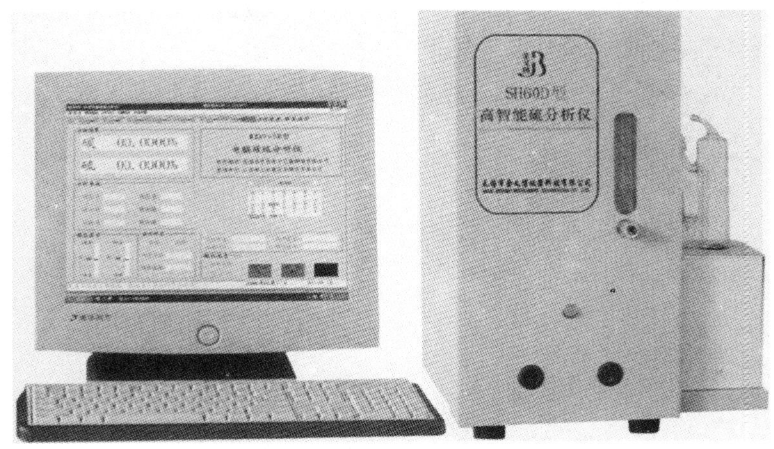

图 11-3　SH60D 型高智能硫分析仪

（1）分析方法。碘量法。
（2）测定范围。w(S)0.002% ~10.00%（可扩展）。
（3）称样量。电子天平不定量称样，自动进行运算。
（4）分析时间。根据样品的燃烧状态定时调整。
（5）读数方法。屏幕显示质量分数，打印数据。
（6）环境条件。室温 5 ~40℃，湿度≤85%。
（7）分析误差。硫符合 GB/T 223.68—1997 标准。
（8）电源。接地良好，电压 AC(220 ±10%)V，频率(50 ±5%)Hz。

11.6.2 SH60 型微机硫分析仪

SH60 型微机硫分析仪如图 11-4 所示，其主要技术指标如下：
（1）分析方法。碘量法。
（2）测定范围。w(S)0.005% ~0.40%（可扩展）。

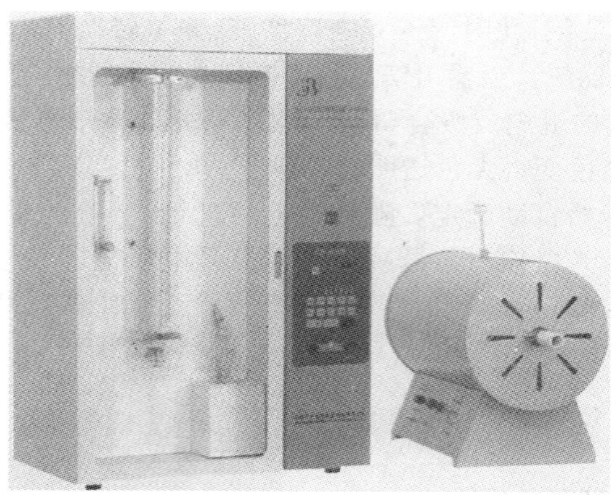

图 11-4　SH60 型微机硫分析仪

（3）称样量。1. 000 g 样品可测定硫 0. 005% ~0. 100%，0. 25 g 样品可测定硫 0. 020% ~0. 400%，w(S)≤0. 005%时，可将样品称样量增加到 2. 000 g。

（4）分析时间。根据样品的燃烧程度定时调整。

（5）读数方法。标尺直读质量分数。

（6）环境条件。室温 0 ~40℃

（7）分析误差。硫符合 GB/T 223. 68—1997 标准。

（8）电源。接地良好，电压 AC(220 ±10%)V，频率(50 ±5%)Hz。

12　电导法碳硫分析技术

12.1　概述

我们应用(单片机)8031为核心控制系统,研制成功了用单片机、电导与电弧炉配套的分析仪器,实现了钢铁中测定碳硫的智能化、数字化、自动化,突出的特点是能快速准确地测定低含量的碳硫。此仪器研制成功后,由中国人民解放军9759工厂组织专家对仪器进行鉴定,并把仪器型号定为HV-5型微机数显电导碳硫测定仪。仪器早已投放市场,并远销国外。

仪器由电弧炉、电导池系统和微机系统三部分构成,电弧炉的功能是产生高温,熔化试样。向电弧炉内通氧,使钢铁中的C、S转化为CO_2和SO_2气体,产生的气体随管道进入电导池。与此同步,电弧炉给出信号,通过遥控线,转送至微机系统,受微机控制的电导池按程序进行工作。电导池内盛有吸收液,分别吸收CO_2和SO_2,吸收前与吸收后电导发生变化。此电信号经放大处理,送入单片机,再通过采集转换,有步骤地完成运算、寻优、贮存、数显、打印等功能。

12.2　特点

本仪器与国外同类仪器相比较有三个显著的特点。

(1) 配套性强。可与管式炉、电弧炉、高频炉配套使用。而国外的仪器只能与管式炉配套。由于受管式炉温度的限制,因而难熔化的样品,如铁合金、耐火材料、玻璃、水泥等样品,用进口的国外电导碳、硫分析仪,难以进行分析,用国产仪器与高频炉配套,由于燃烧温度高,可熔化高熔点的样品,可测定高熔点的物质。国外没有电弧炉,只有国产的碳、硫电导分析仪能与电弧炉配套。电弧引燃温度可达3000℃以上,引燃温度高,燃烧速度比高频炉快1.5倍,另外,虽然在有O_2的氛围中,能产生O_3,然而O_3不产生干扰。电弧引燃,产生火花,可干扰收音机,由于电导碳、硫很注意抗干扰性、引弧传出的讯号,不干扰仪器微机。

(2) 分析范围宽。从方法上来讲,电导法测定碳的含量范围是$w(C)0.001\% \sim 0.500\%$,仲裁范围是$w(C)0.001\% \sim 0.100\%$,而该仪器测定碳元素含量是$w(C)0.0001\% \sim 4.000\%$,显然,测定上限拓宽了8倍,下限拓宽了10倍。为什么能拓宽如此之多?主要是科研人员认真地进行了深入细致的研究,反复的试验,找到了方法存在的关键问题:吸收率低,灵敏度差。我们知道,影响吸收问题的因素很多,如通氧速度、吸收液体积、浓度、电导池、吸收液活度等。在吸收液体积、浓度以及电导池和通氧速度一定的条件下,溶液的活度为最关键的影响因素,它直接影响吸收率。为此,我们研制了一种专用电导活性剂,吸收液中加入此活性物质后,溶液活度明显改善,吸收能力大大增强,而且导致电极活化,灵敏度提高,从而使分析范围得到了空前的拓宽。

(3) 消除温度的影响。影响电导测定的因素很多,其中最难以解决的影响因素是温度对电导率的影响。一般地,电解质溶液的电导率随温度的升高而增加,大约每升高1℃,电导率增加2%，这是由于离子淌度的增加所致，因此测量电导要求在恒温箱内进行。鉴于此，在研制该仪器时，首先考虑如何解决温度影响问题。我们已经知道采用恒温装置是个很好的办法，但仪器结构肯定复杂多了，而且多了一个装置就多了一个发生故障的部位。为了降低仪器故障率，并且使仪器结构简单化，又做了一项非常细致的试验工作，即从0℃开始，每升高1℃测一次电导值，直至40℃为止。这样的实验反复数次，并对实验数据进行仔细分析，发现了另一特殊规律，针对这一规律，利用电学知识和计算机技术进行补偿，从而彻底解决了温度影响问题，使仪器在无恒温装置的条件下照常进行电导分析。

试验发现：把电导值转换为电压值，伴随着温度的升高，电压的初值和终值都有较大的变化，然而电压的差值基本上是定值，试验数值见表12-1。

表12-1　消除温度影响试验

温度/℃	w(C)=0.19%			w(S)=0.026%		
	电压初值/V	电压终值/V	电压差值ΔU(C)/V	电压初值/V	电压终值/V	电压差值ΔU(S)/V
13	0	600	600	0	2980	2980
	0	610	610	8	2970	2962
	20	600	580	8	3090	3082
30	540	1140	600	912	3910	2998
	680	1310	630	950	4000	3050
	490	1030	580	998	3990	2990
34	740	1370	630	1169	4220	3051
	720	1350	630	1140	4180	3040
	640	1260	620	1170	4160	2990

$C=f\Delta U(C)$　　$S=f\Delta U(S)$

选用差值确定C、S含量，成功地解决了温度对碳、硫测定影响，经过20年的实践检验，效果很好。

12.3　电导池及其相关技术

12.3.1　电源与电极

（1）电源。为了防止和减小测量电导产生的极化现象，不能用直流电源作为测量电导的电源，因为直流电产生电解作用，在两极出现电解产物，不仅影响电极的性能，而且极化改变溶液的组成和电阻，从而引起电导测量的严重误差。因此，电源必须用交流电源。一般交流电源的频率常用1 kHz，它可使电导池电流的方向每秒改变1000次，由于正、负交替进行，电极上的氧化或还原反应交替产生，其结果可以认为没有氧化或还原反应发生，测定结果准确可靠。

（2）电极。常用电极为铂光亮电极和铂黑电极，这两种电极均用两个铂金片平行固定于电极上，极间距离通常为1 cm左右。为了减少极化，通常在铂片上镀上一层粉末状的铂黑，其结果表面积增大，电流密度减小，既减少极化作用，又提高了测试的灵敏度。与光亮铂电极相比，铂黑电极表面吸附较严重，为了消除吸附物质，常用盐酸进行洗涤（切忌用“王水”洗）。由于光亮铂电极也有较高的灵敏度，在极化现象不太严重的情况下，往往多使用光亮铂电极，这样可减少吸附物质对电极的污染。

12.3.2　试剂的配制与电导池的反应及其传递

（1）碳吸收液。称取分析纯的 NaOH 1.8 g，溶于 1000 mL 水中，摇匀，溶清，配得 NaOH 溶液的浓度为 0.045 mol/L。

（2）硫吸收液。称取化学纯的高碘酸钾 0.4 g，放入烧杯内，加入 100 mL 水加热溶解，然后加入 800 mL 水，加 0.05 mol/L 硫酸溶液 5.6 mL，然后再稀释至 1000 mL（此溶液的 pH 值为 3.3 左右）。

（3）硫酸溶液的配制（0.05 mol/L）。准确吸取分析纯的浓硫酸 2.663 mL，缓缓加入水中，再移至 1000 mL 容量瓶中，然后用水稀释至刻度。

（4）碳硫吸收液大量配制时，可用上述方法按比例进行。配制溶液必须用蒸馏水或离子交换水，最好用离子交换水，配制好的溶液注意保存在密闭的容器内，严防环境污染。

采用电桥平衡法测量电导的方法，将钢铁试样在高温燃烧炉中通氧燃烧后释放出来的含 CO_2 和 SO_2 的混合气体，通过严密的气体管道先导入盛有高碘酸钾溶液的硫电导杯中，吸收其中的 SO_2，其化学反应为：

$$KIO_4 + SO_2 + H_2O = 2H^+ + SO_4^{2-} + KIO_3 \qquad (12\text{-}1)$$

再将余气（除硫后的气体）导入盛有 NaOH 溶液的碳电导杯中，吸收其中 CO_2，其化学反应为：

$$2NaOH + CO_2 = Na_2CO_3 + H_2O \qquad (12\text{-}2)$$

碳硫电导杯内吸收了 CO_2 和 SO_2 后，由化学反应式可以看出：SO_2 吸收反应后，1 mol SO_2 生成 1 mol SO_4^{2-}，增生了 2 mol H^+；CO_2 吸收反应后，生成的 Na_2CO_3 其碱性较 NaOH 弱，减少了 OH^- 浓度。显然，碳硫电导杯中的吸收液的电导值均发生了明显的变化，将这种变化的量通过电桥测量电路测出并转换为相应的电信号。此信号经放大器放大、解调为直流信号后，再经模数转换电路转换为数字信号，送入计算机。然后由计算机进行运算、处理、并将最终结果分别送至显示器和打印机进行显示、打印。原理方框图如图 12-1 所示。

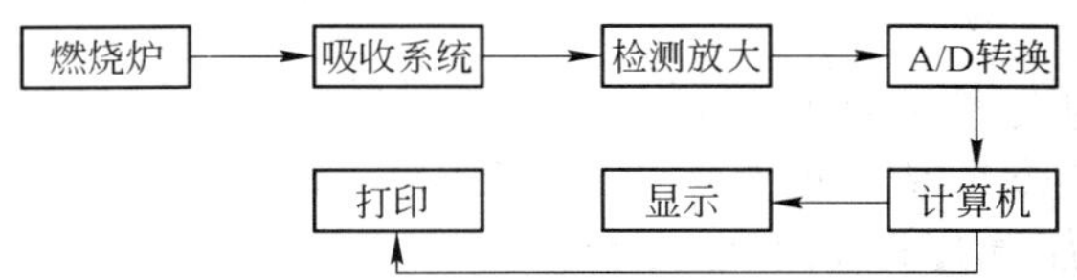

图 12-1　仪器原理方框图

12.3.3　对电导吸收液的要求

（1）水的纯度要高。常量的碳、硫测定。用蒸馏水即可；对低含量碳、硫的测定，用去离子水，一般应在 1 MΩ 以上；对超低碳、硫的测定，去离子水 8 ~ 10 MΩ 以上。

（2）化学试剂要求用分析纯，最好用优级纯。电导液要“溶清”，按说明书规定配制溶液。

（3）试验确定，吸收液的用量 30 mL 比较适宜，若体积太小，吸收不稳定，体积太大，使用不方便。

（4）吸收液成分，碳吸收液多用 NaOH 溶液，为了提高灵敏度，也有的用 $Ba(OH)_2$ 溶液。缺点是易生成 $BaCO_3$ 沉淀，沾污电极。本法采用 0.045 mol/L 的 NaOH 溶液。硫的吸收液多用 H_2O_2 水溶液，由于 H_2O_2 在 pt 电极上有分解作用，本法采用酸性的 KIO_4 溶液，酸度调至 pH 值 3.3。

12.3.4　超低碳分析的专用电导液

用 0.045 mol/L 的 NaOH 电导吸收液测碳。因电导变化引起电压的变化 $\Delta U(C)$ = 0.01% 碳含量可达 300 mV。仪器精度 30 mV，因此测碳的灵敏度可达到 0.001%，若要测定 0.0001% 的碳量，把灵敏度提高到 1×10^{-6}，必须研制更好的电导液。一个偶然的机会，助新研制的电导液成功，即配制硫电导池溶液，本应加 0.05 mol/L 的硫酸溶液 5.6 mL 调整酸度，但加成 5.6 mL 无水乙醇。结果，不仅硫测定结果紊乱，由于气体是通过硫吸收池再进入碳吸收池，碳的测定结果大大降低。查找原因得知是乙醇问题。据此，研究人员反而对碳吸收液 950 mL 又加 50 mL 乙醇，结果吸收液灵敏度大大提高，0.01% 碳量的 $\Delta U(C)$ 可达 3000 mV。使测定的灵敏度达到了 0.1×10^{-6}。

为什么加入乙醇会提高灵敏度，对此我们研究尚少，又无文献可寻，粗浅的看法是：

（1）乙醇是液体表面活性物质，少量的乙醇加入水溶液后，可降低水的表面张力，对 CO_2 润湿作用加强，有利于 CO_2 的吸收和增溶。

（2）水是极性分子，CO_2 由于结构的对称性是非极性分子，乙醇是弱极性分子，“相似相溶”，CO_2，更易溶解含有乙醇的溶液。

（3）CO_2 溶于水生成 H_2CO_3 是二元酸，$K_1=4.3\times10^{-7}$，$K_2=5.6\times10^{-11}$，它是很弱的酸，若将 CO_2 溶于乙醇，由于乙醇的质子的自递常数比水小很多（水为 14，乙醇为 19.1），说明 $C_2H_5O^-$ 离子接受质子的能力比水中 OH^- 离子大，故 CO_2 进入含有乙醇的溶液后酸性也有新增强。CO_2 在碳吸收液中的反应，本质上是中和反应。有乙醇加入使反应更完全、更彻底，滴定突跃更明显。相对应生成物是 Na_2CO_3，又是弱酸强碱的盐，在水中可不同程度地水解出 NaOH 和 H_2CO_3，使溶液呈碱性，由于乙醇的加入可抑制水解反应，使碱性相对减弱，有利于灵敏度提高。

由于碳吸收液中加入少量乙醇，可提高测碳的灵敏度，这是试验事实，至于理论问题，尚存疑案还应深入研究。还要说明的是：乙醇的水溶液，无毒无味，绿色、环保，对电极无污染又有清洗作用，与水可任意比例互溶，益处很多。

12.4　碳硫测定模型及相关技术

12.4.1　碳硫测定模型

对电解质溶液，电导率仅取决于溶液中离子的多少和性质：

$$l=\frac{Fi(u_{+}+u_{-})}{1000}C \tag{12-3}$$

式中　l——电解质溶液的电导率；

Fi——正负离子电荷数；

u_+，u_-——正负离子淌度；

C——电解质溶液浓度。

对于一定的电解质溶液，在一定条件下，其正负离子电荷 Fi 及正负离子淌度 u_+ 和 u_- 均为常数，因而溶液的电导率仅与电解质的浓度(C)成正比，则上式可写成：

$$l = k'C \tag{12-4}$$

用于电分析时应测量的是溶液的电导 L。

$L = l/\theta$，式(12-4)可改写为：

$$L\theta = k'C \tag{12-5}$$

式中，θ 是电极常数，其数值可用已知电导率的 KCl 溶液测其电导来确定。

令
$$k = \frac{\theta}{k'} \qquad C = kL \tag{12-6}$$

实际测量时，有起始态电导 $L_{始}$(未吸收 CO_2 以前的电导)和终态电导 $L_{终}$(吸收 CO_2 以后溶液的电导)又与 CO_2 的浓度相对应，换句话说与碳的质量分数相对应的电导：

$$y_{C终} - y_{C初} = k(L_{终} - L_{初})$$

$y_{C初} \to 0$，用 y_C 表示碳的质量分数：

$$y_C = k'\Delta L \tag{12-7}$$

通过电桥将电导差值 ΔL，转化为电压差值 ΔU

$$y_C = k_C\Delta U \tag{12-8}$$

在实际测定时，由于氧气、添加剂和空气中含有碳的空白，b_C 在其测定中应予以扣除，或：

$$y_C = k\Delta U \pm b_C \tag{12-9}$$

对于硫的测定，可得相似的公式：

$$y_S = k\Delta U_S \pm b_S \tag{12-10}$$

测定值与质量有关，上式可改写为：

$$y_C = \frac{k\Delta U_C \pm b_C}{G} \tag{12-11}$$

$$y_S = \frac{k\Delta U_S \pm b_S}{G} \tag{12-12}$$

式中　y_C, y_S——碳、硫的质量分数，%；

k_C, k_S——直线的斜率；

b_C, b_S——直线的截距。

式(12-11)和式(12-12)是碳硫测定的数学模型。

从数学上来看，碳、硫的质量分数，与电导和电压的差值成线性关系。

从化学上来看，k_C、k_S 又代表碳、硫测定的灵敏度，k_C、k_S 越小灵敏度越高．b_C、b_S 又代表碳、硫测定样品综合空白。

测定时，用标准物原先求 k_C、k_S、b_C、b_S 值，再测定样品(未知的电导差值(或电压差值)即可计算出碳硫的质量分数)。

12.4.2　二标试样法测 *k*、*b* 值

若试样均取 1 g，则有：

$$y_{C1} = k_C\Delta U_1 + b_C \tag{12-13}$$

$$y_{C2} = k_C \Delta U_2 + b_C \tag{12-14}$$

式中，y_{C1}、y_{C2}为已知标准含量，ΔU_1、ΔU_2 可测。

$y_{C2} - y_{C1} = k_C(\Delta U_2 - \Delta U_1)$，消掉 b_C。

$$k_C = \frac{y_{C2} - y_{C1}}{\Delta U_{C2} - \Delta U_{C1}} \tag{12-15}$$

同理可得

$$k_S = \frac{y_{S2} - y_{S1}}{\Delta U_{S2} - \Delta U_{S1}} \tag{12-16}$$

$$b_C = y_C - k_C \Delta U_C \tag{12-17}$$

$$b_S = y_S - k_S \Delta U_S \tag{12-18}$$

用二标样测得计算参数可计算 k、b 值。

[计算实例]已知：标样 1 $w(C)_1 = 0.024\%$，$w(S)_1 = 0.0047\%$

对于碳，初值 200V，终值 470V，ΔU_{C1}270V。

对于硫，初值 300V，终值 1710V，ΔU_{S1}1410V。

标样 2 $w(C)_2 = 0.1090\%$，$w(S)_2 = 0.010\%$

对于碳，初值 160V，终值 1160V，ΔU_{S1} 1000V。对于硫，初值 380V，终值 3380V，ΔU_{S2}3000V。

计算：k_S、k_C、b_S、b_C。

$$k_C = \frac{y_{C2} - y_{C1}}{\Delta U_2 - \Delta U_{C1}} = \frac{0.109 - 0.024}{1160 - 470} = 1.164 \times 10^{-4}$$

$$k_S = \frac{y_{S2} - y_{S1}}{\Delta U_{S2} - \Delta U_{S1}} = \frac{0.010 - 0.0047}{3000 - 1410} = 3.333 \times 10^{-6}$$

$$b_C = y_{C1} - k_C \Delta U_{C1} = 0.024 - 1.164 \times 10^{-4} \times 270 = -7.44 \times 10^{-3}$$

$$b_S = y_{S2} - k_S \Delta U_{S2} = 0.010 - 3.333 \times 10^{-6} \times 3000 = 0$$

12.4.3　用一标试样法测 *k* 值（一点法）

取 1 g 试样，输原来的 k、b 值

$$y_C = k_C \Delta U_C + b_C，令 b_C = 0，k_C = y_C / \Delta U_C$$

若 $w(C)0.01\% = 100$ mV，可求得 $k_C = 0.01/100 = 1 \times 10^{-4}$

$y_S = k_S \Delta U_S + b_S$，令 $b_S = 0$，$k_S = y_S / \Delta U_S$

若 $0.001\% w(S) = 200$ mV，可求得 $k_S = 0.001/200 = 5 \times 10^{-6}$

若将 $b_S = 0$，$b_C = 0$，$k_C = 1 \times 10^{-4}$，$k_S = 5 \times 10^{-6}$输入计算机，要用于分析，必须用标准样品加以调校。

12.5　测试过程（求 ΔU）

仪器测试部分由气路系统和吸收检测系统组成。

（1）气路系统。气路系统主要由氧气瓶、减压阀、3 只二位三通电磁阀、两只二位二通电磁阀和橡皮管组成。其主要工作任务是：将装在氧气瓶上的减压阀，其出口流出的氧气（出口压力调为 0.03 ~ 0.035 MPa）除直接给碳硫试剂箱加压外，分三路控制：一路经过特效氧气净化后，由二位三通电磁阀 DZ_1 进行控制，向燃烧炉供氧（若仪器与高频炉配套使

用，此路不用）；第二路由一个二位二通电磁阀 DZ_3 和一个二位三通电磁阀 DZ_6 控制，给碳硫电导杯通氧清洗、搅拌用；第三路由二位三通电磁阀 DZ_7 控制。给碳硫加液器加压，以便快速加液。上述气路系统的工作程序由计算机自动控制，主要工作在分析前准备阶段。

（2）吸收检测系统。吸收检测系统主要由电导杯 CO_2、SO_2 吸收液、电导电极及电桥测量电路组成。它的主要作用是：对被导入电导杯中的 CO_2 或 SO_2 气体进行吸收，吸收反应后产生电导值变化，变化的量由电导电极反映于电桥电路中，使电信号产生相应变化，为放大电路产生信号源。

整个测试部分的工作过程分两大过程。

第一过程为准备过程：打开仪器电源并预热后，根据数码管显示的提示符，通过键盘操作输入有关参数，然后由计算机控制自动完成加液、冲洗、放液、再加液、搅拌五个程序，此五个程序结束后，仪器自动进入初值（未吸收前溶液 U_1 值）采样过程，采样完毕仪器显示提示符"P"，准备过程结束。其中，执行"加液"和"再加液"程序时，电磁阀 DZ_4、DZ_5、DZ_7 同时工作。DZ_7 工作给碳硫加液器通 O_2 施加压力，DZ_4、DZ_5 工作分别给碳硫电导杯加液；执行"冲洗"和"搅拌"程序时，电磁阀 DZ_3 工作，氧气通过它进入硫电导杯加液；再经过 DZ_6 常通端进入碳电导杯，以给碳、硫电导杯进行冲洗或搅拌；执行放液程序时，电磁阀 DZ_6、DZ_8、DZ_9 同时工作。DZ_6 工作含硫电导杯与大气相同，以给硫电导杯加大气压。DZ_8、DZ_9 工作为碳硫电导杯排放废液。

第二过程为分析过程。分析时，按下燃烧炉的"启动"键，通过信号遥控，仪器直接进入吸收程序，执行此程序时，DZ_1 阀打开给燃烧炉供氧燃烧，同时 DZ_2 阀也打开，炉气经 DZ_2 进入硫电导杯，吸收其中的 SO_2，余气通过 DZ_6 阀常通端进入碳电导杯，吸收其中的 CO_2。整个吸收过程时间为 40～50 s。吸收程序结束后，仪器又自动进入终值采样过程（吸收后溶液的 V_2 值），采样完毕 DZ_8、DZ_9 两阀工作，放掉碳硫电导杯中废液。同时，计算机将整个分析过程中采集的数据进行运算、处理并显示和打印。测试部分气、液路系统原理如图 12-2 所示。

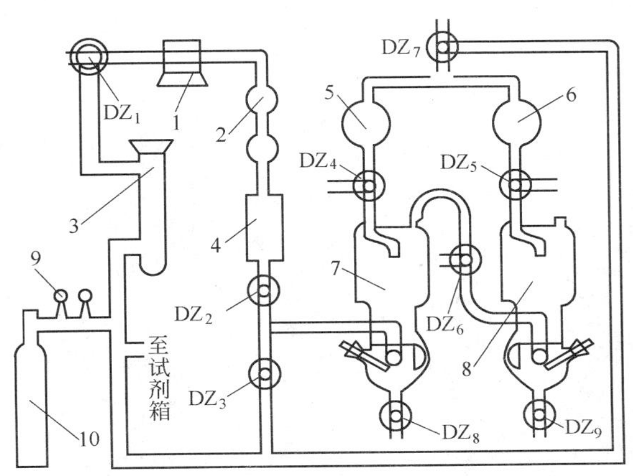

图 12-2　气、液路系统原理图

1—燃烧炉；2—除尘器；3—净化器；4—流量计；5—硫加液器；6—碳加液器；7—硫电导杯；8—碳电导杯；9—减压阀；10—氧气瓶

12.6　质量跟踪

12.6.1　精密度

1993 年 9 月 27 日国家专家组在北京钢铁研究总院对本仪器进行了考核。考核结果认为其准确度和精密度均好,见表 12-2。

表 12-2　精密度考核结果

元素	标样值 w/%	测定值 w/%			平均值 w/%	RSD/%	添加剂
碳	0.140	0.1456	0.1495	0.1456	0.1430	3.35	TH-100
		0.1437	0.1476	0.1379			
		0.1437	0.1418	0.1391			
硫	0.031	0.0310	0.0307	0.0302	0.0311	1.66	TH-100
		0.0316	0.0313	0.0316			
		0.0310	0.0305	0.0316			

12.6.2　可靠性

1996 年,电弧炉-电导碳、硫分析仪,售与常州武进稀土精炼厂,分析稀土中的碳量与硫量。该厂每天分析 100 多个试样,用于在线测试。一年分析试样多达 20000 多个,经过 5 年跟踪考核,仪器分析样品多达 100000 多个,电导碳、硫分析仪仍然好用。证明仪器既好又快又耐用。不仅销在国内,还远销拉丁美洲及东南亚。

12.7　CS-H60DD 型高智能(电导)碳硫分析仪

CS-H60DD 型高智能(电导)碳硫分析仪用于钢、铁、合金、有色金属、水泥、矿石、催化剂及其他材料中碳硫两元素的质量分数。其外形如图 12-3 所示,仪器参数见表 12-3。

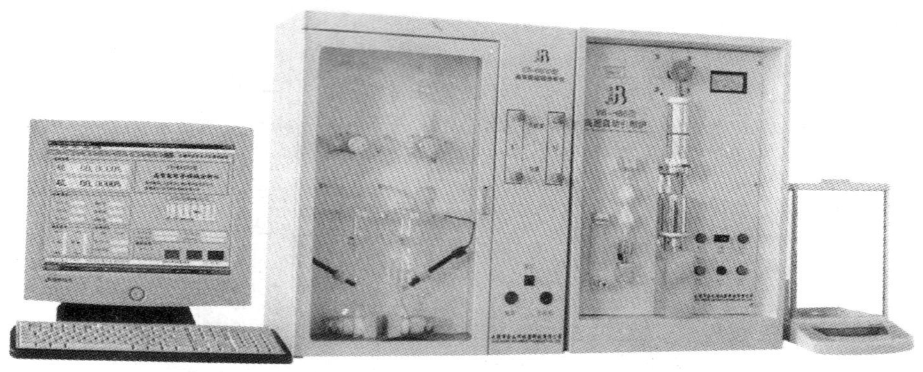

图 12-3　CS-H60DD 型高智能(电导)碳硫分析仪

表 12-3 仪器参数

测量范围	w(C)0.001% ~4.000% ,w(S)0.0005% ~0.3000%
分析误差	符合国际
分析方法	电导法
分析时间	可任意设置,一般在 45 s 左右
称样方式	电子天平不定量称样,称量范围:0 ~ 100 g,读数精度 0.001 g
工作环境	室内温度 5 ~40℃,相对湿度小于 75%
电源参数	电源电压 AC(220 ±5%)V,频率(50 ±2%)Hz

该碳硫分析仪的主要特点如下:

(1) 采用低噪声、高灵敏度、高稳定性的电导探测器。

(2) 整机集约化设计,嵌入式单片机控制,提高了仪器的可靠性。

(3) 采用防腐电磁阀,提高气路、液路系统的可靠性。

(4) 仪器终值可根据测量范围的大小进行调节,扩大了测量范围。

(5) 电子天平自动联机,不定量称样;

(6) 全中文操作界面,软件功能全,操作方便,易于掌握。自动控制程序,仪器自动检测各过程的程序;工作曲线自动建立,实时查询,可采用一点法或多点法回归处理;分析数据可实时观测,分析统计、查询、报表打印;分析参数自动设置,分析时间实时调整;可测量空白,进行扣除;实时监测碳硫电极的信号电压,自动采集信号初值和终值解决温度对分析数据的影响。

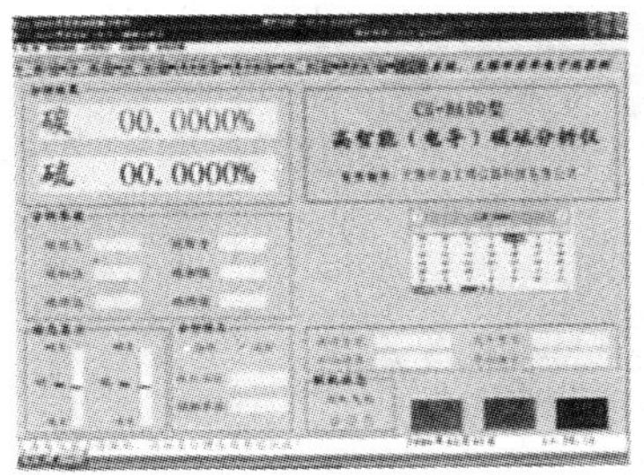

主页面

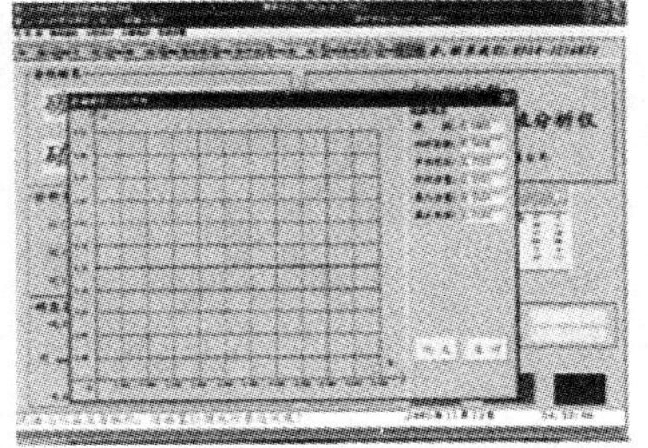
工作曲线

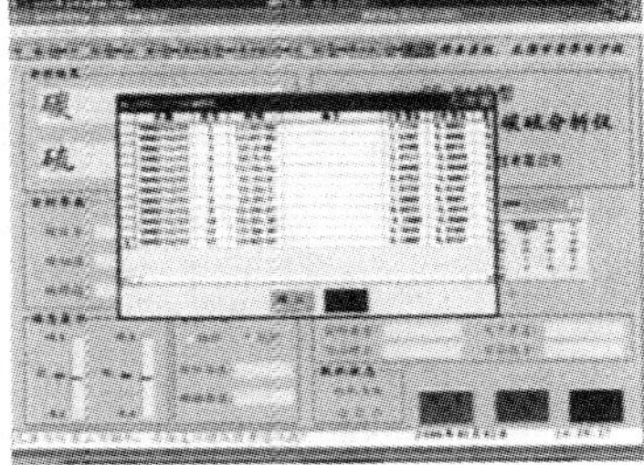
数据库

13　电弧炉的燃烧

13.1　电弧炉的燃烧

燃烧是发光发热并产生火焰的氧化反应。燃烧的三要素是:有可燃物质,温度达到燃点以上,通常是有氧条件。此处所述的电弧炉燃烧,可燃物主要是钢铁,由电弧供热至燃点,在富氧条件下进行燃烧。其主要特点是:(1)不间断燃烧。即燃烧时不能停顿后再燃烧,因为无外界热量使试样再次点燃;若再次引弧,因偶然误差较大,导致测定结果不准;(2)电弧炉要求高速燃烧,使燃烧产生的热量大大高于散热速度。此法有利于提高炉温,有利于 CO_2 和 SO_2 的生成与释放;(3)通氧方式要采用预通氧、前大氧、后控氧的工艺。这样有利于高速不间断燃烧;(4)本章计算了电弧炉燃烧热,提出了新的通氧工艺,讨论了能量与温度的相关理论问题。理论与实践结合,激活了创新思维,研发成功了能与红外等仪器配套的具有领先水平的高速自动引燃炉。

13.2　电弧炉的热量来源

电弧炉的热量来源于:电弧热、试样的化学反应热、助熔剂化学反应热。

(1) 电弧热。若按直流电引弧计算,设电弧电压为 40 V,电流为 15 A,引燃时间为 1 s,则电弧热为:

$$\Delta H_{电弧} = -[15 \times 40 \times (1/3600) \times 860 \times 4.183] = -599.56\ J \approx -600\ J$$

(2) 化学反应热(包括试样和助熔剂锡粒)。若以管式炉温度 1500 K 为参比,即燃烧在 1500 K 的温度下进行,燃烧体系的主要热化学方程如下:

$$C + O_2 = CO_2 \qquad \Delta_r H_m^\ominus(1500\ K) = -396.19\ kJ \qquad (13\text{-}1)$$

$$4Fe_3C + 13O_2 = 6Fe_2O_3 + 4CO_2 \qquad \Delta_r H_m^\ominus(1500\ K) = -6436.35\ kJ \qquad (13\text{-}2)$$

$$3MnC + 5O_2 = Mn_3O_4 + 3CO_2 \qquad \Delta_r H_m^\ominus(1500\ K) = -1728.63\ kJ \qquad (13\text{-}3)$$

$$4Cr_3C_2 + 17O_2 = 6Cr_2O_3 + 8CO_2 \qquad \Delta_r H_m^\ominus(1500\ K) = -9520.86\ kJ \qquad (13\text{-}4)$$

$$3MnS + 5O_2 = Mn_3O_4 + 3SO_2 \qquad \Delta_r H_m^\ominus(1500\ K) = -1393.84\ kJ \qquad (13\text{-}5)$$

$$4FeS + 7O_2 = 2Fe_2O_3 + 4SO_2 \qquad \Delta_r H_m^\ominus(1500\ K) = -2589.53\ kJ \qquad (13\text{-}6)$$

$$4Fe + 3O_2 = 2Fe_2O_3 \qquad \Delta_r H_m^\ominus(1500\ K) = -1615.87\ kJ \qquad (13\text{-}7)$$

$$Sn + O_2 = SnO_2 \qquad \Delta_r H_m^\ominus(1500\ K) = -565.21\ kJ \qquad (13\text{-}8)$$

对于普通钢来说,若取试样为 1.000 g,助熔剂锡粒若取 0.2 g,含碳量若为 $w(C) = 0.50\%$,由于其他含量可以忽略不计,此处铁的含量可视为 $w(Fe) = 99.5\%$。为了简化计算,取上述反应(13-1)、(13-7)、(13-8),可近似地求出 1.000 g 试样,用 0.2 g 锡粒助熔在 1500 K 时的燃烧反应热。

0.005 g 的碳： $\Delta_r H_m^\ominus(1500\ K) = \dfrac{-396.19 \times 0.005}{12} = -0.165\ kJ$

0.995 g 的铁： $\Delta_r H_m^\ominus(1500\ K) = \dfrac{-1615.87 \times 0.995}{223.388} = -7.197\ kJ$

0.2 g 的锡： $\Delta_r H_m^\ominus(1500\ K) = \dfrac{-565.21 \times 0.2}{118.69} = -0.952\ kJ$

$$\Delta H_r = \Delta H_{(1)} + \Delta H_{(7)} + \Delta H_{(8)}$$
$$= (-0.165) + (-7.197) + (-0.952) = -8.314\ kJ = -8314\ J$$
$$\Delta H_{总} = \Delta H_{反应} + \Delta H_{弧} = -8314 + (-600) = -8914\ J$$

在上述设定的条件下，化学反应供热占 93.2%，电弧供热仅占 6.73%。由于电弧温度高达 3000℃以上，对固体燃料铁等金属有引燃作用，所以电弧炉又称电弧引燃炉。

13.3 燃烧体系的热量损耗

电弧的温度可达 3000℃以上，而电弧炉燃烧的火焰温度可达 1600 ~ 1640℃即 1900 K 左右。若反应温度取 1500 K，从室温 298 K 升温至 1900K 所需的热量，可分两步求得。

（1）计算反应前体系从 298 ~ 1500 K 所消耗的热量。设试样为 1.000 g，助熔剂锡粒为 0.2 g，氧气流量为 2 L/min，若反应在 15 s 内完成，则：

$$\Delta H_{试样} = \bar{c}_{p试样} \Delta T = 0.69(1500 - 298) = 829.38\ J$$

$$\Delta H_{锡} = n\,\bar{c}_p(505 - 298) + n\Delta H_{相变} + n\,\bar{c}_p(1500 - 505)$$
$$= \frac{0.2}{118.69} \times 28.68(505 - 298) + \frac{0.2}{118.69} \times 6985.61 + \frac{0.2}{118.69} \times 28.65(1500 - 505)$$
$$= 10.07 + 11.77 + 48.04 = 69.88\ J$$

$$\Delta H_{氧} = n\,\bar{c}_{p氧} \Delta T = \frac{0.5}{22.4} \times 33.42 \times (1500 - 298) = 896.67\ J$$

$$\Delta H_{总} = 829.38 + 69.88 + 896.67 = 1795.93\ J$$

（2）计算反应以后体系从 1500 ~ 1900 K 所需的热量。1.000 g 钢样 0.2 g 锡粒助熔，燃烧后生成 Fe_2O_3 1.414 g，生成 SnO_2 0.254 g，消耗氧气 0.33 L，即有 0.17 L 氧气过量，碳、硫和其他杂质元素含量甚少，可忽略不计。由于升温时 Fe_2O_3 发生相变或分解，因此给计算带来麻烦。

1）对于 Fe_2O_3 升温过程的变化及其计算如下：

升温过程示意（1500 K 升至 1900 K）：

$$Fe_2O_3(1500\ K) \rightarrow Fe_2O_3 \xrightarrow[(1735\ K)]{\Delta H_{反应}} \frac{2}{3}Fe_3O_4 + \frac{1}{6}O_2 \xrightarrow[(1870\ K)]{\Delta H_{相变}} \frac{2}{3}Fe_3O_4 + \frac{1}{6}O_2$$
$$\rightarrow \frac{2}{3}Fe_3O_4 + \frac{1}{6}O_2(1900\ K)$$

$$\Delta H_{1500 \sim 1900\ K} = \frac{1.414}{160} \times \bar{c}_{pFe_2O_3}(1735 - 1500) + \Delta H_{反应} + \frac{1.368}{232}\bar{c}_{pFe_3O_4}(1870 - 1735)$$
$$+ \Delta H_{相变} + \frac{1.368}{232} \times \bar{c}_{pFe_3O_4}(1900 - 1870) + \frac{0.046}{32}\bar{c}_{pO_2}(1900 - 1735)$$

$$=\frac{1.414}{160}\times145.15\times235+652.54+\frac{1.368}{232}\times200.78\times135+815.68$$

$$+\frac{1.368}{232}\times213.33\times30+\frac{0.046}{32}\times37.64\times165$$

$$=301.44+690.19+159.82+815.68+37.73+8.92$$

$$=2013.78\ \mathrm{J}$$

2）对于 SnO_2 有：

$$\Delta H_{1900\sim1500\,\mathrm{K}}=\frac{0.254}{150.7}\times\bar{c}_{p\mathrm{SnO_2}}(1900-1500)=\frac{0.254}{150.7}\times92.03\times400=62.04\ \mathrm{J}$$

3）对于过量的氧：

$$\Delta H_{1900\sim1500\,\mathrm{K}}=\frac{0.17}{22.4}\times\bar{c}_{p\mathrm{O_2}}(1900-1500)=\frac{0.17}{22.4}\times37.65\times400=114.29\ \mathrm{J}$$

综合上述计算，体系在 15 s 内从 298 K 至 1900 K 所吸收的热量为：

$$\Delta H_{吸热}=1795.93+2190.11=3969.04\ \mathrm{J}$$

体系在 15 s 内所放出的热量为：

$$\Delta H_{放热}=\Delta H_{电弧}+\Delta H_{反应}=-8914\ \mathrm{J}$$

热量损失：　$\Delta H_{损}=-8914+3969.04=-4927.96\ \mathrm{J}$

即体系有 −4927.96 J 的热量给了环境（如铜坩埚、炉子升温、散热等），体系的热损失占体系放热的 55.28% 左右。

13.4　燃烧温度

13.4.1　高速燃烧与温度

体系内部的化学反应热，是电弧炉能量的主要来源。在试样量和发热剂一定的情况下，反应热是一个常数。若采取保温措施，有利于电弧炉的升温，但麻烦较多。在反应热一定的情况下，若采用高速燃烧，即（$\Delta H_{燃}/\Delta t$）≫（$\Delta H_{散}/\Delta t$），就是在极短的时间 Δt 内，试样全部燃烧完，热量难以散发，形成相对绝热，有利于燃烧体系的温度上升。按照绝热反应进行计算，可使体系的温度达到 3100℃左右，此项计算是在理想绝热状况下求得的，但实际上均达不到理想状态，此计算的意义在于，通过高速燃烧能极大地提高电弧炉的温度。

13.4.2　试样用量与温度

电弧炉燃烧的能量来源主要是试样燃烧热，若取 1.000 g 钢铁试样、0.2 g 锡粒助熔，化学反应热约占 93.27%，而电弧热仅占 6.73%。试样又是燃料，为了保证电弧炉的燃烧温度，试样用量一般在 1.000 g 左右。若试样用量太少，如少于 0.500 g，对电弧炉的温度影响较大，考虑到测定的其他因素，如含碳量高的样品，非金属试样等，有时试样用量不能太多，甚至不能多于 0.1000 g。为了保证燃烧温度，应以 1.000 g 试样为参比标准，可加入“等价”的纯铁，或 Si、Al、Mo、W 等发热剂，以保证燃烧的温度。

13.4.3　CO 的产生与温度

电弧炉与管式炉实用情况对比的测试方法：碳用乙醇钾非水滴定，硫用双氧水吸收酸碱滴定，称样 1.000 g，均为双样，取其平均值，结果见表 13-1 和图 13-1。

表 13-1　对比试验

w(C)/%	乙醇钾非水滴定/mL		w(S)/%	双氧水吸收酸碱滴定/mL	
	电弧炉	管式炉		电弧炉	管式炉
0.13	3.85	4.00	0.037	4.00	3.93
0.21	6.20	6.43	0.028	2.96	3.00
0.39	10.80	11.03	0.017	1.70	1.78
0.69	10.15	19.75	0.042	4.38	4.43
0.97	26.90	28.23	0.066	6.90	6.95
0.43	11.90	12.15	0.092	9.65	9.60
0.19	5.45	5.75	0.104	11.48	10.30

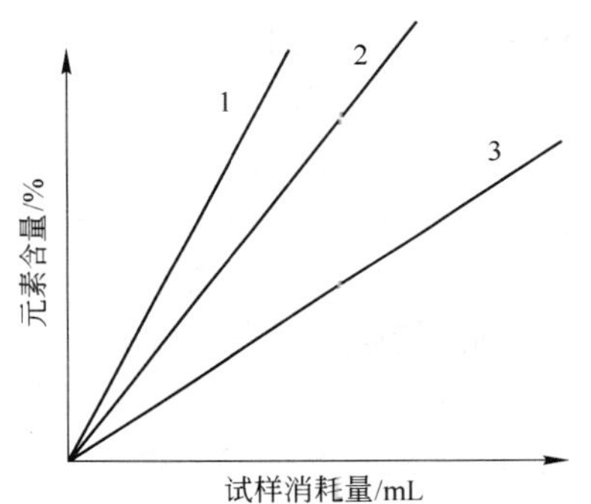

图 13-1　对比试验图
1—管式炉定碳；2—电弧炉定碳；
3—两种炉子定硫

以上测得数据碳量若以管式炉消耗 100 mL，则电弧炉为 96 mL，测得的硫量两种炉子基本一样。将电弧炉定碳吸收后的废气，用气相色谱测定，有 CO 存在。CO 存在的原因可能是多方面的，主要原因是温度过高，CO_2 分解为 CO 所致。电弧温度一般在 3000℃ 以上，在此温度下，瞬时生成的少量 CO_2，将有 30% 左右分解。另外，电弧炉内部热场分布不均，在中心的火焰温度，有可能达到 2000℃ 左右，将有 1% ~3% 左右的 CO_2 分解，分解后的产物，均含 CO。此种情况在高频炉中也有，它的燃烧温度可达 2500℃，为了保证准确度，在红外测定体系中，装有铂转化器，将 CO 转化为 CO_2 后再测定。为了克服电弧炉生成 CO 所造成的影响。在实际工作中，常用相近似的标钢校准。

13.5　电弧炉燃烧的通氧工艺

为适应电弧炉的合理使用，供氧系统要做到“预通氧”、“前大氧”、“后控氧”。

13.5.1　预通氧

预通氧即在燃烧以前通一次氧气。为了说明预通氧的作用，先说明氧气的浓度和压力与燃烧的关系。可燃物质达到燃点才能燃烧。白磷在空气中的燃点约为 55℃、硫为 250℃、镁为 400℃、石油为 600℃。在大气压力下，纯氧中的燃点约比空气中低 50℃，也就是说在纯氧条件下容易自燃。在高压时，如果有一滴或一小粒碳落入氧气瓶的阀内，则在氧气出来时即会引燃。产生的反应热非常高，通常足以使金属的有些部件在气流中烧损，因此气体会漏出而引起爆炸。所以氧气瓶所用的压力计必须带有“无油”标志，也就是说必须供给不沾油的压力计，以后在使用中也不许沾油或弄脏。有油污的橡皮管不可作氧气导管使用，因此必须保护橡皮管免于受脏，特别要注意油污的手！由于电弧炉燃烧过程中用氧气瓶，所以要特别注意安全生产。氧气浓度不仅与燃点有关，而且影响燃烧速度。木炭在纯氧中燃烧比在空气中快且剧烈,这是因为在其他条件相同的情况下,纯氧浓度是空气中氧浓度的5倍。氧能促进燃烧,缺乏氧则阻止燃烧。在密闭空间,当其中空气的氧含量由20.8%降到14%时(以体积计),燃着的蜡烛便熄灭。大多数液体燃料在氧含量低于14%时熄灭,煤在氧含量低于9%时熄灭。预通氧可排除燃烧前残余气体和装样品时进入炉内的空气。这不单纯是为了提高氧的浓度,更重要的是消除碳、硫空白,空气中的CO_2,一般在$w(CO_2)=0.048\%$左右,即碳含量为$w(C)=0.0131\%$左右,空气中的硫一般有3×10^{-6}。可见预通氧对降低燃点,提高燃烧速度,冲洗碳、硫空白都有好处,特别对测定低碳低硫,降低空白,更为重要。

13.5.2 前大氧,后控氧

试样燃烧时,1.000 g钢铁试样若在10 s内完成燃烧,消耗氧气约0.3 L左右。若用0.5 g添加剂,燃烧后约耗0.12 L的氧气,也就是说,10 s要用掉0.42 L左右的氧。要保证燃烧、氧气流量必须高于2.5 L/min。燃烧后的产物,又以氧气为载体传送到测定体系,所以燃烧时的氧气流量不应低于3 L/min。经验得知,用管式炉燃烧试样时,按一定流量供气,一般是1 L/min,在燃烧反应开始后,从炉中出来的气体有短时间的间歇现象发生。用电导法测定碳硫,也可看到燃烧时气泡减少的现象。这说明此时供氧不足,不能满足炉中燃烧反应对氧的需求。对于燃烧停顿,由于管式炉燃烧处于高温体系,再供氧可继续燃烧。但对于电弧炉,燃烧时不能停顿后再燃,因无外界热量使试样再达燃点,它必须高速地、连续地完成燃烧反应。因此,燃烧时的氧气流量必须要大,即“前大氧”。燃烧反应过后,氧气流主要起载气作用。将炉内生成的CO_2和SO_2传递到测试部分,氧气流量一般控制在0.8~2 L/min。流量太大,反而不利于测定。对于电导法或滴定法来说影响吸收,对于气体容量法测定碳、尾气中残留CO_2,皆导致测定结果偏低。通常把电弧炉燃烧试样时区分前后两部分控制氧气流量称为“前大氧、后控氧”的供氧工艺。这种供氧工艺在电弧燃烧试样时是至关重要的,对于其他方法测定碳、硫来说也是合理的。而且从理论与实践的结合上是得到证明的,用这种供应方式采用电弧炉燃烧测定碳硫能保证测定的准确度。这里尚要说明的是,氧气流量的大小,对碳、硫测定影响较大。流量大,硫偏高,反之则偏低。为了减小误差,分析不同材质、不同含量样品时,选择适当的氧气流量参数至关重要,改变流量需用标准样品重新校准。

电弧炉燃烧用于碳、硫测定,现已重视“前大氧、后控氧”的工艺,对于“预通氧”往往认识不足,本研究对预通氧的作用进行了论述,目的是引起生产厂家和用户的重视,进一步完善我国自创的有自主知识产权的电弧炉燃烧体系。

13.6 高速自动引燃炉

高速自动引燃炉,此处简述其特色。

(1)本引燃炉可与红外法、电导法、气体容量法、非水滴定法、酸碱滴定法、碘量法等碳硫分析仪配套使用。可分析钢铁、锰铁、矿石、铁合金、焦炭、炉渣、催化剂、稀土金属、有色金属中的碳量和硫量,属国内外先进水平的新型燃烧炉。

(2)本引燃炉可自动跟踪燃烧样品,即能跟踪引弧,自动引弧,在纯氧的氛围中引弧,因而电弧引燃率可趋近百分之百,而且沾渣也少。当电极与样品之间的距离为2~4 mm时,产生电弧火球,火球温度高达3000℃以上,借以引燃样品。采用真空火花发生器,使引燃更稳定，而且电弧火球的强弱以及引弧时间的长短，能通过电路调节。

(3) 本引燃炉的通氧工艺，若与电导法、气体容量法、非水滴定法等方法配套，用来测定碳量和硫量，采用预通氧、前大氧、后控氧的工艺条件。若与红外法配套，用来测定碳量和硫量，除采用预通氧、后控氧的工艺条件外，又采用了顶吹氧和底吹氧的工艺，以确保燃烧系统的氧气流量及分析系统的压力恒定。

(4) 本引燃炉用的添加剂。常用的硅钼粉，纯度高，碳、硫空白小，如三氧化钼，碳含量极低，难以测出，硫含量 $w(S)$ 通常小于 0.0002%，而且根据样品的性质可选用不同添加剂，如测定高铬铁，燃烧困难，常采用高效添加剂 TH-100。测定低碳、低硫，如碳量为 0.001%，硫量为 0.0005% 的样品，常采用空白值很低的 TH-101 复合添加剂。尚需说明的是，添加剂的组成、性质和质量，影响燃烧，也影响测定。通常情况下，多用硅钼粉添加剂，但对一些特殊样品，必须选用不同的添加剂和不同的工艺条件。

(5) 本引燃炉能高速燃烧。由红外法测定碳量的释放曲线可知，用国际公认的高频炉燃烧，碳钢的释放曲线是 30 s 左右，而电弧炉的碳钢释放曲线 20 s 左右，电弧炉比高频炉的燃烧速度快 3/2 倍。高速燃烧必须注意以下三个条件：1）电弧火球要强，引弧时间要短。火球强可在短时间内全面点燃试样，实现高速点燃。引燃时间短可减少臭氧产生，一般引弧时间控制在 1 s 以内；2）要在富氧的气氛中点燃。空气中的氧约占 1/5，点火速度和燃烧速度均慢，采用纯氧方可实现高速燃烧；3）钢铁试样又是燃料。钢铁太少，燃料不足，放出的热量太小，电弧炉温度偏低，不利于 CO_2 和 SO_2 的释放。然而，对于非金属试样如水泥玻璃等，此时必须以 1.000 g 试样为参比标准，加入等量纯铁，这样燃烧时可放出足够的热量，以保证电弧炉所需的高温。

(6) 本引燃炉采用钨电极。钨的熔点高达 3380℃，不易烧损。在氧的气氛中，虽能生成氧化物，此物质对碳硫的测定有益无害。但有的电弧炉使用铜电极，而铜的熔点是 1083℃，容易烧损，且氧化生成氧化铜，此物质对碳的测定有益，对硫的测定有害。常引起硫量的测定结果偏低，而且有烧损越严重硫量的结果越低的趋势，由于引弧的时间和强度有差异，铜电极烧损程度也不一样，导致硫量测定的结果产生波动。

(7) 本引燃炉有利于清除沾渣现象。虽然非接触式引弧能减少沾渣，然而剧烈的燃烧飞溅，常引起电极及通氧导管沾渣。电极沾渣影响引弧，导管沾渣影响氧气流量，若不及时清除，将极大地影响测试结果。清渣本来是轻而易举之事，用镊子夹掉即可，但由于通氧导管的材质有金属管、陶瓷管、石英管等品种，陶瓷管、石英管的优点是绝缘性能好，缺点是沾渣又多又牢，清渣时易碎易破易裂，虽可再换导管，但麻烦太多。本引燃炉采用铜管，清渣时不破、不碎、不裂（要注意绝缘），不仅麻烦减少，而且清渣效果较好。

(8) 本引燃炉有恒压吸收和延时吸收装置。红外法测定碳量和硫量，生成气体在恒压条件下吸收，即燃烧时，分析系统气体流量保持不变。为防止燃烧耗氧引起气体流量下降，引燃炉设有恒压机制，可确保分析体系气流的稳定性。若用气体容量法测定碳量和硫量，由于量气管体积有限，因而后控氧流量限制在 0.8 ~ 1.0 L/min。为了确保 CO_2 全部进入量气管，引燃炉设有延时吸收装置，延时约 4 s 左右，此期间可将分析气路中的空气或氧气放空，4 s 后，分析气进入量气管，将气体充满需时约 40 s 左右，由于延时，量气管可能多进入 1/10 左右的分析气体。此举措对 CO_2 的吸收及分析精度均有好处。

(9) 本引燃炉采用金属丝网除尘器。冒火是火花进入分析系统，使过滤管中棉花着火。

冒火往往引起不安全事故，必须严加防范。解决的办法是妙用金属丝网，从试验可知其作用原理。若在煤气灯焰上放一张致密铜丝网，然后逐渐下移，就能限制火焰向上，铜是一种良好的导热体，把热引出去，阻止喷出来的燃气加热到燃点。将此原理用于煤矿安全灯，又可用于防爆系统。今将金属丝网用于分析系统，可妥善解决冒火问题，保证安全。

13.7　电弧炉仪器

13.7.1　WF-T88 型高频感应燃烧炉

WF-T88 型高频感应燃烧炉（见图 13-2）适用于钢铁、合金矿石、陶瓷、玻璃及其他金属、非金属材料的燃烧分析。

它具有如下特点：

（1）大功率设计、输出功率高、中、低可调。

（2）军用高频振荡电子管，稳定可靠。

（3）独特的风冷设计，提高了元器件的使用寿命。

主要技术指标：

（1）输出功率：大于 2.5 kV · A；

（2）燃烧温度：1850℃以上；

（3）加载时间：5 ~60 s 可调；

（4）振荡频率：20 MHz。

13.7.2　WI-H86B 型高速自动引燃炉

WI-H86B 型高速自动引燃炉（见图 13-3）适用于钢铁、合金及其他金属材料的燃烧分析。其具有如下特点：

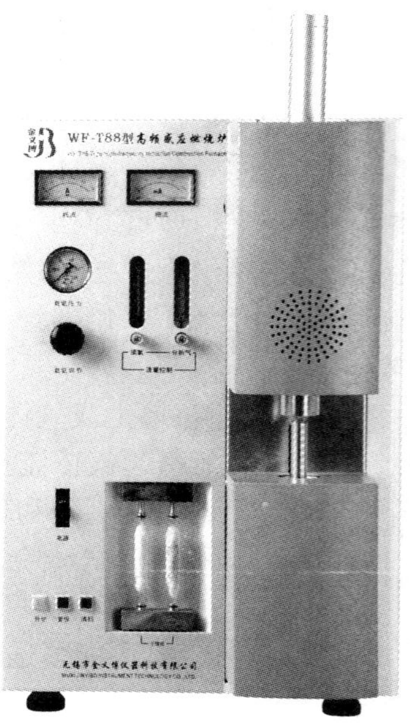

图 13-2　WF-T88 型高频感应燃烧炉

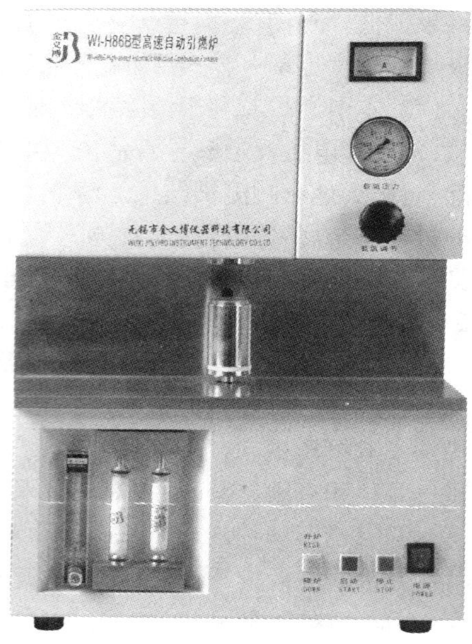

图 13-3　WI-H86B 型高速自动引燃炉

(1) 自动跟踪引燃;

(2) 进口电磁阀控制炉体自动升降;

(3) 采用真空火花发生器;

(4) 金属除尘器设计;

(5) 预通氧、前大氧、后控氧,提高燃烧效率。

主要技术指标:

(1) 引弧距离:2 ~4 mm;

(2) 引弧时间:1 ~3 s;

(3) 引弧电流:5 ~15 A;

(4) 燃烧温度:1700℃。

14 高速溶样

14.1 溶样机理探新

通常认为,“溶解”即指固体。液体或气体在一定条件下溶于适当液体,同时伴有或不伴有化学反应的过程。在高温下,人们常理解的“熔解”或用“打开”通常指热法分解。两种术语很难划出一道明显的界限,但在高速分析过程中,都能用到。溶解在热法碳硫分析中是第一要务,不能轻视。

溶样快速化,对于固体样品,主要决定于溶质的化学物理性质。细颗粒、少称量是典型的物理特征,不仅有助于快速溶解,而且细颗粒样品在一定程度上又能补偿偏析和不均匀的影响,可允许较小的称样量。如试样颗粒直径在 0.047 mm 以上;钒铁中硅量的分析称样 10 mg(含硅量 $w(Si)<2.0\%$),或称样品 5 mg(含硅量 $w(Si)>2.0\%$);钼铁中硅的测定称取样品 30 mg;钼铁中铜的测定称取样品 30 mg;磷铁中钼的测定,称取样品 20 mg;钛铁中锰的测定称取样品 30 mg;稀土镁硅铁中锰的测定称取试样 20 mg。另外铬钢的测定称取样品 10 mg,钢中钒的测定称取样品 20 mg,高合金钢中镍的测定称取样品 15 mg。颗粒小有利于快速溶解,少称量也有利于溶样快速化。溶解是个物理化学过程,有相变,有化学变化,有物质的转移。在等温等压的条件下化学位 μ 是物质传递的推动力。组分 i 总是由化学位高的一相向化学位低的一相转移,直到两相中化学位相等为止,即 $\sum v_i\mu_i \leqslant 0$ 。自发或溶解平衡状态(即饱和溶液),在溶剂一定的情况下,样品相的化学位高,溶液相的化学位低,此差值越大,溶解的推动力越大,越易溶解。随着溶解量增多,溶液相的化学位升高,溶液的推动力越小,越难溶解。达到饱和,溶液相的化学位和溶质相的化学位相等,溶解的推动力为零,从表观看溶解停止。因此,要保持快速溶解,要求化学位的差值要大,必须使溶液远离饱和状态,要做到此点,在溶剂一定的情况下,少称量是最好的选择。

由于溶剂的选取和溶解的条件,有关著作已做了详尽的论述,但对溶解的机理问题,历来为分析工作者所关注,本章将从理论和实践的结合上进行探讨性论述。

14.2 公式的推导

固体试样在液体中的溶解,遵循一级反应速率公式

$$dc/dt = K(C_0 - C) \tag{14-1}$$

式中 dc/dt——溶解速率及单位时间内浓度的变化;

K——实际测定的溶解速率常数;

C_0——固体在液体中的溶解度;

C——溶液本体浓度。

为了研究溶解的机理,能斯特(Nernst)对溶解过程建立了如图 14-1 所示的建模。

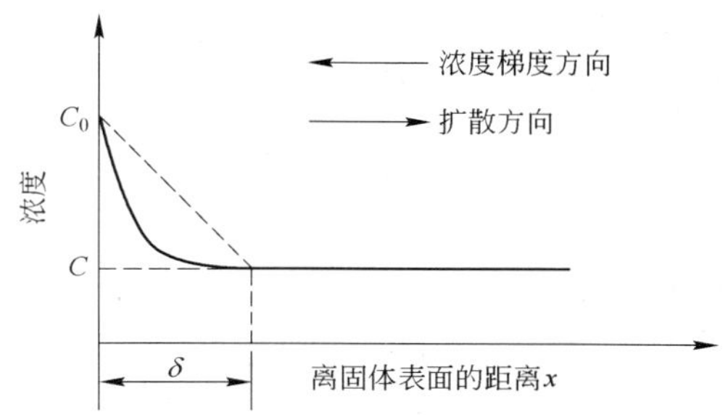

图 14-1 固体在液体中溶解时固体附近溶液的浓度分布

当固体与液体接触后，溶解很快发生，瞬时靠近固体表面的液体达到饱和，并形成很薄的扩散层 δ，即使搅动溶液，固体表面扩散层厚度可减少，而扩散层却一直存在。溶解速率取决于两个因素，一是固体质点进入溶液的速率；二是扩散层中溶质向外扩散的速率，溶解速度受扩散控制，由菲克(Fick)扩散第一定律可进行计算。若扩散层中的浓度是线性分布，结合图形，浓度梯度可由式(14-2)描述：

$$dc/dx = (C - C_0)\delta \tag{14-2}$$

式中 dc/dx——浓度梯度；

$C - C_0$——扩散层内浓度变化；

δ——扩散层厚度。

由 Fick 第一定律：

$$dn/dt = -DAdc/dx \tag{14-3}$$

$$dn/dt = -DA(C - C_0)/\delta$$

$$d(n/V)dt = (DA/V\delta)(C_0 - C)$$

$$dc/dt = (DA/V\delta)(C_0 - C) \tag{14-4}$$

$$DA/V\delta = K \tag{14-5}$$

$$dc/dt = K(C_0 - C) \tag{14-6}$$

式中 D——扩散系数；

A——固体与液体间的接触面积。

14.3 快速溶样的动力学分析

14.3.1 有关搅拌的问题

由式(14-5)可知，扩散层厚度 δ 越小，溶解速度常数 K 越大。搅拌溶液使 δ 变小，所以搅拌对加快溶解速率有突出的作用。为直观起见，可研究下面一个试验。拿一支试管，放一粒 $KMnO_4$ 固体，再小心地注入一些清水，等待 3 h 后，颜色仅扩散 2.54 cm 远。如果用玻璃捧搅动几秒钟，漂亮的紫色充满整个试管。可见搅拌对物质的溶解即传质何等重要。在溶样过程中，搅动、冒泡、沸腾等都起到了良好的搅拌作用，都有利于快速溶解。碳硫分析溶样，转化为均态的熔渣，其中有搅动问题。

14.3.2 有关温度的问题

由式(14-5)可知，扩散系数 D 与溶解速度 K 有直接关系，D 除与溶质和介质的本性有关外，温度对 D 的影响更为显著，温度升高，D 值总是增大，K 值也相应地增大。试验表明，D 与温度 T 的关系依然符合阿累尼乌斯公式，即：

$$D = D_0 e^{\frac{E_D}{RT}}$$

式中　D_0——扩散的频率因子；

E_D——扩散的活化能。

若 $T_1 = 298$ K，$T_2 = 308$ K，$E_D = 52894$ kJ/mol，则有：

$$\frac{D_2}{D_1} = e^{\frac{E_D}{R}\left(\frac{1}{D_1}-\frac{1}{D_2}\right)} = e^{\frac{E_D}{R}\left(\frac{1}{298}-\frac{1}{308}\right)} = e^{\frac{E_D}{76810}} = e^{\frac{52894}{76810}} = 2$$

温度每升高 10 K，扩散系数增加 2 倍。

若温度从 298 K 上升至 408 K，则有：

$$\frac{D_{408}}{D_{298}} = 2^{10} = 1024 \approx 1000$$

扩散系数增加约 1000 倍，在一定条件下，扩散系数与速度常数 K 成比例。所以温度升高溶解速度将有较大的增加。

为了溶样快速化，事先预热溶解酸（如将硝酸预热 100℃以上）提高溶样温度，以达到快速溶解的目的。

另外，分析钢中碳、硫时，用高频炉或电弧炉燃烧试样，高频炉燃烧通常在 30 s 左右，而电弧炉燃烧一般在 20 s 左右，两者相差 10 s 左右。其原因在于温度，电弧炉始态的引燃温度在 3000℃以上，高于高频炉的初始温度。

14.3.3　有关颗粒度问题

由式（14-5）可知，固体与液体间的接触面 A 越大，越有利于溶解快速化。接触的表面积与颗粒度有直接关系。若总体积不变，固体分散度越大，颗粒越小，试样越细，总表面积则越大。为了对此问题有一个定量的概念，将总体积为 1 cm^3 的物质进行细化，由表 14-1 可以看出，总体积不变，分散度越大，颗粒越多，总表面积越大。

表 14-1　正立方体在分割时总表面积和比表面积的变化

立方体的边长 L/m	分割后立方体数目	总表面积 A/m^2	比表面积 $A/V/m^{-1}$	立方体的边长 L/m	分割后立方体数目	总表面积 A/m^2	比表面积 $A/V/m^{-1}$
10^{-2}	1	6×10^{-4}	6×10^{2}	10^{-6}	10^{12}	6×10^{0}	6×10^{6}
10^{-3}	10^{3}	6×10^{-3}	6×10^{3}	10^{-7}	10^{15}	6×10^{1}	6×10^{7}
10^{-4}	10^{6}	6×10^{-2}	6×10^{4}	10^{-8}	10^{18}	6×10^{2}	6×10^{8}
10^{-5}	10^{9}	6×10^{-1}	6×10^{5}	10^{-9}	10^{21}	6×10^{3}	6×10^{9}

当立方体从边长 10^{-2} m 分割成边长 10^{-9} m 时，总体积虽不变，但其表面积从 6×10^{-4} m^2 增至 6×10^{3} m^2，即 6000 m^2，增大 10^7 倍。如 1 kg 的 SiO_2，整块表面积约为 0.26 m^2，把粉碎成边长为 10^{-9} m 时，总表面积增为 2.6×10^{6} m^2，表面积 A 增加 10^3 万倍。根据 $K = DA/V\delta$ 的关系，溶解速度将有较大的增加。因此试样采用细颗粒有利于溶解快速化，溶样快速化。以上是从动力学方面对溶样过程做简要的分析，以下再从热力学的角度对溶样过程

做进一步的说明。

14.4 试样快速溶解的热力学分析

从热力学考虑,颗粒度与溶解度之间的关系应服从凯尔文(Kelvin)公式:

$$\ln P_r/P_R = (2M\delta/RT\rho)(1/r - 1/R) \tag{14-7}$$

当 $R \to \infty$

$$\ln P_r/P_R = (2M\delta/RT\rho)(1/r) \tag{14-8}$$

当溶解达到平衡时,纯溶剂的蒸气压等于溶液中溶质的蒸气压。依据亨利定律 $P_i = KC_i$,将此关系代入式(14-8)可得式(14-9)

$$\ln C/C_0 = (2M\delta/RT\rho)1/r$$

若令 $K = 2M\delta/RT\rho$,则:

$$\ln C/C_0 = K/r \tag{14-9}$$

或

$$\ln C = K/r + \ln C_0 \tag{14-10}$$

式中 C_0——在一定温度下是常数(对大颗粒);

C——小颗粒在一定温度下的溶解度。

若将 $\ln C$ 与 $1/r$ 作图,颗粒度与溶解度之间的关系更为直观。从式(14-9),式(14-10)及图 14-2 可以看出,溶解度的对数与颗粒度成反比,微小颗粒的溶解度大于普通颗粒的溶解度。因而在同一温度下,同一物质小颗粒的溶解度大。换句话说,颗粒度不仅影响溶样速度,而且影响溶解度,即属难溶解的物质在颗粒度很小时,可变得较易溶解。为了说明细颗粒试样能提高溶解能力,下面以 SiO_2 的溶样为例,利用热力学数据进行分析。众所周知 SiO_2 溶于 HF 酸,不溶于盐酸。

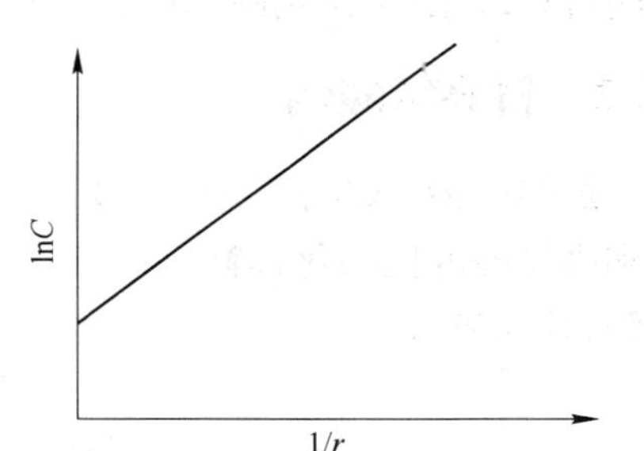

图 14-2 颗粒度与溶解度之间的关系

$$SiO_2 + 4HF \xlongequal{} SiF_4 + 2H_2O \quad \Delta G_1 = -55.18\ \text{kJ/mol} \tag{14-11}$$

$$SiO_2 + 4HCl \xlongequal{} SiCl_4 + 2H_2O \quad \Delta G_2 = 139.9\ \text{kJ/mol} \tag{14-12}$$

反应(14-11)中 ΔG_1 为负值,说明 SiO_2 能溶解在 HF 中。反应(14-12)中 ΔG_2 为正值,说明 SiO_2 不能溶解在 HCl 中。若 SiO_2 的颗粒很小,如颗粒直径在 10^{-9} m。对 1 mol SiO_2 来说,它的表面积可增到 $6.78 \times 10^4\ m^2$,表面自由能 ΔG(表面)将增加到 7.05×10^4 J/mol。若反应(14-11)与反应(14-12)采用颗粒直径为 10^{-9} m 的 SiO_2,经计算 $\Delta G_1 = -125.68$ kJ/mol,$\Delta G_2 = 69.4$ kJ/mol,ΔG 将变得更负一些,ΔG 变为负值溶解度必然增大,难溶物质也可能溶解,难熔物质也可能熔化。

溶样快速化,通常重视酸度、温度和搅拌,但用细样也特别关键。试样越细,越容易溶解。量变引起质变,当颗粒细化到直径为 10^{-9} m 时,即纳米级,试样表面积很大,表面吉布斯自由能变大,由于表面的特殊性,不仅仅是引起试样溶度的增大。由于纳米材料的神奇特性,还会引起物理性质和化学性质的改变。纳米材料是新生的学科,涉及面很广,此处不再赘述。

15 冒烟原理

15.1 冒烟原理解析

有些碳化物的相分析，如 SiC，需冒硫酸烟除掉游离碳后再测碳化硅含量。常遇到冒烟，冒烟未见有定义，其实是指加入酸溶液产生某种酸的气状烟雾。看到的烟，一般不是指纯酸的蒸气，而是酸蒸气和水蒸气形成的细微雾滴。HCl 和 H_2O 的恒沸化合物，常压下 110℃沸腾，即 110℃发盐酸烟。HNO_3 和 H_2O 的恒沸化合物，常压下 122℃沸腾，即 122℃发硝酸烟。有时 HNO_3 的烟显黄色，因为 HNO_3 分解生成 NO_2。HCl 和 HNO_3 冒烟温度低，易掌握，不易出现问题所以不再讨论。难溶试样的溶解过程中，主要是冒 $HClO_4$ 烟、H_2SO_4 烟和 H_3PO_4 烟，这三种烟均为白色，而且冒烟温度较高，较难掌握。下面着重讨论三种冒烟问题，尽可能注明冒烟现象，提出判断标准，并做相应解释。

15.2 冒高氯酸烟

加热的稀 $HClO_4$ 溶液时，最初蒸发出的是水，然后是稀的酸，最后在 476 K 即可蒸发出水和高氯酸的恒沸化合物。含 72% 的 $HClO_4$ 的恒沸化合物蒸发时，同时也伴随着 $HClO_4$ 的分解，其反应式为：

$$4HClO_4 = 2Cl_2 + 7O_2 + 2H_2O$$

$$2HClO_4 = Cl_2 + 3O_2 + H_2O_2$$

市售 $HClO_4$ 的质量分数就是 70% ~72%。但在冒 $HClO_4$ 烟时，$HClO_4$ 的含量一般低于 72%，开始时蒸发出来的水多，最后是含 72% $HClO_4$ 的恒沸化合物。合金钢的炉前分析中，一般观察到的高氯酸冒烟现象是 413K 左右见到三角瓶中在液面上冒烟，随着温度逐渐升高，白烟逐渐充满瓶子，最后达到 476K，温度不变，即为恒沸化合物。此时特征是瓶中无烟，仅是瓶口冒烟。一般情况下，规程中提到冒高氯酸烟就是以 476 K 仅见瓶口冒烟为标准，而不是指开始时的液面冒烟或瓶中充满白烟，更不是指一开始的瓶口水汽。

炉前分析中，用高氯酸氧化法测定高铬钢时，用溶解酸（H_2O: HCl: $HClO_4$ =4: 1: 20）低温溶解后，继续加热就可以见到下述现象：开始液面冒烟，接着瓶中充满白烟，最后是仅见瓶口冒烟，此时温度为 476 K。温度保持不变，维持 30 ~40 s，再加硫磷混酸调节酸度，在铬指示剂存在下，用硫酸亚铁铵滴定。有的化学分析规程中，这一方法的注意事项注明发烟是在 573 ~673 K，这是不对的。因为 $HClO_4$ 在 203℃为恒沸化合物时，温度不变。根据物理化学原理，在 $HClO_4$ 和 H_2O 的二相平衡图上，476 K 为最高蒸发温度，此时含 72% $HClO_4$，含量不再变动，温度不再变动。实际测得结果正是如此，一直到高氯酸全部赶尽为止。

炉前分析用硫氰酸盐-抗坏血酸比色法测定低、中、高合金钢中钼时，试样以高氯酸溶样，冒 $HClO_4$ 烟时，加抗坏血酸和硫氰酸铵后进行比色。这里冒 $HClO_4$ 烟，也是指 $HClO_4$ 烟一直上升至瓶口，仅见瓶口冒烟，此时温度同样为 476 K。炉前以过硫酸铵-丁二肟比色测定镍时，用 HCl 和 H_2O 溶样，加 $HClO_4$ 蒸发冒烟，加酒石酸钾钠络合干扰离子，在过硫酸铵存在下，在碱性溶液中镍与丁二肟生成酒红色溶液比色测定。这里的 $HClO_4$ 蒸发冒烟的要求和温度也是上述标准，仅见瓶口冒烟，温度为 476 K。

15.3 冒硫酸烟

加热稀硫酸溶液时，开始蒸发出的是水，然后是稀的酸，其沸点逐渐升高，同时蒸发出的酸中硫酸成分逐渐增高，最后是含 98.3% 硫酸的恒沸化合物。沸点 337℃，温度保持不变，不再上升。在 610 K 时硫酸分解，其反应式为 $H_2SO_4 \xlongequal{610K} H_2O + SO_3$，所以有的资料和规程上冒 SO_3 烟，它和冒硫酸烟实际上是一回事。市售硫酸一般含 98% 的纯硫酸。但在化学分析中冒硫酸烟时，溶液中含更多的是水，则比含 98.3% 的浓硫酸稀，冒硫酸和冒 $HClO_4$ 的现象是不同的。煮沸硫酸溶液，开始瓶口也是能见到水蒸气，继续加热，温度升高，一直到 210℃左右，可见瓶中液面微微冒烟。逐渐升高温度，瓶中烟雾增多，一直到 610 K 为恒沸化合物，温度不变，此时的现象也不像高氯酸仅见瓶口冒烟，它仅是瓶中烟雾越来越多。一般情况下，规程提到冒硫酸烟，不是指 610 K 恒沸化合物的冒烟，一般是指看到液面开始微微冒烟，即为冒硫酸烟。此时温度为 483K 左右。在分析时一般不用温度计，所以实际上以冒烟作为一种温度标志。

钨钢中（如 3CrW2V）钒的测定，用亚铁滴定法，用硫酸溶样，滴加硝酸氧化，继续蒸发冒硫酸（或 SO_3）烟，维持 1 ~2 min，然后用高锰酸钾氧化钒呈稳定浅红色，最后用硫酸亚铁铵溶液滴定。因钒的碳化物很难破坏，所以在精确分析时必须加硫酸冒烟，否则溶液不清。这里的冒烟是以见到液面微微冒烟开始计时，此时温度为 483 K 左右，逐渐升高温度，白烟增多，维持 1 ~2 min。这里炉温（电炉温度可用变压器调节）要控制，溶液温度升高，不要升得太快。如发烟不足，则终点为蓝灰色不易识别，如发烟温度过高，则有大量盐类析出，不易溶解。

炉前用硫酸氰酸盐比色法测定钨钢中（3Cr2W4V）钨的含量时，用硫磷混酸溶样，硝酸氧化，并冒 SO_3 烟 30 s（即冒硫酸烟），在强酸溶液中，以 $SnCl_2$ 和 TiO_3 作还原剂，使钨成五价状态，与硫氰酸形成硫氰化钨黄色络合物进行比色。这里冒 SO_3 烟 30 s 也是以见到液面微微冒烟开始计时的。此外钨钢中铬的测定也同样有一个冒硫酸烟的问题。用二安替吡啉甲烷比色法测定钛，如果试样难溶于硫酸，可改用王水溶样，然后加浓硫酸加热冒烟，也有一个冒硫酸烟的问题。观察标准均与上述相同。

15.4 冒磷酸烟

磷酸的冒烟问题比较复杂，可能是随着磷酸中水分的减少，沸点逐渐升高，磷酸脱水能逐步地生成焦磷酸（$H_4P_2O_7$）。实际上这是一个（P_2O_5-$2H_2O$）体系，当磷酸酐浓度很高时，各种磷酸间发生复杂的平衡，这些酸没有一个能呈单独的化合物，其加热蒸发温度能一直上升，直至磷酸和水的恒沸化合物在 1142 K 沸腾。含有 92% 的 P_2O_5，约相当于 $3P_2O_5 \cdot H_2O$。在合金钢化学分析中磷酸冒烟远不需要达到 1142 K。市售磷酸是浆状的 85% 的水溶液。当加热至 486 K 左右（磷酸脱水为焦磷酸），就能见到液面微微冒烟，此时即称为冒磷酸烟，可以开始计算时间。其现象和冒硫酸烟类似，但是继续加热，温度能一直升高，溶液也逐渐呈现软的玻璃状态。

炉前测定高锰钢中锰时，用硝酸铵氧化-硫酸亚铁铵容量法，就是以磷酸直接溶样继续蒸发至磷酸微微冒烟，在大量磷酸络合剂存在下，用硝酸铵氧化，生成的三价锰用硫酸亚铁铵滴定。这里冒 H_3PO_4 烟就是以见到液面冒烟为准，此时温度为 486 K 左右。这个温度下加入硝酸铵效果最好，所以这里的冒烟实际上是作为一种氧化时的温度标志。冒烟时间太长，生成焦磷酸盐（如焦磷酸锰）后不再溶解，致使结果偏低；反之加入硝酸铵时，温度太低，氮的氧化物驱不尽，锰的氧化不完全，同样使结果偏低。

15.5　综合冒烟

通常的情况是，加入高沸点酸加热以赶走低沸点酸。但是，各种情况的要求和掌握标准各不相同。例如测定高铬钢中锰的情况，第一次冒 $HClO_4$ 烟，应以瓶口冒烟、温度 476 K 为准，待加完浓 HCl（固体 NaCl）以后，需加磷酸冒烟。第二次加磷酸后冒烟的目的是为了除去氯离子。一方面要求时间不能太短，以免氯化银沉淀产生；另一方面加热温度不宜过高，以免磷酸盐类析出。在这里，第二次加入磷酸后的冒烟是以见到液面微微冒烟为准，实际上是冒 $HClO_4$ 烟，温度约 413 K 左右，是刚开始冒 $HClO_4$ 烟，而不是 203℃时的恒沸化合物。这里，HCl 烟已冒尽，氯离子已赶尽。再加浓硫酸，继续加热以驱除盐酸和高氯酸，直至发现刚有硫酸烟冒出。这里就需要第二次冒 $HClO_4$ 烟，见到瓶口冒烟（476 K）并且要到烟冒尽，还要见到硫酸冒烟为止，这是第三次冒烟，是以液面冒烟为准，此时表明盐酸和高氯酸已赶尽。接着再加浓磷酸，继续加热，再一次见到硫酸冒烟后取下稍冷，这是第四次冒烟，也是以液面冒烟为准，这里仅是作为一种温度标志。

15.6　脱水冒烟

重量法测定 SiO_2 时，溶样后生成的 H_4SiO_4 溶液经脱水聚合形成大分子而沉淀。然后过滤、洗涤、灼烧、称重后用 HF 将 SiO_2 转化为 SiF_4 而挥发。用减量法求得 SiO_2 的含量。此法脱水聚合最为关键，反应过程：

$$2Si(OH)_4 \xrightarrow{-H_2O} (OH_3)Si\cdot O\cdot Si(OH_3) + OH_4Si \xrightarrow{-H_2O} (OH_3)Si\cdot O\cdot Si(OH)_2\cdot O\cdot Si(OH)_3$$

这样继续下去，失水越多，分子就越大，越易沉聚。烧至高温，可失去所有的水而剩下 SiO_2。脱水是在一定条件下酸性介质中进行，根据样品的成分，常用的酸有 HCl、H_2SO_4 及 $HClO_4$。下面对用这三种酸脱水的操作分别叙述：

（1）HCl 脱水。对硅酸盐试样溶样后常用 HCl 脱水，将试样置于 HCl 溶液中蒸发至干，一般来说，一次脱水是不完全的，即使两次脱水，溶液中尚残留少的可溶性硅。因此，在精确测定中，两次脱水的滤液，再用光度法测硅，此值与重量法测得的合量，才是准确的结果。这里，采用 HCl 第二次脱水，是在水浴上蒸发至干，然后再放到烘箱中在 383 K（110℃）的温度条件下，即 HCl 和 H_2O 的恒沸点，焙烧 1 h，冒 HCl 酸烟，以保证脱水质量和硅酸的聚合。

（2）H_2SO_4 脱水。对于含有锡、锑的试样，常采用 H_2SO_4 脱水，将温度升至 483 K（即 210℃）左右，液面冒烟，保持 3 min，然后加水，盐类溶解，硅酸沉聚。这里控制冒烟的温度和时间至关重要，温度过高，时间过长，样品中含有铝、镍、铁等元素容易生成难溶的无水硫酸盐，给进一步 HF 处理带来困难。若温度低，时间短，则脱水不完全，加水后，含有可溶性硅酸，将影响分析准确度。

(3) $HClO_4$ 脱水。对于含有钙、锶、钡、铅、银的试样，不宜用 H_2SO_4 脱水。常用 $HClO_4$ 脱水，将试样在高氯酸溶液中加热至 476 K(203℃)即恒沸点，并保持冒烟 15 min，不易生成难溶性盐类，脱水快，操作方便，但应注意安全。

综上所述，各种酸的冒烟温度和现象各不相同，在化学分析中对冒烟的要求也不同，根据不同的情况掌握好每次冒烟，往往是分析成败的关键。

第四部分　碳硫分析方法

16　硫酸盐中硫含量的测定

16.1　新思路高速测定硫酸盐

一般用重量法测定硫酸盐中的硫，此法准确但速度慢。钢铁中硫多用燃烧法，将硫氧化成 SO_2，然后，用滴定法、电导法或红外法测定，此法快速，应用广泛。硫酸盐[$Me_x(SO_4)_y$]中的硫，如能在高温热解出 SO_3，然后再转化成 SO_2，用上述燃烧法就可快速分析硫酸盐中的硫。据此，我们研究了硫酸盐热解出 SO_3 的方法，同时导出了 SO_3 转化为 SO_2 的方程，研制了测定仪器，测定了玻璃、水泥等物质的硫含量，测定速度65 s，准确度符合国家规定标准。

16.2　SO_3 的生成

燃烧法测硫的温度，一般在1500～1650 K之间。在此条件下，硫酸盐能否热解出 SO_3 是极其重要的问题。若 SO_3 出不来，就无法进行硫酸盐热法快速分析。根据热力学的原理，若能满足以下条件，SO_3 即可生成。

$$Me_x(SO_4)_y = Me_xO_y + ySO_3 \quad \Delta_rG_m^\ominus(1500\ K) < 0$$

对于具体反应如：

$$Fe_2(SO_4)_3 = Fe_2O_3 + 3SO_3 \quad \Delta_rG_m^\ominus(1500\ K) = -276\ kJ/mol \tag{16-1}$$

$$Cr_2(SO_4)_3 = Cr_2O_3 + 3SO_3 \quad \Delta_rG_m^\ominus(1500\ K) = -2924\ kJ/mol \tag{16-2}$$

$\Delta_rG_m^\ominus(1500\ K) < 0$ 说明 SO_3 能够生成。

又如：

$$Na_2SO_4 = Na_2O + SO_3 \quad \Delta_rG_m^\ominus(1500\ K) = 342.7\ kJ/mol \tag{16-3}$$

$$BaSO_4 = BaO + SO_3 \quad \Delta_rG_m^\ominus(1500\ K) = 235.6\ kJ/mol \tag{16-4}$$

$$MgSO_4 = MgO + SO_3 \quad \Delta_rG_m^\ominus(1500\ K) = 17.97\ kJ/mol \tag{16-5}$$

$$CaSO_4 = CaO + SO_3 \quad \Delta_rG_m^\ominus(1500\ K) = 103.25\ kJ/mol \tag{16-6}$$

$\Delta_rG_m^\ominus(1500\ K) > 0$，说明 SO_3 不能够生成。

从反应(16-3)、(16-4)、(16-5)、(16-6)可知，对于碱金属和碱土金属所形成的硫酸盐，在燃烧法测硫的条件下，不能离解出 SO_3。为解决这个难题，很自然地会想到提高温度，以增加硫酸盐的热离解度，但效果并不显著。如 Na_2SO_4 热离解温度在2000 K时，$\Delta_rG_m^\ominus$

(2000 K) = 238.34 kJ/mol，吉布斯自由能仍然为正，说明此法不灵。为解决这个问题，我们从改变测硫添加剂的成分入手，在添加剂中适量地增加硅粉，取得了预想的效果。反应如下：

$$Me_x(SO_4) + Si + O_2 \xlongequal{\quad} Me_xO_y \cdot SiO_2 + ySO_3 \quad \Delta_r G_m^{\ominus}(1500\ K) < 0$$

对于具体反应：

$$Na_2SO_4 + Si + O_2 \xlongequal{\quad} Na_2O \cdot SiO_2 + SO_3 \quad \Delta_r G_m^{\ominus}(1500\ K) = -694.7\ kJ/mol \quad (16\text{-}7)$$

$$2Ba_2SO_4 + 4Si + 5O_2 \xlongequal{\quad} 4BaO \cdot SiO_2 + 2SO_3 \quad \Delta_r G_m^{\ominus}(1500\ K) = -556.8\ kJ/mol \quad (16\text{-}8)$$

$$MgSO_4 + Si + O_2 \xlongequal{\quad} MgO \cdot SiO_2 + SO_3 \quad \Delta_r G_m^{\ominus}(1500\ K) = -657.9\ kJ/mol \quad (16\text{-}9)$$

$$CaSO_4 + Si + O_2 \xlongequal{\quad} CaO \cdot SiO_2 + SO_3 \quad \Delta_r G_m^{\ominus}(1500\ K) = -568.9\ kJ/mol \quad (16\text{-}10)$$

$\Delta_r G_m^{\ominus}(1500\ K) < 0$ 说明 SO_3 能够生成。

硅粉的采用，成功地解决了硫酸盐热分解出 SO_3 的难题。

16.3 SO_3 和 SO_2 的相互转化

SO_3 在高温下（如 1500 K 以上）不稳定，可自发的分解出 SO_2 和 O_2：

$$SO_3 \xlongequal{\quad} SO_2 + \frac{1}{2}O_2 \quad (16\text{-}11)$$

作为分析，测定的是 SO_2，因此我们关注 SO_3 转化为 SO_2 的程度，希望 SO_3 能 100% 转化为 SO_2，这样对 SO_2 进行测定，才能准确地换算出硫酸盐中的硫含量。此处借用 SO_2 与 SO_3 之间的相互转化方程[1]参数，可求得在碳、硫测定的条件下，SO_3 转化为 SO_2 的程度。若 SO_2 含量为零，体系中送进 SO_3，若 $T = 1500$ K，此条件下将有 96.3% 的 SO_3 转化为 SO_2。在平衡体系中，$SO_3 : SO_2 = 3.77 : 96.33$。当 $T = 1641.7$ K，平衡时体系中 $SO_3 : SO_2 = 2 : 98$。

燃烧法测定硫，一般温度在 1500 ~ 1650 K 之间，在此温度条件下 SO_3 有 96% ~98% 转化生成 SO_2。若温度一定，转化引起的系统误差可用标准样品校正消除。因此应用转化方程的计算，为热法高速分析硫酸盐中的硫提供了依据。

16.4 硅与硫酸盐热分析（水泥和玻璃中 SO_3 的测定）

根据上述原理，研制成功了含有硅粉的添加剂，商品名（TH-100）。该添加剂的配比是 $MoO_3 : Si : Sn = 15 : 30 : 55$。TH-100 已获国家发明专利及专利金奖。采用它用电弧炉与微机数显碳硫分析仪配套，测定水泥中的硫已有 10 余年的历史。每测 1 个试样仅需 1.5 min。采用电弧炉与微机电导碳硫分析仪配套，测定玻璃和水泥中的硫含量，从引弧到打印出结果仅需 1 min。

测定结果详见表 16-1 和表 16-2。

表 16-1 玻璃中 SO_3 的测定（电导法）

玻璃 + Fe + TH-101	玻璃标样 $w(SO_3) = 0.17\%$（中国建材院生产）				
0.1 g + 2.0 g + 0.5 g	ΔL	测定值	$w(SO_3)/\%$	绝对差值	允许差值
1	1493	0.00722	0.1805	+0.0105	+0.03
2	1518	0.00738	0.1845	+0.0145	+0.03
3	1389	0.00655	0.1638	−0.0062	−0.03
4	1430	0.00680	0.1704	+0.0004	+0.03

续表 16-1

玻璃 + Fe + TH-101	玻璃标样 $w(SO_3)$ = 0.17%（中国建材院生产）				
0.1 g + 2.0 g + 0.5 g	ΔL	测定值	$w(SO_3)$/%	绝对差值	允许差值
5	1446	0.00691	0.1720	+0.0020	+0.03
6	1414	0.00671	0.1678	−0.0022	−0.03
7	1402	0.00663	0.1659	−0.0041	−0.03
8	1350	0.00630	0.1575	−0.0125	−0.03
9	1490	0.00720	0.1800	+0.0100	+0.03
10	1329	0.00617	0.1542	−0.0158	−0.03
11	1419	0.00675	0.1686	−0.0014	−0.03
平　均		0.00678	0.1695		

注：1. 测定结果全部符合 GBW-03117 允许误差；

2. 称试样 0.1 g 换算成 SO_3 的换算系数为 25；

3. 表中数据由中国建材院国家玻璃一级标样研制者赵敦忠高工监测；

4. 分析速度快，每测定一个试样仅需 65 s。

表 16-2　水泥中 SO_3 的测定（电导法）

水泥 + Fe + TH-101	水泥标样 $w(SO_3)$ = 2.92%				
0.05 g + 2 g + 0.5 g	ΔL	测定值	$w(SO_3)$/%	绝对差值	允许差值
1	3491	0.05955	2.977	+0.057	+0.15
2	3368	0.05737	2.866	−0.054	−0.15
3	3483	0.05940	2.970	+0.050	+0.15
4	3385	0.05768	2.844	−0.036	+0.15
5	3323	0.05657	2.828	−0.092	−0.15
6	3419	0.05827	2.913	−0.007	−0.15
7	3482	0.05839	2.969	+0.049	+0.15
8	3522	0.06010	3.005	+0.085	+0.15
9	3297	0.05578	2.789	−0.131	−0.15
10	3453	0.05887	2.943	+0.023	+0.15
11	3427	0.05947	2.937	+0.017	+0.15
平　均		0.05832	2.916		

注：1. 每测定一个试样仅需 60 s；

2. 测定的全部结果符合 GB 176—87 的规定，允许误差 ±0.15%；

3. 试样 0.05 g 换算成 SO_3 的换算系数为 50。

16.5 WO_3 与硫酸盐的热分析（粉煤灰中 SO_3 的测定）

粉煤灰中的硫酸盐，是碱金属硫酸盐、碱土金属硫酸盐等多种硫酸盐的共存体系。从式(16-3)和式(16-4)可知，Na_2SO_4、$BaSO_4$ 都很难分解。

特别是硫酸钠分解反应 $\Delta_r G_m^\ominus$(1500 K) 值为正，是最难分解的。湿法分析，是把各种硫酸盐溶解，转化为硫酸根，再生成 $BaSO_4$ 用重量法测定。而热法高速分析，必须把各种硫酸盐，都热解出 SO_2，然后，用仪器测定。分析得准确与否，关键在于是否全部转化，全部热解。粉煤灰中的硫酸盐，可能以某种硫酸盐为主，但兼有别样，从难从严考虑，选 Na_2SO_4 和

$BaSO_4$ 进行热力学分析。若温度在 1600 K(即 1327℃)分解,反应见式(16-12)和式(16-13):

$$Na_2SO_4 \xlongequal{} Na_2O + SO_2 + \frac{1}{2}O_2 \quad \Delta_r G_m^\ominus(1600\ K) = 276\ kJ/mol \tag{16-12}$$

$$BaSO_4 \xlongequal{} BaO + SO_2 + \frac{1}{2}O_2 \quad \Delta_r G_m^\ominus(1600\ K) = 167\ kJ/mol \tag{16-13}$$

$$\Delta_r G_m^\ominus(1600\ K) > 0$$

说明温度在 1327℃,上述反应难以进行。然而,文献[2]中提示加"WO_3 作催化剂",用管式炉,升温至 1300℃,用红外法测定粉煤灰中硫酸盐的硫,得到很好的结果,见表 16-3。

表 16-3　样品的测定结果对比

样　品	编　号	重量法/%	红外光谱法/%
北京煤科院标样	CASD-6 CASD-7	2. 58　0. 34	2. 55　0. 35
恒运电厂灰样	016001	3. 50	3. 43
韶关电厂灰样	016002	0. 76	0. 78
广州电厂灰样	016003	4. 10	4. 06
湛江电厂灰样	016004	1. 96	2. 05
恒益电厂灰样	016005	0. 35	0. 31
松山电厂灰样	016006	1. 70	1. 76
沙角电厂灰样	016007	2. 72	2. 80
梅县电厂灰样	016008	1. 33	1. 44
妈湾电厂灰样	016009	2. 60	2. 65

由表 16-3 的数据,求得平均偏差为 $d = 0.020\%$,$S_d = 0.0578\%$,$t = 1.148$,查表 $t_{0.05} = 2.228$,$t < t_{0.05}$ 可见两种方法无显著差异,由此可见,红外光谱法是可行的。热力学以可靠、严谨而著称,反应能不能进行,反应的方向限度,都由 $\Delta_r G_m^\ominus(1600\ K)$ 来决定。而催化剂只能改变化学反应速度,不能改变化学反应的方向和限度,更不可能改变高温不能反应有催化剂低温能反应的进程。

试验和理论发生了碰撞,差错在什么地方。研究下式即可化解:

$$Na_2SO_4 + WO_3 \xlongequal{} Na_2O \cdot WO_3 + SO_2 + \frac{1}{2}O_2 \quad \Delta_r G_m^\ominus(1500\ K) = -292.6\ kJ/mol \tag{16-14}$$

$\Delta_r G_m^\ominus(1500\ K) < 0$ 而且绝对值较大,最难分解的 Na_2SO_4 在 1500 K 即 1223℃ 都能发生反应,并放出 SO_2,其他反应不再赘述。

WO_3 参与化学反应,妥善解决了试验和热力学理论之间的矛盾。催化剂属动力学问题,能加速热力学计算能反应的慢反应,参与化学反应改变化学反应的方向属热力学问题,二者有严格区别。

16.6　钨与硫酸盐的热分析(烟尘中 SO_3 的测定)

钨是高频炉燃烧-红外法测定碳硫的添加剂,钨在高温通氧的情况下,能热解硫酸盐生成 SO_2,见式(16-15):

$$Na_2SO_4 + W + O_2 = Na_2O \cdot WO_3 + SO_2 \quad \Delta_r G_m^{\ominus}(1500\ K) = -493.6\ kJ/mol \quad (16\text{-}15)$$

$\Delta_r G_m^{\ominus}(1500\ K) < 0$ 而且绝对值大，硫酸盐可分解。由此可以推断，用高频炉-红外法，采用钨、铁添加剂能够进行硫酸盐硫的分析。

试验[3]见表 16-4。试验所用仪器为 HW2000B 型高频-红外碳硫分析仪，添加剂为 1.5 g 钨粒 +0.3 g 纯铁。

表 16-4　样品分析结果($n=9$)

样 号	w 测定值/%		标准偏差/%	RSD/%	样 号	w 测定值/%		标准偏差/%	RSD/%
	仪器法	中和法				仪器法	中和法		
1	8.91	8.68	0.12	1.40	4	3.90	3.91	0.056	1.40
2	2.94	2.82	0.078	2.6	5	4.61	4.76	0.063	1.36
3	5.71	5.86	0.059	1.00					

式(16-15)不仅为表 16-4 试验给出了反应方程，也为高频-红外法有时用硫酸盐建立工作曲线找到了理论依据。

16.7　热法评定

本章用化学热力学的观点讨论了硫酸盐高速分析的原理和方法。热力学以推理严谨、结论可靠而著称。因而硫酸盐热法分解的理论，反应方程用实践验证均得到满意的效果。硫酸盐热法分析没有繁杂的手工操作，是靠仪器来完成的，因而可实现分析的自动化、快速化、准时化、打印、数显数字化。经典的重量法，分析虽然很慢，但准确、可靠。因此常用来作仲裁分析，不用标样可测得绝对值，是硫酸盐分析的标准方法。热法高速分析，虽然好处多，但它的分析结果需用标准样品校准。只能说它充实了硫酸盐的分析的内容，但它不能替代硫酸钡重量法。

讨论硫酸盐高速分析，本章中分析样品，如水泥、玻璃、粉煤灰、烟灰等，都经过高温过程，因此，都是不含结晶水的硫酸盐。在自然界的硫酸盐(如矿石)多数是含水的硫酸盐。用红外法、滴定法、电导法、热法分析硫，水是有干扰的。排除水的干扰，虽然也有好多办法，如分析前烘烤，分析系统加除湿装置，调整添加剂配比等，虽也有效果，但也有不尽如人意之处，尚需继续努力。然而，硫酸钡重量法没有这些问题。

参 考 文 献

[1]　张兴宝，田英炎. 21 世纪材料高速分析，第一届全国高速分析学术交流论文集. 理化检验，2005.

[2]　林木松，傅强，张宏亮. 理化检验化学分册. 理化检验，2004，40(6)：345.

[3]　谭仪文. 21 世纪材料高速分析，第一届全国高速分析学术交流论文集. 理化检验，2005.

17 通氮燃烧测硫

17.1 概述

硫的测定多采用通氧燃烧，把基体中的硫氧化成 SO_2，然后用滴定法、电导法或红外法进行测定。然而锰中的硫，通氧燃烧，Mn 被氧化成 MnO_2、Mn_2O_3 等氧化物，它是良好的脱硫剂，能吸附 SO_2，导致硫的回收率降低，对硫的测定不利。近年来，试用氮气作载体，在 1250 ~1400℃的高温条件下，选用适宜的氧化剂助熔供氧，用滴定法测试矿石、锰铁及炉渣中的硫量，取得了可喜的结果。据此，本章研究了通氮燃烧的原理，试验了通氮燃烧红外法测定硫的工艺，实测了金属锰中的硫量，结果较好。

17.2 原理

根据某些元素对氧亲和力的关系，在适当条件下，采用合适的氧化剂，如 CuO、V_2O_5、PbO、Pb_3O_4、WO_3、NiO 等氧化物，硫能夺取氧化物中的氧，生成 SO_2 气体，从燃烧体系中逸出。因而可用氧化还原反应，由氧化剂供氧，电阻炉加热，用氮气作载气，实现硫的测定。用此法测定矿石中的硫[1]，已列入标准方法。测定生铁[2]、铸铁、炉渣中的硫，也取得成功。测定硅铁、钙铁、硅铝钡铁等铁合金中的硫，也得到了满意的结果。由于基体本身不含氧，在燃烧时只通氮不通氧，所以试样及硫的氧化，完全靠添加剂供氧，因此选择什么样的添加剂及其用量多少，是通氮燃烧测硫原理的核心问题，此原理的细节，通过实例进行分析。见 17.4 节。

17.3 优点

通氮燃烧测硫的方法不仅精度好，而且转化率高，还可以解决一些特殊样品中硫量的测定。通氮燃烧用于锰铁中硫量的测定，标准样品含硫量为 0.022%，连续测定 5 次，平均结果为 0.0218%，回收率接近 100%。而通氧燃烧测定 5 次的平均结果仅有 0.0029%，其回收率为 13%。通氮燃烧用于硅铁中硫的测定，回收率较高，通氧燃烧则回收率较差。通氮燃烧对 5 只不同牌号的铸铁样品进行硫量测定，回收率在 102% ~106%之间，平均约为 104%，比标准值高。通氧燃烧对样品进行对比测定，回收率为 87% ~94%，平均约为 90%。试验说明：通氮燃烧比通氧燃烧回收率高。

17.4 通氮燃烧测定金属锰中的硫

17.4.1 仪器与试剂

（1）仪器，管式炉-红外碳硫分析仪。

（2）样品，金属锰（由铁合金厂提供）。

（3）氧化铜（AR）经研细备用。若空白值高，则用下述方法处理，将氧化铜置于瓷舟内，在1250℃，通氧燃烧10 min，取出，研细，过100目筛，备用。

（4）二氧化硅（AR）。在通氮情况下高温灼烧，冷却后装入瓶中备用。

（5）氮气，纯度99.5%。

17.4.2 空白值的测定

（1）空白值主要来源于添加剂、氮气、水汽、瓷管、瓷舟和残留空气。

（2）测定方法，在瓷舟中加入CuO 2 g，SiO_2 0.5 g，预热1 min通氮气1 min。用仪器自动空白程序进行测定并扣除，至少取三次平行结果，求平均值。

17.4.3 添加剂配比的确定

经试验CuO 2 g，SiO_2 在0.1～0.5 g之间，硫都能正常释放，熔渣光滑平坦。随CuO量减少，SiO_2 量不变，熔渣则凹凸不平，说明CuO的量不能太少。因此，选择添加剂配比为CuO 2 g、SiO_2 0.5 g，对测定金属锰中的硫量是适宜的。试验表明该添加剂，对测定某些铁合金样品也是可行的。

17.4.4 测定方法

在瓷舟中加入CuO 2 g，SiO_2 0.5 g，金属锰试样0.1 g，混匀后，将瓷舟放入瓷管中部。炉温调至1300℃，预热1 min，分析气体流量3.0 L/min，分析1 min，此时，由CuO供氧生成的 SO_2 由氮气作载体通过导管进入硫的红外吸收池，吸收前后红外信号发生变化，其变化值与试样的硫量存在着函数关系，经A/D转换，将模拟量转换为数字量，此值再经过电脑运算，便可快速地显示和打印出硫的质量分数。

17.4.5 测定结果

用上述方法，测定了金属锰中的硫量，其测试结果列于表17-1。

表17-1 测试结果

样 品	硫含量的测试值/%			硫含量的平均值/%	标准偏差S/%	RSD/%
金 属	0.0081	0.0080	0.0080	0.0081	0.000127	0.0157
	0.0080	0.0082	0.0083			
	0.0080	0.0081	0.0083			

从测试数据看，精密度很好。

17.5 添加剂的选用

前面已经说明：选用CuO和 SiO_2 为添加剂。CuO它与氧结合的亲和力较小，因而易于被还原，而且在加热时，也容易分解出 O_2，即：

$$4CuO \xrightarrow[1270℃]{-O_2} 2Cu_2O \xrightarrow[1800℃]{-O_2} 4Cu$$

CuO是氧化剂，它能提供氧，在通氮燃烧时（1270℃）将锰氧化成锰的氧化物，将锰中的硫氧化成 SO_2。SiO_2 与 O_2 结合的亲和力大。锰和硫不能夺取 SiO_2 中的氧，然而为什么又要

加入 SiO_2 呢？因为 SiO_2 是酸性氧化物，而 CuO 和低价锰的氧化物皆偏碱性。SO_2 是酸性氧化物，它易被碱性物质吸收，容易在酸性或中性介质中释放。所以加入适量的 SiO_2，可增强介质的酸度，有利于 SO_2 的释放。关于添加剂的用量问题，可通过计算与试验来确定。

氧化 0.1 g 的锰试样需氧量为 0.0615 g。为了氧化完全，O_2 必须过量。若 CuO 转化为 Cu_2O，2 g CuO 所提供的 O_2 量为：

$$4CuO \xrightarrow{1300℃} 2Cu_2O + O_2$$

$$4 \times 63.54 \qquad\qquad 32$$

$$2 \qquad\qquad 0.25$$

即 2 g 氧化铜分解成氧化亚铜可提供 0.25 g 的氧气，为所需氧量的 4 倍。

对于其他铁合金，如钙铁、硅铝钡铁，选用 2 g CuO + 0.5 g SiO_2 作添加剂也是合适的。然而，本添加剂不适用于硅铁中硫的测定，若将本添加剂中的 0.5 g SiO_2 改用 0.5 g SnO_2，硫测定结果令人满意。因 Si-Fe 中 Si 的含量很高，燃烧后生成 SiO_2，若在添加剂再加入 SiO_2，介质偏酸性，黏度增大，不利于 SO_2 的释放。加入偏碱性的 SnO_2，使介质趋向中性，介质黏度减小，硫能正常释放，使 Si-Fe 中硫的测定结果变好。对于生铁和铸铁中硫的测定，也不能照搬锰铁中测硫的添加剂，而是采用 1 g WO_3 + 0.5 g CuO + 0.5 g V_2O_5 的复合添加剂，测定结果很好，其作用原理不再赘述。

17.6 通氮燃烧测硫转化率高的原因

本书将从以下三个问题讨论通氮燃烧测硫转化率高的原因。

17.6.1 SO_2 生成

红外法、滴定法、电导法等都是通过测定 SO_2 而后换算成硫的质量分数。只有试样中的硫全部变成 SO_2，才能准确测出硫的含量。然而回收率与加热速率有关，与试样有关。通氧高速加热，燃烧激烈；易飞溅易产生火花，可能有少量的硫试样以未分解的状态逃逸，影响 SO_2 的完全生成。对于不同的试样，如硅铁、锰铁、钙铁等，在通氧燃烧时，飞溅激烈，火花四散，回收率低。而通氮燃烧，由氧化剂供氧，燃烧稳定，无火花，不飞溅，大大地提高了 SO_2 的转化率。

17.6.2 SO_2 的转化

$$SO_2 + \frac{1}{2}O_2 \xlongequal{催化剂} SO_3$$

SO_2 在低温、有氧、有催化剂的条件下可转化为 SO_3，影响硫的测定。温度与 SO_2 的转化、催化剂对转化速度的影响详见第 7 章式(7-6)、表 7-2、图 7-1 及 7.3.2 节。

17.6.3 SO_2 的吸收

在低温 SO_2 易被吸附，易被碱性物质吸收。

在通氧燃烧体系中如钙铁、镁合金、铝合金，都能生成 CaO、MgO、BaO 等碱性氧化物，易吸收酸性的 SO_2，影响测定结果。尤其是含锰的化合物。如：MnO_2 是优良的脱硫剂，可与 SO_2 发生如下反应：

$$SO_2 + MnO_2 \xlongequal{\quad} MnSO_4 \quad \Delta_r G_m^\ominus(800\ K) = -100.74\ kJ$$

吉布斯自由能为负且绝对值很大,脱硫效果尚好,干扰硫的测定。

通氧燃烧,不可避免的会带来大量粉尘,粉尘吸附 SO_2,不利于 SO_2 的测定。在通氮燃烧的体系中,这些问题都能避免或得到改善。

以上对通氮燃烧测硫的优点进行了分析,说明回收率高的原因,但这并不是说通氧燃烧难以测定出上述物质中的硫量。人们总是不断地总结经验,有所发现,有所发明,有所创造,有所前进。通过减少称样量,调整添加剂,用标准物质校正等措施,应用重现性理论,通氧燃烧也可测得硫的准确结果。此处不再赘述。

17.7　通氮燃烧比通氩燃烧测硫转化率高的原因

氮气与氧气可生成氮氧化物,而氩气则不能。

$$N_{2(g)} + O_{2(g)} \xlongequal{\quad} 2NO_{(g)} \quad \Delta_r H_m^\ominus(298) = 180.5\ kJ \tag{17-1}$$

反应(17-1)是吸热反应,升高温度,不仅增加反应的速度,而且又可使 NO 的产量增加,一举两得。事实上,在 1540℃时(平衡时),空气中的 NO 仅达到 0.37%。在 3980℃可达到 10%。雷电温度在4000℃以上,容易制取 NO。又如:汽车尾气、电厂烟气,都含有 NO。通氮燃烧的管式炉,温度在 1300～1400℃,也会有少量 NO 生成。NO 有许多奇特性质,少量的 NO 循环使用是铅室法制硫酸的重要条件。

$$2NO_{(g)} + O_{2(g)} \xlongequal{\quad} 2NO_{2(g)} \tag{17-2}$$

NO_2 是强氧化剂强酸性的氧化物,许多金属和非金属(包括硫及其化合物)能与 NO_2 发生氧化还原反应,遇水可产生硝酸:

$$3NO_2 + H_2O \xlongequal{\quad} 2HNO_3 + NO$$

多余的 NO 与氧气混合又可生成 NO_2。硝酸是很强的酸,NO_2 虽然很少,它的强氧化性有利于 SO_2 的生成。形成的酸性氛围,有利于 SO_2 的释放。

$$NO_{2(g)} \xlongequal{\quad} NO_{(g)} + O_{(g)} \tag{17-3}$$

反应(17-3)是吸热反应,又是光化学分解反应,此类反应或是需要打开一个化学键,或是需要除去一个电子。在大气中,日光充当着这些反应的能源。表 17-2 所列的光波波长是根据 Einstein 方程按下列形式计算得到的:

$$\lambda_{最大} = \frac{1.196 \times 10^5}{\Delta E} \tag{17-4}$$

式中　$\lambda_{最大}$——提供所需能量的光波的最大波长,nm;

ΔE——反应所需的能量,kJ/mol。

表 17-2　高层大气中高能物种的形成

反　应	ΔE/kJ · mol^{-1}	$\lambda_{最大}$/nm	反　应	ΔE/kJ · mol^{-1}	$\lambda_{最大}$/nm
$NO_2 \rightarrow NO + O$	+305	392	$NO \rightarrow NO^+ + e^-$	+920	130
$O_2 \rightarrow O + O$	+494	242	$O_2 \rightarrow O_2^+ + e^-$	+1109	108
$H_2O \rightarrow H + OH$	+502	238	$O \rightarrow O^+ + e^-$	+1314	91.0
$NO \rightarrow N + O$	+632	189	$H \rightarrow H^+ + e^-$	+1314	91.0
$N_2 \rightarrow N + N$	+941	127	$H_2 \rightarrow H_2^+ + e^-$	+1510	79.2

注:1. 光化学分解可形成高空电离层。

2. 表中 ΔE,与计算 $\Delta_r H_m^\ominus$ 是符号不同含意相当。

式(17-4)是用量子力学的观点和方法推导出来的。而 ΔE 可用量子力学的方法求得,但也可以用化学热力学的方法计算。

例如:　$NO_{2(g)} \longrightarrow NO_{(g)} + O_{(g)}$　$\Delta_r H_m^\ominus(298) = 306$ kJ/mol

查表　H_{298}　33　90　249

计算:　$\Delta_r H_m^\ominus(298) = (90.0 + 249) - 33 = 306$ kJ/mol

又如:　$NO_{(g)} \longrightarrow N_{(g)} + O_{(g)}$　$\Delta_r H_m^\ominus(298) = 631$ kJ/mol

查表　H_{298}　90　472　249

计算:　$\Delta_r H_m^\ominus(298) = (249 + 472) - 90 = 631$ kJ/mol

两种不同方法计算的结果很接近。说明用热力学方法计算出 $\Delta_r H_m^\ominus(298)$,也可用 Einstein 方程计算 $\lambda_{最大}$。

反应(17-3)是吸热的光化学反应,它的最大波长:

$$\lambda_{最大} = \frac{1.196 \times 10^5}{\Delta E} = \frac{1.196 \times 10^5}{305\ \mathrm{kJ/mol}} = 392\ \mathrm{nm}$$

上述反应是在可见区边缘(392 nm)的光线照射下进行的。生成的氧原子少量可按反应同 NO 进行逆向反应,但其中大多数则是同更丰富的 O_2 分子作用,并生成 O_3:

$$O_{2(g)} + O_{(g)} \longrightarrow O_{3(g)}$$

活泼的氧原子和臭氧分子均能同烃类,主要是烯反应,最终生成各种产物,如醇类、酮类和醛类。形成光化学烟雾。刺激人的眼睛,危害人的健康。

在通氮燃烧测硫的体系中,温度在 1300 ~ 1400℃,所看到的是炽热连续光谱;其中也有 392 nm 的近紫外谱线。它新提供的能量,足以形成 NO_2、NO、O、O_3 等物种,尽管量很小,由于是初生态的原子氧,对硫的测定有不可忽视的作用。

万物生长靠太阳,太阳光中有各种波长(特别是短波),可以引发很多高度吸热过程的光化学反应。

综上所述,由于氮氧化物的形成,特别是少量 NO、NO_2、O 和 O_3 对 SO_2 不仅有传送作用,对硫的氧化有加速作用。氩气不能与氧发生反应,它只起传送 SO_2 的作用,因而转化率偏低。

参考文献

[1]　邹敏蕾,严恒泰,等. 通氮燃烧碘量法测定锰铁及硅铁中的硫. 全国高速分析第 5 届学术交流论文集. 包头:《兵器材料科学与工程》编辑部编印,1994:14 ~ 18.

[2]　严恒泰,梁晓. 通氮燃烧碘量法测定生铁、铸铁中硫暨 HJ-5 型碘量定硫仪的研制. 高速杯入选论文集. 包头:《兵器材料科学与工程》编辑部编印,1999:3 ~ 6.

[3]　沈永祥,沈云峰,叶反修. 通氮燃烧-红外法测定金属锰中的硫. 全国高速分析第 8 届学术交流论文集. 包头:《兵器材料科学与工程》编辑部,2001:127 ~ 129.

18　铁合金中碳量与硫量的测定

18.1　红外法测定铁合金标样中的碳和硫

18.1.1　引言

本章选用 Fe、Sn、W 三组元复合添加剂，采用红外法测试下述 5 种铁合金样品，结果令人满意。

（1）Ti · Fe，BHO3-731，称重：(0.200 ± 0.003) g。

（2）Mo · Fe，BHO3144，称重：(0.200 ± 0.003) g。

（3）V · Fe，GSBH42004，称重：(0.200 ± 0.003) g。

（4）Cr · Fe，GBWO1425，称重：(0.250 ± 0.003) g。

（5）Mn · Fe，称重：(0.150 ± 0.002) g。

18.1.2　试验

试验所用仪器与添加剂：

（1）高频红外碳、硫分析仪。

（2）钨粒；粒度 0.388 ~ 0.776 mm（20 ~ 40 目），碳量不大于 0.0005%，硫量不大于 0.0005%。

（3）高纯锡粒，云南锡业公司生产。

（4）纯铁，太原钢铁公司生产。

测定方法为：坩埚中有序地加入纯铁、锡粒、试样及钨粒，装样完毕后，将坩埚放入高频炉中，通氧燃烧，生成的 CO_2 和 SO_2 通过管道进入吸收池、吸收前后信号发生变化，变化值再经计算机运算，可快速地求得碳硫的百分含量，然后打印、数显。测定过程自动完成，时间65 s。

依照上述方法，测定了一些铁合金样品的碳、硫量，其结果列于表 18-1。从表中可以看出，应用红外线法测定五种标样，结果比较理想。

表 18-1　测定结果

标样	标准值/%	测试值/%			平均值 $\overline{X}$/%	标准偏差 S/%	RSD/%	添加剂
标样1	w(C) = 0.062	0.060 0.062 0.069	0.061 0.068 0.060	0.063 0.067	0.06375	0.00369	5.79	Fe：0.20 g Sn：0.2 g W：1.5 g
	w(S) = 0.0120	0.0128 0.0127 0.0130	0.0129 0.0118 0.0129	0.0121 0.0113	0.0124	0.000589	4.75	

续表 18-1

标样	标准值/%	测试值/%			平均值$\overline{X}$/%	标准偏差 S/%	RSD/%	添加剂
标样2	w(C) =0.066	0.064 0.063 0.069	0.065 0.066	0.069 0.066	0.066	0.00231	3.50	Fe:0.5 g Sn:0.2 g W:1.5 g
	w(S) =0.080	0.0805 0.0814 0.0829	0.0833 0.0827	0.0828 0.0833	0.0824	0.00117	1.43	
标样3	w(C) =0.39	0.369 0.385 0.389	0.385 0.399 0.388	0.399 0.396 0.388	0.392	0.00579	1.48	Fe:0.2 g Sn:0.2 g W:1.5 g
	w(S) =0.0051	0.0052 0.0050 0.0052	0.0054 0.0055 0.0053	0.0051 0.0052 0.0053	0.00524	0.000151	2.88	
标样4	w(C) =0.201	0.197 0.202 0.204	0.207 0.207 0.207	0.208 0.202 0.199	0.2037	0.00394	1.93	Fe:0.5 g Sn:0.3 g W:1.5 g
	w(S) =0.0066	0.0065 0.0061 0.0063	0.0061 0.0066 0.0063	0.0062 0.0066 0.0066	0.006367	0.00212	3033	
标样5	w(C) =5.03	5.069 5.062 5.059	5.050 5.070 5.059	5.066 5.066 5.067	5.063	0.00633	1.25	Fe:0.5 g Sn:0.2 g W:1.5 g

18.1.3 讨论

18.1.3.1 关于添加剂的选用

钨是高频炉的常用添加剂，一般加 1.5 g 左右，测定铁合金中的碳、硫量，加入适量的纯铁，有利于电磁感应而产生强大的涡流，从而产生高温熔融试样；另外增加铁含量又起到了稀释铁合金的作用。锡粒的加入可起到良好的助熔作用，使试样易熔融，反应快，CO_2、SO_2 释放快。此点可从由红外法得到的碳素锰铁中的碳的释放曲线中看出，如图 18-1 所示。

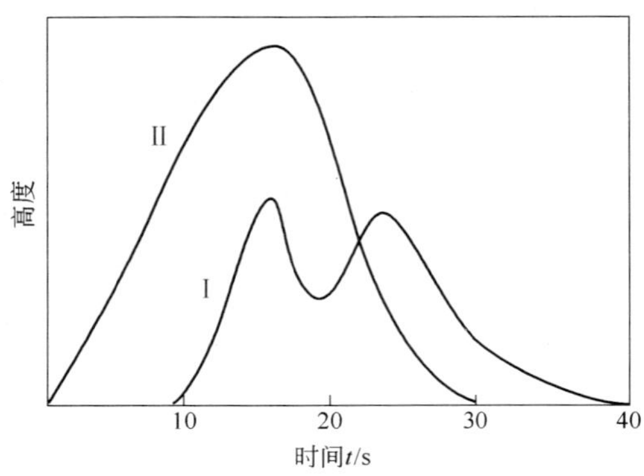

图 18-1　碳素锰铁中碳的释放曲线

Ⅰ—W + Fe 二元助熔时碳释放曲线；Ⅱ—W + Fe + Sn 三元助熔时碳释放曲线

当用“钨粒 + 纯铁”作助熔剂时，碳的释放曲线为双峰曲线，第二高峰在 25 s 时出现，在 40s 时结束。当用“钨粒 + 锡粒 + 纯铁”作助熔剂时，释放曲线为单峰，在 30s 时结束，提前了 10 s。很显然，增加适量锡粒，可使碳快速释放。对于硫也有相似的情况，从而保证了在有限时间内准确地测定试样中的碳量和硫量。值得注意的是，锡粒不可加入过多，超过 0. 4 g 导致硫的结果偏低，因此加入锡粒的量应控制在 0. 2 ~0. 3 g。

18. 1. 3. 2 关于管道吸附的问题

在测定铬铁时，随着测定次数的增加，硫的测定值显著减少。此时发现，石英管中有较多的 Cr_2O_3 和 Fe_2O_3 粉尘，经除尘后，硫的测定又恢复正常。研究表明，V_2O_5 在 400 ~450℃、Cr_2O_3 在 470 ~570℃、Fe_2O_3 在 580 ~670℃均是 SO_2 转化为 SO_3 的良好催化剂，生成的 SO_3 又能与 Cr_2O_3 和 Fe_2O_3 生成相应的盐，从而减少了 SO_2 的释放量，导致测定结果偏低。此现象在管式炉或电弧炉燃烧时，亦屡见不鲜。解决的办法是从技术上，要尽可能减少在 470 ~670℃温度范围内的 Cr_2O_3 和 Fe_2O_3 的数量，即：(1) 定期清除管道粉尘；(2) 加入一些添加剂，如 MoO_3 等，破坏 Fe_2O_3 和 Cr_2O_3 的催化活性。

18. 2 高频燃烧-红外法测定硅铁中的碳和硫

18. 2. 1 引言

1995 年“分析评论”专辑公布了由国外引进及国内生产的 13 种碳、硫分析仪的考核评论结果。评论指出：“目前硅铁试样测定碳和硫还存在一定的难度，有的仪器由于校正问题或其他问题，没有获得测试结果。”查看测试数据，美国 Leco 公司、德国 ELTRA 公司等 4 台红外仪器及国内生产的 8 台高速碳、硫分析仪的测试结果均不理想，另外，也未见到有用湿法高速分析仪器测定硅铁的报道。可见，目前硅铁试样的高速测定还存在一定的难度。这不完全是仪器的问题，更重要的是需要从燃烧体系、分析条件、操作技术等方面加以研讨，以解决硅铁中的碳、硫测定的问题。

硅铁中的硅含量在 75% 以上，而且是粉末状样品，燃烧时反应剧烈，且易吹飞崩溅。因此，采用电弧炉燃烧难以形成良好的熔融状态，特别是硫的释放很不完全。采用管式炉燃烧，因要求温度在 1350℃以上，又易烧损瓷管。改用高频炉燃烧，由于硅铁是低电磁感应物质，试样难以产生较大的涡流，导致 CO_2、SO_2 释放困难；若加适量纯铁，虽然能改善高频炉的燃烧状况，然而也引入了碳、硫空白，给测定硅铁中的低碳、低硫带来难度。

本研究采用国产碳、硫分析仪与高频炉配套，着重从空白的扣除、试样的用量、添加剂的选用等方面进行条件试验，然后拟定分析方法，用于硅铁测定，每测定一个样品，仅需 65 s，不仅快速，而且准确度高。

18. 2. 2 仪器与试剂

条件试验所用的仪器与添加剂如下：

(1) 高频红外碳硫分析仪。

(2) 钨粒粒度 0. 388 ~0. 776 mm(20 ~40 目)，碳含量不大于 0. 0006%，硫含量不大于 0. 0005%。

(3) 高纯锡粒(优级纯，云南锡业公司生产)。

（4）纯铁（太原钢铁公司生产）。

18.2.3 样品的用量

称量0.5 g、0.3 g、0.2 g、0.15 g、0.1 g、0.05 g样品进行测定。采用0.5 g样品时，燃烧剧烈，飞溅严重，有时石英管有打火现象，测定结果不好。样品为0.3 g时，分析结果波动不稳。样品量为0.1 g、0.05 g时，由于试样量少，分析误差增倍，空白值波动时，对测定影响较大，若取多次测定的平均值，结果准确可靠，但过于烦琐。若样品量为0.15～0.2 g，测定结果较好。为了减少误差，试验中样品用量选取（0.2000±0.005）g。

18.2.4 添加剂的选择

18.2.4.1 添加剂选取

选用单组元钨粒、双组元“钨粒＋锡粒”或“钨粒＋铁粒”、三组元“钨粒＋锡粒＋纯铁”为添加剂进行条件试验。结果表明，三组元混合助熔的复合添加剂效果最佳。

18.2.4.2 添加剂的用量

试验表明，当纯铁用量为0.6～0.8 g、锡粒用量为0.2～0.3 g、钨粒用量为1.5 g时，测定结果较好。若锡粒大于0.4 g，硫的测定结果偏低；纯铁小于0.4 g，测定结果有波动。当添加剂配比为“1.5 g钨粒＋0.2 g锡粒＋0.8 g纯铁”时，助熔效果最佳。

18.2.4.3 添加剂的加入方法

把纯铁放在坩埚底部，锡粒加纯铁上面，然后加入硅铁试样，上面覆盖钨粒，这样有序加入的方式很有好处。纯铁导电导磁，可以弥补硅铁低电磁感应之不足。锡是低熔点金属（231℃），能助熔包裹试样，又能提高硅铁试样的导电性。钨导电导磁，虽是高熔点金属，但易氧化并生成 WO_3；由于 WO_3 的独特性质，有利于 SO_2 的释放。三组元复合添加剂以铁、钨上下覆盖，中间锡粒助熔，较好地解决了硅铁试样燃烧时的飞溅问题。

18.2.5 空白值的测定与扣除

测定空白值有两种方法，即标准加入法、直接测定法。此处选用直接测定法。

在灼烧过的坩埚里，称取（0.800±0.002）g纯铁，再加入（0.200±0.002）g锡粒，最后加（1.500±0.005）g钨粒，按1 g输入重量，调出仪器内存的低碳、低硫校正曲线，分析至少选用三个平行的结果，取平均值。空白值 $=\dfrac{\sum X_i}{n}$。

空白值主要来源于坩埚、添加剂和氧气。在同等条件下，求得的空白值应是常量，将空白值输入计算机内存，以备使用时调出。

18.2.6 测定方法

坩埚中有序地加入纯铁0.8 g、锡粒0.2 g、硅铁样品（0.150±0.002）g、钨粒1.5 g。装样完毕后，将坩埚放入高频炉内通氧燃烧。生成的 CO_2 和 SO_2 经导管进吸收池。吸收前后发生变化，此变量与碳、硫含量存在着函数关系。再进行运算处理，最后打印、数显碳硫百分含量，测定过程自动完成，时间65 s 。

18.2.7　测定结果

按照上述方法，对碳含量为0.073%、硫含量为0.003%的硅铁标样进行9次测定，其结果列于表18-2。

表18-2　条件试验的测定结果

标 准 值	碳的测定值/%			平均值$\overline{X}$/%	标准偏差 S/%	RSD/%
w(C)% =0.073	0.0727 0.0744 0.0704	0.0717 0.0749 0.0719	0.0771 0.0756 0.0693	0.0731	0.00256	3.5
w(S)% =0.003	0.00334 0.00310 0.00286	0.00299 0.00330 0.00309	0.00313 0.00297 0.00317	0.00311	0.000154	4.95

试验表明，本方法分析结果准确度高，精密度好，而且速度快。硅铁中的碳、硫分析测定难，是具有典型性的。本分析结果表明：高频燃烧-红外法仪器系统，不仅自动化程度高，而且能够适应于难测定样品中的碳、硫分析。

18.3　通氮燃烧碘量法测定锰铁及硅铁中硫

18.3.1　基本试验

基本试验的试剂与仪器如下：

(1) 线状氧化铜(AR)。经700℃通氧灼烧，冷却后用玛瑙研钵研细备用。

(2) 二氧化锡、二氧化硅(AR)。经1250℃通氧灼烧，冷却后备用。

(3) 酸性淀粉液。称取可溶性淀粉5 g，用少量水调成糊状，用500 mL沸水冲溶，并加热煮沸至澄清，加饱和硼酸溶液100 mL，浓盐酸10 mL，稀至1 L，混匀。分取70 mL，加浓盐酸10 mL，稀至1 L，混匀。

(4) 碘酸钾标准溶液：称取KIO_3(基准试剂)0.4460 g溶于水后，移入1 L容量瓶中，加水定容。吸取碘酸钾标准溶液20 mL(10 mL)于1L容量瓶中，加碘化钾0.5 g，溶解后加水定容。此溶液每毫升相当于4 μg(2 μg)硫。

(5) 氧气钢瓶，氮气钢瓶(附减压阀)，气体净化装置(包括洗气瓶和干燥塔)。

(6) 管式燃烧炉(附温度控制器)。

(7) 吸收比色杯(附光电检测装置)。

(8) 瓷管(600 mm)。

(9) 瓷舟(97 mm，通氧高温灼烧，冷却后贮于无油干燥器中，备用)。

试验方法：

(1) 开启管式燃烧炉控制器，使炉子温度升至1350℃。

(2) 取酸性淀粉液30 mL，倒入吸收比色杯中，通氮(1.5 L/min)，用碘酸钾溶液滴定，使吸收液呈蓝色(光电检测装置的吸光度为0.70±0.005)且稳定不变，此即为终点色泽，每分析一件试样须更换新液，并重新设置。

(3) 称取一定量选定的助熔剂于瓷舟中，用不锈钢细棒仔细搅匀后，置于炉管的高温处，塞紧皮塞，保温 30 s，通氮燃烧（1.5 L/min），立即用碘酸钾标准溶液滴定，并保持上层吸收液蓝色不褪，直至吸收液的色泽与预设的相同，间歇通氮后，色泽应不变，关闭氮气，开启皮塞，拉出瓷舟，得 V_0。

（4）称取试样 0.1000 g 于预先盛有数种定量氧化物助熔剂的瓷舟中，用不锈细棒仔细搅匀，以下步骤按（3）操作，得 V_1。

硫含量可用式（18-1）计算：

$$w(\mathrm{S})=\frac{(V_1-V_0)\cdot T}{m_s}\times 100\% \tag{18-1}$$

式中　T——1 mL 碘酸钾标准溶液相当于硫的量，g；

m_s——试样量，g。

18.3.2　助熔剂的选择试验

由于是通氮“燃烧”，助熔剂除了要有良好的助熔作用外，还需能提供足够量的氧，确保试样燃烧时硫能被氧化成 SO_2，首先以锰铁为基体对几种不同的氧化物进行试验（见表 18-3），在序号为 1、4、5、6、7 的实验中，WO_3、SiO_2 及 V_2O_5 用量基本不变。随 CuO 量的增加，硫的释放明显递增，熔渣光滑、平坦。而序号为 7、8、9 的试验中 WO_3、CuO、及 V_2O_5 量不变，随 SiO_2 量的增加，硫的释放量也相应增加，熔渣也平坦。但在序号为 7、10、11 的试验中，WO_3、CuO 及 SiO_2 量不变，随 V_2O_5 量的增加，硫的释放量大致相同，说明 V_2O_5 对提高硫释放率的作用不大，同样，WO_3 加入量的变化从序号 11、12、13、14、15 的试验结果可知，其影响也不大。此外对其他一些氧化物也进行了试验，如 TiO_2、CaO、MgO、Al_2O_3 等，都因其空白太高而放弃。综上所述，对于锰铁，2 g CuO + 0.5 g SiO_2 是一组理想助熔剂。但当把这一组合的助熔剂用于硅铁时，效果却极差，熔渣不平坦且有大量硅析出，这是由于硅铁中原有大量的硅，具有一定的酸性，此时用碱性氧化物 SnO_2 替代 SiO_2，有利于熔渣的形成。试验表明，0.1 g硅铁，用 2 g CuO + 0.5 g SnO_2 作助熔剂，燃烧后的熔渣平坦光滑，取得良好效果。

表 18-3　氧化物选择试验（0.1 g Fe Mn，2 μg/mL 硫标液）

序 号	WO_3/m·g^{-1}	SiO_2/m·g^{-1}	CuO/m·g^{-1}	V_2O_5/m·g^{-1}	V_1/mL	V_0/mL	ΔV/mL
1	2.0	0.50	0	0	6.00	4.92	1.08
2	2.0	0.50	0.50	0	12.39	6.51	5.88
3	2.0	0.50	0.50	0.50	12.61	6.29	6.32
4	2.0	0.50	0.50	0.10	12.70	6.34	6.36
5	2.0	0.50	0.10	0.10	14.60	6.58	8.02
6	2.0	0.50	1.5	0.10	16.63	6.88	9.75
7	2.0	0.50	2.0	0.10	18.01	7.02	10.99
8	2.0	0.50	2.0	0.10	16.00	6.98	9.03
9	2.0	0.30	2.0	0.10	17.01	6.98	10.03
10	2.0	0.50	2.0	0.30	18.03	7.03	11.00
11	2.0	0.50	2.0	0.50	17.09	7.01	10.89
12	0	0.50	2.0	0.10	16.60	6.40	10.20
13	0.50	0.50	2.0	0.10	17.00	6.60	10.40
14	1.0	0.50	2.0	0.10	17.20	6.60	10.60
15	1.5	0.50	2.0	0.10	17.40	6.60	10.80

18.3.3 载气的试验

试验结果表明,可用氩气替代氮气,硫的释放率明显降低,分别用 O_2、N_2、Ar 气体作载气对比试验,见表 18-4。

表 18-4 载气对比试验(0.1 g Mn Fe,2 μg/mL 硫标液)

载 气	V_0/mL	$\overline{V_0}$/mL	V_1/mL	$\overline{V_1}$/mL	ΔV/mL	w/%
O_2	7.70 7.40	7.55	9.36 8.80 8.84 9.08	9.02	1.47	0.0029
Ar	4.90 4.82	4.86	13.60 14.24 13.80 13.76	13.76	8.90	0.0178
N_2	6.20 6.35	6.28	17.20 17.30 17.01 17.19	17.19	10.91	0.0218

试验表明,通氧气燃烧,硫的释放很不完全(约 13.2%),通氩气比通氧气好,但仍有不完全燃烧(约 81%),通氮气结果最佳,基本与标准值(w(S) = 0.022%)一致。由此推测,氮气可能不仅仅是载气,其反应机理有待进一步研究。

氮气流量对硫的回收率也有一定影响,以锰铁为例尤为明显。试验表明氮气量小时,所生成的 SO_2 未能及时排出易被 MnO_2 吸收,降低了硫的释放,因此流量不小于 1.5 L/min 为宜。

18.3.4 分析结果

通过对多种锰铁、硅铁试样的测试,结果见表 18-5。精密度见表 18-6。试验表明,用 CuO、SiO_2 和 CuO、SnO_2 氧化物助熔剂,通氮燃烧硫的释放率达到或接近 100%,结果可用理论值计算,准确可靠、精度好。

表 18-5 锰铁和硅铁的测定结果

样 品	标 准 值	V_1/mL	V_0/mL	ΔV/mL	测得值 w/%	硫释放率/%
中碳锰铁	0.0051	4.80 5.00	2.25	2.55 2.75	0.0054	105
碳素锰铁	0.022	17.26 17.15	6.25	11.01 10.90	0.0218	100
硅 铁	0.003	5.40 5.55	4.0	1.40 1.55	0.0030	100
硅 铁	0.006	6.85 6.65	4.0	2.85 2.62	0.0057	95

表 18-6 样品测试结果的精密度(n = 9)

样 品	测定值 w/%	标准值 w/%	标准偏差 S/%	RSD/%
锰 铁	0.0128 0.0130(×3) 0.0132(×3) 0.0134 0.0138	0.013	0.00029	2.20
硅 铁	0.0026(×2) 0.0027 0.0028 0.0029 0.0031(×2) 0.0033(×2)	0.0032	0.00028	9.56

19 SiC 中碳量的测定

碳化硅(SiC),相对分子质量 40,坚硬(莫氏硬度 9.5),热稳定性高,2700℃分解,在 1300 K 以上才能被氧气氧化。化学稳定性高,甚至在热酸中都是稳定的。因此用 H_2SO_4 冒烟可除去 SiC 中游离碳;在低于 1051℃下灼烧也可除去 SiC 中游离碳,而 SiC 无损。本章引入几篇论文,都是分出游离碳、测定 SiC 的成功范例,目的在于交流推荐。另外,在 SiC 的测定工作中偶遇波动较大的数据出现,即是用标准样品,也难以避免。初步判断是试样均匀性问题,后经“细化处理”,再做分析数据均好。

19.1 气体容量法测定耐火材料中游离碳及 SiC 含量

国内外测定 SiC 的标准一般多用气体容量法以所测碳量进行换算,其中总碳测定方法是比较成熟与稳定的。因此 SiC 含量测定的准确性主要取决于游离碳测定是否准确。测定游离碳的标准一般在 700~800℃,通氧加热 5~10 min 进行,这些方法对于含游离碳在 5% 以下的材质却可能由于碳燃烧不完全而带来较大的误差。为测定高含量碳规定了在 1200℃加助熔剂,通氧灼烧 40 min 以保证碳的燃烧完全。因此为保证测定碳化硅含量的准确度就必须找出游离碳能完全分解,而所含碳化硅不被分解的测定条件,本法在测定游离碳的燃烧温度及保温通氧时间上进行了试验。

19.1.1 试验

19.1.1.1 仪器与试样

试验所用仪器与试样如下:

(1) 洗气瓶 1。内装 30 g 氢氧化钠及高锰酸钾饱和溶液 70 mL 至瓶高 1/3 处;

(2) 洗气瓶 2。装硫酸至瓶高 1/3 处;

(3) 干燥塔。上层装碱石棉,下层装无水氯化钙,中间隔玻璃棉;

(4) 瓷舟。长 77~97 mm,使用前需在 1000℃灼烧 1~2 h,冷却后置于盛在碱石棉及无水过氯酸镁的不涂油的干燥器中备用;

(5) 试样粉碎过 0.088 mm(180 目)筛,将试样于 100~105℃烘干 2 h,置于干燥器中备用;

(6) 气体容量法测碳仪。

19.1.1.2 分析步骤

本法适用于不含石墨的碳化硅材料中碳化硅的测定。SiC 的测定范围为 10%~30%,游离碳的测定范围为 5%~50%。

称取试样 0.2000~0.5000 g 于瓷舟中,将炉温升至 1200~1300℃,检查管路及活塞是否漏气,装置是否正常,燃烧标准样品,检查仪器及操作。将装有试样的瓷舟在 900~1050℃预热 5 min 后通氧,调节氧气流速 150 mL/min,燃烧 30 min 以除去游离碳,取出瓷舟,加入 CuO

2.5 g,再推入管内高温处塞紧管口塞,升高炉温至1200～1300 ℃,预热5 min后通氧气,调节氧气流速150～250 mL/min,升高温度通氧燃烧,碳氧化成CO_2,以KOH溶液吸收CO_2。重复吸收两次,记下读数,再按同样的方法通氧吸收一次,记下读数,将前后两次读数相加。

19.1.1.3　分析结果计算

按式(19-1)计算碳化硅含量:

$$w(\mathrm{SiC}) = Xf/m_s \times 3.339 \times 100\% \tag{19-1}$$

式中　X——量气管标尺读数;

f——温度与压力校正系数;

m_s——试样量,g;

3.339——碳换算成SiC的系数。

19.1.2　结果与讨论

19.1.2.1　游离碳燃烧温度选择

称取加入一定量游离碳的纯碳化硅(99.9%)的试样,根据气体燃烧容量法操作,在不同温度下预热5min后通氧保温30 min(此时不计量),再取出稍冷,加助熔剂按19.1.1.2节的方法测定含碳量换算成SiC含量。

试验表明,在850℃时由于游离碳未能燃烧完全,故结果严重偏高,在900～1050℃所测SiC含量与加入量吻合,说明游离碳已燃烧完全,而不干扰SiC测定;随温度升高测定值下降,说明温度大于1100℃时SiC有一定分解。

19.1.2.2　通氧时间选择

按19.1.2.1节方法操作,使试样在900～1050℃预热5 min后,进行通氧燃烧时间试验。

试验表明,在900～1050℃预热5 min,通氧30 min后游离碳已燃烧完全,而SiC也未分解,不再干扰SiC测定,结果稳定。

19.1.2.3　回收试验

按最佳试验条件对不同掺量的C-SiC混合样进行回收试验,结果见表19-1。

试验结果表明,本法测定游离碳含量较高的C-SiC材质中SiC含量结果稳定可靠。

表19-1　回收试验的结果

SiC加入量/m·mg^{-1}	碳加入量/m·mg^{-1}	SiC回收量/m·mg^{-1}
10.00	50	10.10
20.00	50	19.935
30.00	50	30.15
40.00	50	39.95
50.00	50	50.05
80.00	50	80.10
100.00	50	100.25
100.00	50	100.35

19.2　红外碳硫分析仪测定铁沟料中游离碳和SiC含量

铁沟料是一种不定形的混合耐火材料,其主要成分有铝矾土、游离碳、SiC、SiO_2等。对于铁沟料的分析,既不同于铝矾土分析,又不同于SiC分析。以前曾借鉴SiC的分析方法检测铁沟料中SiC,样品难以处理,同时由于SiC的含量较低(小于20%),用大量酸溶解氧化物及盐类，部分 SiC 分解，使得测定结果偏低。为此，本章对铁沟料中的游离碳、SiC 的分析方法进行了试验和探讨：利用红外碳硫分析仪分别测定总碳量和 SiC 中的碳，从而计算游离碳和 SiC 的含量。目前铁沟料没有标样，为得到和试样组成相一致的物质，本章采用黏土作基体，分别加入不同量的碳酸盐基准物质，根据加入基准物质碳量及对应碳的吸收值，绘制工作曲线，查得含量，效果较好。

19.2.1　试验部分

19.2.1.1　仪器与试剂

试验所用仪器与试剂如下：

（1）红外碳、硫分析仪。

（2）基体。取 50 g 黏土（Al_2O_3 含量约为60%，SiO_2 含量约30%），在1000℃高温灼烧 1 h，而后恒重（15 min 两次称量之差小于 5 mg）。

（3）基准碳酸钙（99.90% ~100.00%）。

（4）碳化硅（99.5%）。

（5）纯铁（99.8%）。

（6）钨粒（99.8%）。

（7）锡粒（99.95%）。

19.2.1.2　实验方法

仪器工作条件：分析气流量、吹氧流量分别设为 4 L/min，2 L/min；碳硫检池、截止电平分别设为 4 和 7；碳、硫积分时间分别设为 30 s，35 s。

实验方法：称取 0.100 g 样品于灼烧过的陶瓷坩埚中，同样的两份，其中一份在 720℃下，高温灼烧 1 h，取出冷却后，按 19.2.2 节(6)加入助熔剂，用红外碳硫仪进行分析，测得吸收值 A_1。

19.2.2　结果与讨论

（1）红外碳硫分析仪，有固定的工作曲线，根据含量的高低，品种的不同，选用不同标准样品校正工作参数。对没有标样的试样，若选择其他品种的标样，由于受基体效应的影响，造成测量结果不准确。根据铁沟料的主要组分，选用成分相近的黏土灼烧后作为基体，分别加入不同量的基准碳酸钙、基准碳化硅进行分析，消除了基体的影响，试验表明，红外吸收标准加入法是可行的。

（2）碳化硅耐高温试验。铁沟料中含有 SiC 和游离碳，如何把两者分开是本方法的关键。游离碳在较低的温度下可分解。SiC 具有耐高温的特性，但超过一定的温度也会分解：$SiC + 2O_2 = SiO_2 + CO_2$，两者分离不好，将影响到游离碳和 SiC 的分析。为此，取不同含量的 SiC 铁沟料作温度试验：称取 1.0000 g 样品于已恒重的铂金坩埚中，在不同的温度下连续灼烧 30 min，称量，测其烧失量变化。

结果表明，600 ~750℃，随着温度升高烧失量逐步增加而稳定，表明碳已完全分解，当温度达到 800℃之后，SiC 的烧失量减少，甚至出现负值，表明 SiC 部分分解。由于铁沟料中 SiC 含量较低，黏土中烧失量随温度的升高（至 1000℃）而增高，抵消了 SiC 分解的量，因此，灼烧游离碳应控制在 700 ~750℃。本文选用 720℃。

（3）游离碳灼烧时间。用红外碳硫分析仪分析铁沟料中的 SiC，实质是把 SiC 高温通氧

燃烧转变成 CO_2 气体进行分析。因此,铁沟料中的游离碳及其他碳化物必须除尽,否则 SiC 的分析结果偏高。为此,本章在 720℃做灼烧时间试验:称 1.0000 g 样品于已恒重的铂金坩埚中,在 720℃灼烧不同的时间,冷却后称重。

结果表明,在 720℃灼烧 45 min 之后即可把游离碳除去,本章控制在 720℃灼烧 1 h,恒重。

(4) 基准物质的选择。基准物质的选择应基于碳的转化率和操作的方便性。由于 $CaCO_3$ 分解温度低,转化率高,且摩尔质量大,可减少称量误差,所以 $CaCO_3$ 作基准物质较好。铁沟料中有一定的 SiC,且具有耐高温的特性,基体转化率是否高,我们做了基体加 $CaCO_3$,及基体加 SiC 对照试验,结果表明其线性方程分别为:$y = 0.657x - 0.0093$;$y = 0.658x - 0.158$。由此可见,SiC、$CaCO_3$ 的斜率基本一致,说明其转化率基本一致(截距不同,是因为 SiC 不纯,含有杂质)。因此,我们选用 $CaCO_3$ 为基准物质。

(5) 称样量选择。因铁沟料中含有一定量的游离碳和 SiC,总碳量较高,所以称样量过多,样品燃烧不充分,易造成吸收拖尾;称样量过少,相应的基准 $CaCO_3$ 也减少,造成较大的称量误差,经试验表明,称样量选 0.100 g 为宜。

(6) 助熔剂选择。因铁沟料为铝质耐火材料,较难熔,如果助熔剂只加纯铁和钨粒,分析结果不稳定,加入一定量的锡粒后,发现熔样平滑,出峰较快,分析结果也较稳定。但锡粒加入过多,粉尘较大,易飞溅,故应先加锡粒将其覆盖在底部。经试验,选定助熔剂的加入量及顺序如下:0.100 g 锡粒 +0.300 g 纯铁 +1.5 g 钨粒。

(7) 绘制工作曲线。称取 0.100 g 灼烧过的黏土于陶瓷坩埚中,分别加入 0.0100 g,0.0200 g,0.0400 g,0.0600 g,0.0800 g,0.1000 g,0.1200 g 基准 $CaCO_3$,加入一定量的助熔剂后,用红外碳硫分析仪进行分析,测得碳的吸收值。

以加入基准 $CaCO_3$ 换算成碳的量及对应的吸收值 A,绘制工作曲线,其线性方程为:$y = 0.6459x - 0.021$。其中游离碳的线性范围为 1% ~12%;碳化硅的线性范围为 4% ~20%。

(8) 回收试验。在铁沟料、基体黏土中分别加入一定量的碳、碳化硅,按实验方法分析,结果表明,回收率均在 97% ~103.5%。

19.2.3　样品分析

称取 0.100 g 样品于灼烧过的陶瓷坩埚中,同样的两份。一份在 720℃下,高温灼烧 1 h,取出冷却后,按 19.2.2 节(6)方法加入助熔剂,用红外碳硫仪进行分析,测得吸收值 A_1,在工作曲线上查得碳的含量,按公式 $w(SiC) = w(C)\% \times 3.340$,换算成 SiC 的量。另一份,按 19.2.2 节(6)的方法加入助熔剂进行分析,用红外碳硫分析仪测得吸收值 A,用 $A - A_1$ 在工作曲线上查得游离碳的含量。分析结果列于表 19-2。

表 19-2　游离碳和 SiC 的分析结果

样品编号	游离碳测得值/%	SiC 测得值/%
1	7.21	4.14
2	9.14	16.32
3	4.33	15.28
89	8.17	5.01
91	11.73	8.88

19.2.4　精密度试验

选取两个样品，按 19.2.3 节进行样品分析，经多次分析，分别测定游离碳、碳化硅，结果见表 19-3。

表 19-3　精密度试验（$n=5$）(%)

样品编号	游离碳测得值	RSD	SiC	RSD
1	7.33	1.2	4.07	2.0
2	9.34	1.9	16.32	8.5

结果表明，此方法的精密度较高，能满足生产的需要。

19.3　SiC 的重量法测定

SiC 测定的主要原理是：SiC 不溶于氢氟酸，而游离硅和 SiO_2 能与氢氟酸反应，生成挥发性的 SiF_4 逸出。

为了赶尽 SiF_4，国标采用一般挥硅的办法，冒硫酸烟以达到赶尽 SiF_4 的目的，有文献认为，浓硫酸与 SiC 反应生成 SiO_2。本章针对该问题做如下试验。

19.3.1　试验

试验所用试剂：硝酸（浓）；氢氟酸（浓）；硫酸（1∶1）；盐酸（1∶1）。

称取 1.0000 g 试样于铂皿中，以少量水润湿，加 1 mL 硝酸，10 mL 氢氟酸，加不同量的硫酸（1∶1）于低温砂浴上蒸发至硫酸白烟冒尽，取下稍冷加 10 mL 盐酸（1∶1），加热 10 ~ 15 min 趁热用中速定量滤纸过滤，用热盐酸（5∶95）洗涤铂皿及残渣 7 ~ 8 次，将残渣及滤纸入于灼烧恒重的瓷坩埚中，先低温碳化，然后于 750℃灼烧 40 min，取出放入干燥器中，冷至室温，称重。

19.3.2　结果与讨论

（1）硫酸的影响。试验结果表明（见表 19-4）浓硫酸与 SiC 反应生成 SiO_2。二次挥硅表明，硫酸用量越大，SiC 含量递减幅度相应增大。因此，SiC 的测定不能加硫酸挥硅。

（2）挥硅方式的改进。试验表明，用氢氟酸蒸干一次挥硅不完全，加氢氟酸二次挥硅，结果满意。

表 19-4　硫酸用量对 SiC 的影响

硫酸用量/mL		0	0.10	0.20	0.30	0.50	1.00
1 号试样	A/%	94.60	94.18	94.11	94.17	94.02	93.74
	B/%	94.26	94.10	93.92	93.83	93.56	92.98
	C/%	94.28		93.91		93.64	93.18

注：表中 A 指按实验方法测定；B 为 A 称重后，转入铂皿，加 1 mL 硝酸，5 mL 氢氟酸，蒸发至干，取下稍冷，以下按实验方法；C 为按样品分析方法测定。

19.3.3　样品分析

准确称取 1.0000 g 试样于铂皿中，以少量水润湿，加 1 mL 硝酸，10 mL 氢氟酸于低温砂浴上蒸发至干，取下稍冷，加 1 mL 硝酸，5 mL 氢氟酸继续蒸发至干，取下稍冷，以下分析步骤同实验方法，试样测定结果见表 19-5。

表 19-5　试样中 SiC 的分析结果（%）

试样编号	测量值			平均值			标准偏差
1	94.26	94.30	94.28	94.26	94.20	94.26	0.037
2	81.48	81.52	81.50	81.41	81.43	81.47	0.045
3	50.99	50.80	50.92	50.96	50.77	50.89	0.098

注：试样中游离硅及 SiO_2 含量高时，应再加 1 mL 硝酸、5 mL 氢氟酸处理一次。

19.4　用 HV-4B 型微机碳硫分析仪测定 SiC 脱氧剂的 SiC 含量

SiC 是炼钢中常用的脱氧剂，它通常含有游离碳、SiO_2、金属硅、Fe_2O_3、CaO 等杂质，其中的 SiC 含量通常在 30% 左右，SiC 含量决定了脱氧的效果，测定 SiC 含量的经典方法为重量法，此法较繁琐、费时，本章提出一个快速测定方法，结果令人满意。

19.4.1　试验

主要仪器与试剂为 HV-4B 型微机碳硫自动分析仪附管式电阻炉，混合助熔剂，粉状 Pb_3O_4 与 V_2O_5 按质量比 2∶1 混匀。

将预先称好的 0.1000 g 试样均匀平铺在瓷舟中，将瓷舟送入管式炉内，这时炉温为 900℃，塞紧供氧管，连接管式炉的橡皮塞，1 min 后按下 HV-4B 的“分析”键，调节流量计流量使保持在 400 mL/min（此时可测定样品游离碳）待分析程序结束，取出瓷舟，冷却，将炉温升至 1150℃，复按 HV-4B 的“准备 1 键”，将冷却瓷舟样品加入混合助熔剂 2 g，送入炉内，塞紧橡皮塞，2 min 后按下 HV-4B 的“分析”键，待分析程序结束后，立即读取定碳标尺的读数。

19.4.2　结果讨论

（1）助熔剂及加入量。采用 Pb_3O_4、CuO 和 V_2O_5 三种助熔剂试验，在 1150℃ 的炉温下，单独选用任一助熔剂，转化率均低，表明试样可能熔化不完全，考虑使用混合助熔剂，CuO 与 Pb_3O_4 或 V_2O_5 混合，效果不明显，进一步试验表明，当两者质量比为 2∶1 时，重现性和稳定性好，本法助熔剂加入量为 2 g。

（2）氧气流量。根据 HV-4B 碳硫仪的使用说明，并出于适当延长分析时间的考虑，选用 400 mL/min 的流量。

（3）预热时间。试验表明，预热时间在 1 ~ 5 min 内结果一致，本法选用 2 min。

（4）定碳标尺的改制与标定。由于本法的转化率达不到 100%，所以，不能以碳含量计算 SiC 的含量，定碳标尺须经 SiC 标样标定。

方法是 SiC 含量为 5.20% 的试样，分别加入 0 mg、10 mg、15 mg、20 mg、25 mg、30 mg、35 mg 高纯 SiC，按分析步骤操作，记取其在定碳管的刻度值。结果表明，当 SiC 的实际含量在 0 ~ 40 mg 内时，与定碳管刻度线性较好。由此，实现 SiC 含量的直读。

实际分析中，可以根据样品 SiC 含量的多少，称取质量相近的 SiC 纯品，按试验法测定，样品用其换算，而不必对整个定碳标尺进行 SiC 的标定。

按上述方法标定 SiC 后，进行样品测定，结果见表 19-6。

表 19-6　样品分析结果的质量分数(%)

样品编号	GB 13245-9 方法值	本 法 值		
1	5.20	5.15	5.15	5.20
2	28.00	28.05	28.05	27.95
3	32.14	31.05	31.15	31.05

19.5　耐火材料中碳化物含量的红外法测定

耐火材料(引进产品)中的碳化物包括碳和 SiC,由于其含量范围宽,而且 SiC 熔点高,不易充分燃烧等原因,目前国内尚无比较理想的测定方法,因而成为引进耐火材料复验中的一个难题。本章介绍用高频燃烧-红外检测方法测定,实验证明,方法操作简便,分析精度较高,较为理想。

19.5.1　试验

仪器与主要试剂:(1) 红外碳硫测定仪;(2) 纯钨粒;(3) 纯锡粒。

称取 0.2000 g 左右试样置于已盛有 1 g 纯铁的碳硫分析专用陶瓷坩埚中,再加 1 g 纯钨、0.2 g 纯锡粒助熔。按规定的操作程序测定碳,此碳含量计为 $w(C_t)$,然后按此法测定经 800℃灼烧 1 h(不加任何助熔剂),除去游离碳 $w(C_i)$ 中的碳,此为碳化硅中的碳含量 $w(C_{SiC})$。测定完成,游离碳、碳化硅的含量分别为:

$$w(C_f) = w(C_t) - w(C_{SiC})$$

$$w(SiC) = w(C_{SiC}) \times 3.33$$

19.5.2　实验结果与讨论

(1) 实验证明试样经 800℃灼烧 1 h 即可完全除去游离碳。

(2) 为验证采用本法测定耐火材料中碳化物的可靠性,实验时分析了纯 SiC,测得含碳量平均值为 29.74%,相对偏差为 0.5%而化学分析结果为 29.93%,两者是一致的。可见试样燃烧是完全的,分析结果是可靠的。

(3) 采用本法复验了引进耐火材料,其结果列于表 19-7 中。复验结果表明,不论含量高低,分析结果再现性都较好,而且与原出厂结果也是吻合的。

本法适用于新型耐火材料和高温陶瓷材料碳化物的测定。

表 19-7　耐火材料中碳化物分析实例

试 样 编 号	$w(C_t)$	$w(C_{SiC})$	$w(C_f)$	$w(SiC)$
2	8.92,8.81	0.42.0.43	8.45	1.43
3	11.07,10.99	0.53,0.53	10.53	1.76
4	19.56,19.46	1.43,1.44	18.07	4.80
5		7.01,6.92		23.21

参 考 文 献

[1]　陈宁娜. 理化检验(化),2005,41(4):273.

[2]　杜建民,王琦,胡树戈,李雪冬. 冶金分析,2001,21(2):61.

[3]　黄伟光,尤其仲. 冶金分析,1997,17(4):47.

[4]　华清华,袁慧芝,郭飞. 冶金分析,1998,(5):13.

20 稀土金属及其化合物中碳量与硫量的测定

20.1 高频红外仪测定稀土材料中碳量与硫量

稀土金属和氧化物等材料中的碳硫含量,对其性能有较大影响,如金属钕在进出口和磁性材料上要求碳量小于0.05%。工艺及用户都对碳硫分析提出了要求。本方法采用高频红外碳硫测定仪进行试验,对试样制备、处理及助熔剂选择等分析条件做了较详细研究,获得较好的分析结果,碳、硫的RSD分别为1.31%和1.80%,回收率大于99%,能满足目前稀土材料碳、硫分析要求。

20.1.1 仪器和试剂

试验选用红外碳、硫测定仪。

金属助熔剂:本试验选用W粒、W-Sn粒、W-Sn-Fe、W-Sn-Cu及Fe-Cu。前两种碳、硫含量小于0.0006%,W-Sn-Fe(Cu)的碳、硫含量小于0.001%,Fe-Cu的碳、硫含量小于0.0015%;氧气纯化试剂(碱石棉,无水高氯酸镁);氧气(大于99.5%);陶瓷坩埚ϕ23 mm×23 mm(高温灼烧后碳、硫含量小于0.0003%);标准样品。

20.1.2 试验方法

20.1.2.1 试样制备和处理

因稀土金属表面涂有抗氧化的有机保护剂,金属粉和氧化物易吸附含碳物质和水汽。故根据试样状态制备成有代表性的试样。对于锭样,在钻床上用钻头(不小于ϕ8 mm)先去表皮,再慢速钻取碎屑为试样;对于片状样,清除表皮后用钢丝剪制成细碎屑作试样。金属粉在氩流下,150℃炉内烘烤30 min,在炉内冷至室温时取出拌匀,称量。制好试样后,应尽快分析,减少污染。

20.1.2.2 标样选择

由于无稀土标样,本方法采用钢铁标样比较试验,结果发现难熔合金钢校准仪器后,对稀土样结果偏高;碳素钢、低合金钢和纯铁标样标校后的分析结果与其他方法一致。这是燃烧碳、硫释放率不同,引起分析结果的差异,说明标样选择的重要性。

20.1.2.3 助熔剂选择

选择原则及其作用已有许多资料论述。本方法针对稀土材料和高频感应燃烧方式,分别选用了纯钨粒、W-Sn(10%)粒、W-Sn-Fe(0.5 g)、W-Sn-Cu(0.5 g)及Fe-Cu(1:1)作助熔剂,以1.2 g、2.0 g、3.0 g及试样量为0.25 g、0.5 g及1.0 g分别进行试验,结果表明,助熔剂与试料质量之比大于或等于5:1,碳、硫释放率最佳。对于金属钕及La_2O_3,用纯钨粒和W-Sn粒效果一致。对钐和镝用W-Sn-Fe结果较好。本方法采用0.5 g试料及5:1的比例作分析条件。若仅测定碳量,以大于或等于3:1已得到满意结果。在选定条件下结果的RSD(相对标准偏差)最大值,碳为 3.31%,硫为 3.80%。

20.1.2.4　分析时间选择

本方法所用仪器常规分析时,设定碳分析时间为 30 s,硫为 40 s。但在试验中发现对材料常延时至 40 s(碳)以上,硫延时至 50 s 以上,于是做了不同时间的试验,从结果中看出,碳在 40 ~50 s,硫 50 ~60 s 已释放完全,故选定碳为 50 s,硫为 60 s 的分析时间。

20.1.2.5　分析方法

燃烧功率 1.5 kV · A/18 MHz 气流量 3.3 L/min,燃烧室氧气压力 7.84×10^4 Pa(0.8 kg/cm^2),分析时间碳为 50 s,硫为 60 s,助熔剂与试料质量比不小于 5∶1,仪器稳定后标样校准和空白测定,一般空白小于 0.001%。试样分析时,将已处理坩埚放在电子天平上,并减去坩埚重量(显示 0.000),放入试样(0.5 ±0.001)g,稳定后输入计算机内,加入适量助熔剂(约 3.0 g),将此坩埚放入燃烧室内,按分析键,自动进行燃烧和测定,最终结果自动显示和打印(在微机内自动扣除了空白)。

20.1.2.6　回收率试验

在选定条件下,用碳化物、硫化物做回收试验,结果表明,碳、硫的回收率均在 99% 以上。

20.1.2.7　精密度试验

以上述最佳条件,用金属钕(w(C) = 0.021%,w(S) = 0.004%)和金属钐(w(C) = 0.043%,w(S) = 0.0015%)进行试验,结果于表 20-1。从表中看,精密度较好。

表 20-1　精密度试验

试样	碳测定值/%				硫测定值/%			
	平均值 $\overline{X}(n=9)$	标准偏差 S	RSD	极差 $R_{极}$	平均值 $\overline{X}(n=9)$	标准偏差 S	RSD	极差 $R_{极}$
Nd	0.0209	0.0003	1.31	0.0008	0.0039	0.0002	5.13	0.0003
Sm	0.0436	0.0007	1.50	0.0009	0.0014	0.0001	7.15	0.0002

本方法对在线的稀土试样进行分析,能获得满意结果。

20.2　红外法测定富镧混合稀土中碳和硫

试样在富氧条件下,在高频炉内高温加热燃烧碳和硫,使之氧化成 CO_2 和 SO_2,气体经处理进入相应的吸收池,与入射的特征波长红外辐射器产生吸收,吸收后红外光强度的变化转化为电讯号,根据朗伯-比耳定律便能获得样品中碳量和硫量。

20.2.1　试验

试验所用仪器与试剂如下:

(1) 高频红外碳硫分析仪。

(2) 钨助熔剂。粒度 0.776 mm(20 目),w(C) <0.002%,w(S) <0.002%。

(3) 锡助熔剂。粒度 0.388 mm(40 目),w(C) <0.0008%,w(S) <0.0002%。

(4) 铁助熔剂。粒度 0.388 mm(40 目),w(C) <0.0009%,w(S) <0.001%。

(5) 瓷坩埚与仪器配套,使用前 1200℃高温灼烧 4 h 以上。

按仪器说明书,开机预热,调试检查仪器,使之处于正常稳定状态。取富镧混合稀土金属 1 kg,制成屑状,充分混匀。随同试样做空白试验,重复多次,选择较稳定的三次读数作为分析空白。

根据空白试验的量程和通道,选择同类型的三个标样进行校正,测得结果在允许范围内波动,确认系统的线性良好。

20.2.2 结果与讨论

20.2.2.1 助熔剂的选择

对难以电磁耦合产生涡流的样品,尤其是稀土金属,选择助熔剂十分重要。依次进行了一元、二元和三元体系助熔剂的试验。一元体系助熔剂为纯钨,二元体系助熔剂为钨加铁,三元体系助熔剂为钨加铁和锡。

采用一元助熔剂时,试样很难熔解,碳和硫的数据波动很大。采用二元助熔剂时,坩埚底部熔渣不光洁,且灰分大,硫的数据波动很大。采用三元助熔剂时,熔样光洁,碳和硫的数据重复性都很好,释放曲线完全。

故选择三元助熔剂最好,比例为 1.5 g∶0.2 g∶0.3 g。

20.2.2.2 不同助熔剂对积分曲线的影响

(1) 对碳的影响。一元助熔剂助熔,有两个峰值,分析时间一般在 40 s 以上;二元助熔剂助熔,最大峰在 20 s 左右,但在 25 s 处有一小峰;当采用先放纯铁,再放试样,然后上面覆盖锡、钨时,最大峰值在 10 s 左右,没有小峰,在此条件下碳的释放很好。

(2) 对硫的影响。当采用一元助熔剂助熔时,曲线呈锯齿形,释放相当缓慢,采用二元助熔剂助熔时,最大峰在 25 s 处,曲线仍呈锯齿形,当采用三元助熔剂助熔时,在 10 s 处出现一个尖锐的吸收峰,没有锯齿形,可见硫的释放完全。

显然采用三元助熔剂,试样燃烧完全,可获得满意的结果。

20.2.2.3 样品分析

坩埚中先放入纯铁 0.3 g,依次加入试样 0.3 g、锡粒 0.2 g,最后覆盖钨粒 1.5 g,开始分析,直到读取分析结果见表 20-2。由表中数据可见,本法所测得的结果与经典方法的分析结果是一致的。

红外法测定碳和硫的分析速度快,准确度高;为确保分析质量,必须定期更换吸收剂和干燥剂,及时清扫炉头和气路流通部位;本法用于生产及仲裁分析均取得了较好结果。

表 20-2 样品分析结果的质量分数(%)

元素	经典法		红外吸收法		标准值
C	0.014 0.016	0.014 0.015	0.0139 0.0141	0.0138 0.0164	0.014
S	0.003 0.002	0.002 0.003	0.0031 0.0028	0.0029 0.0033	0.003

注:碳的测定为气体容量法,硫的测定为燃烧碘酸钾法。

20.3 管式炉红外碳硫分析仪测定稀土金属中的碳硫

稀土金属中碳硫含量是一项重要的指标。各种单一的稀土金属熔点差异较大,且不同等级的稀土金属中碳硫含量也不一样。本章从稀土元素的特殊性出发，针对各种稀土金属在测定过程中的行为进行探讨。试验表明，稀土金属在以锡粒加纯铁为助熔剂，燃烧温度为1200℃左右时燃烧好，碳硫释放完全结果准确可靠。本章用管式炉红外碳硫仪与简易管式炉碱液吸收电导法相比较，前者测定碳硫具有分析结果准确、重现性好的优点。

20.3.1　试验

试验用仪器与主要试剂如下：

(1) 管式炉红外碳硫分析仪。

(2) 锡助熔剂。$w(C)<0.0008\%$，$w(S)<0.0008\%$。

(3) 纯铁助熔剂。$w(C)<0.0010\%$，$w(S)<0.0011\%$

(4) 铜助熔剂。$w(C)=0.0013\%\pm0.0004\%$，$w(S)=0.0012\%\pm0.0004\%$

(5) 钨助熔剂。$w(C)<0.0010\%$，$w(S)<0.005\%$

称取一定量试样，加上0.5 g左右的助熔剂于瓷舟中，推入1200℃左右的管式炉内。燃烧生成的CO_2及SO_2气体进入吸收池。对相应的红外辐射进行吸收，获得相应的碳硫信号，经处理得到碳硫的质量分数。

20.3.2　结果与讨论

20.3.2.1　助熔剂的选择

由于各种稀土金属的熔点高低各不相同，见表20-3。各种稀土金属与铁形成合金后，其熔点降低。管式炉的温度可加热到1300℃左右，能满足各种稀土金属的分析要求。并且样品表面用纯铁助熔剂覆盖，可防止样品飞溅。另外由于金属铈的熔点较低，易燃烧起爆，很容易熔断瓷舟；金属钐具有较高的蒸气压，样品飞溅严重，容易熔断瓷舟。所以这两种金属采用表面积较大的97 mm船瓷舟。使样品更均匀地铺在舟底的锡助熔剂上，表面用纯铁助熔剂覆盖。其他金属用88 mm船瓷舟即可达到分析要求。

表20-3　各稀土金属的熔点

元素	熔点/℃	元素	熔点/℃	元素	熔点/℃	元素	熔点/℃
Sc	1538	Pr	935	Eu	826	Ho	1407
Y	1509	Nd	1016	Gd	1312	Er	1522
La	920	Pm	1108	Tb	1356	Tm	1545
Ce	798	Sm	1072	Dy	1407	Yb	816
						Lu	1675

分别用钨、钨加纯铁、铜、铜加锡粒、纯铁加锡粒作助熔剂进行试验，见表20-4。结果表明，单用钨作助熔剂，样品燃烧不完全，瓷舟内熔渣不光洁；用钨加纯铁作助熔剂，熔融时产生高温熔融试样，使瓷舟穿底，不适用于管式炉分析。用纯铜及纯铜加锡粒作助熔剂，样品飞溅严重，产生的灰分大，生成的灰分容易增加硫的吸附。用纯铁加锡作助熔剂，碳硫释放完全。熔样光洁，测定结果重现性及准确度好，释放曲线完全，如图20-1所示。

表 20-4　用不同助熔剂测定金属钕中碳硫的结果(%)

样　品	纯铜 0.5 g		纯铜 0.5 g + 锡粒 0.3 g		纯铁 0.5 g + 锡粒 0.3 g	
	C	S	C	S	C	S
1号	0.02516		0.01931		0.02235	
		0.01236		0.01107		0.01403
2号	0.04421		0.05111		0.04918	
		0.02489		0.02103		0.02677

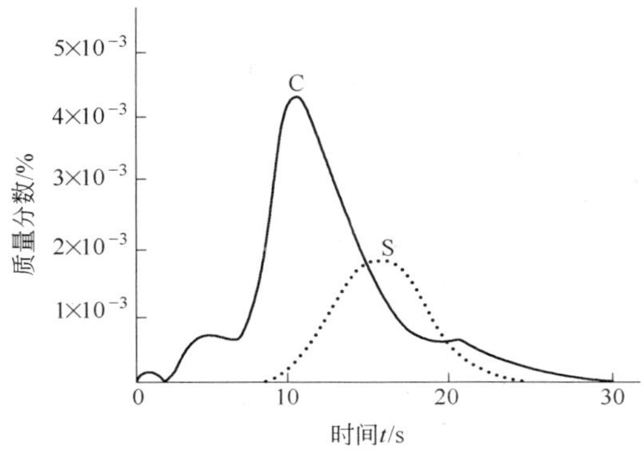

图 20-1　纯铁加锡粒作助熔剂碳硫释放曲线

20.3.2.2　样品测试

按仪器说明书开机,预热。将管式炉设定温度为 1200℃,检查仪器使之处于正常稳定状态。设定吹氧时间为 20 s,碳最短分析时间为 30 s,硫为 35 s。分析前先通纯氧空烧至屏幕上碳硫电压稳定。此时管式炉内残余碳硫燃尽。用相应的稀土标准校正系数。加入 0.3 g 左右锡粒铺于瓷舟底部。称取试样 0.5 g 左右,表面覆盖纯铁助熔剂 0.5 g 左右,按下分析键。由于稀土标准不易保存和制备,用相当含量的钢标代替稀土标准同样能获得满意的结果。

金属镝、金属镨及镝铁合金中碳含量($w(S) < 0.0050\%$)测试结果见表 20-5,释放曲线如图 20-2 所示。

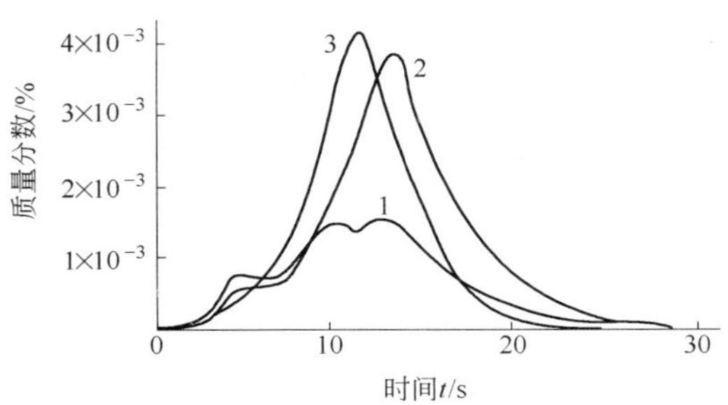

图 20-2　各稀土金属中碳释放曲线

1—金属镝;2—金属镨;3—镝铁合金

表 20-5　样品中碳的测定结果对照

样　品	电导法 $w(C)/\%$		高频感应炉法 $w(C)/\%$		本法 $w(C)/\%$	
	1 号	2 号	1 号	2 号	1 号	2 号
金属镝	0.014	0.010	0.012	0.013	0.012	0.013
金属镨	0.021	0.016	0.024	0.016	0.024	0.018
镝铁合金	0.025	0.048	0.024	0.043	0.025	0.045

试验结果表明管式炉红外碳硫分析仪用于稀土金属的分析,结果准确可靠,完全能满足生产及分析的要求。

参考文献

[1]　钟其云. 冶金分析,1994,14(2):49.
[2]　王颖娥. 理化检验(化),2000,35(5):228.
[3]　姚南红,了纪光,李建明. 理化检验(化),2002,38(5):251.

21 超低碳分析及高碳量测定

21.1 概述

汽车等工业需要含碳量为0.0001% ~0.005%的超低碳优质钢，现今的精炼技术能使钢中碳量减少到10^{-6}级；而快速准确的测试技术已成为生产超低碳钢的瓶颈。ISO 9556 经国际上多年的反复研究，认可的低碳测定下限只定到0.003%。也就是说测定钢中10^{-6}级的碳是国内外正在研究的课题。解决此问题，涉及的项目繁多，但基本点是：(1)空白值问题；(2)仪器校准；(3)仪器性能。以下结合国内的研究实际，综述研究进展。

21.1.1 空白值问题

空白值主要来源：(1)氧气不纯引入的空白；(2)坩埚带来的空白；(3)添加剂含有的空白；(4)表面吸附引起的空白；(5)燃烧系统引入的空白。由于空白值严重影响超低碳的测定，所以要求空白值少而稳定。

21.1.1.1 氧气的净化

氧气中含有少量的CH_4和微量的CO_2，在燃烧中CH_4会氧化成CO_2和H_2O。所以需采用过氯酸镁和5A分子筛对氧气进行预处理。考虑到超低碳分析对碳的要求很严，又在仪器外再加一个净化装置，用国产ZQIF4-06气体净化仪器，净化后的氧气纯度能达到99.999%，可满足测定10^{-6}级超低碳的要求。

21.1.1.2 降低坩埚空白

普通坩埚碳空白值在0.0005%以上，因此使用前必须在1000 ~1200℃的马弗炉内灼烧4 h以上，这样处理，对常量碳和半微量碳的测定精度不受影响。若用于超低碳分析，还得在1300℃通氧气灼烧1 ~2 h，取出即用，这样空白可能更小。也可以用“打底坩埚”，即在坩埚中加入0.5 g纯铁、钨粒1.5 g，在高频炉中，通氧燃烧，冷后即用。用此法处理，坩埚空白值最小，用来分析超低碳，效果最好，此法也是降低坩埚碳空白非常有效的简便方法。

21.1.1.3 添加剂空白

钨系列助熔剂，如纯钨粒、钨+锡、钨+纯铁、钨+锡+纯铁等是高频炉常用的添加剂。

添加剂作为化学制品，有规格要求。常量碳、硫测定，要用分析纯，低含量测定，有时用光谱纯或电子纯试剂，要求杂质要少，碳、硫含量要低。另外对添加剂的几何形状、粒度、空隙度等物理性能也应注意。如钨系列助熔剂，粒度在0.84 ~0.42 mm，孔隙度15%左右，这样透气性好，反应快，有利于氧化燃烧。更重要的是添加剂的空白问题，要求添加剂的空白值要小，一般应小于被测物质碳、硫含量的10%，此项要求对于高含量碳、硫的测定，不会引起很大的麻烦，而对于低碳、硫的测定，就是很大的问题。如碳含量为0.0005%、硫含量为0.0005%的试样测定，要求钨添加剂中碳含量小于0.00005%、硫含量小于0.00005%，若每次分析加入 1.5 g 钨粒助熔其含碳量应小于 0.8 × 10^{-6}。而优良的国产钨添加剂空白值在 3 × 10^{-6}以上，难以用于超低碳分析。经过研讨，国产的钨粒几何形态与进口的钨粒有差异，前者表面粗糙，后者表面光滑，前者吸收环境中的 CO_2 较多，后者吸收环境中的 CO_2 较少，表面吸附引入空白。经过对国产钨助熔剂进行表面处理（化学抛光或洗涤），空白下降至 0.00005% 左右，而且较稳定，达到和超过美国 Leco 助熔剂的指标。国产钨添加剂空白值测定见表 21-1。

表 21-1　钨添加剂空白值测定

钨添加剂	加入量/g	3 次平均值/%
国产 1 号	1.5	0.00008
国产 2 号	1.5	0.00008
国产 3 号	1.5	0.00008

用于超低碳分析，另外选用太原纯铁助熔剂（C 型），其空白值碳在 3 × 10^{-6}，而且较稳定。选用经升华结晶后的金属锡其碳硫的空白值均小于 1 × 10^{-6}。由于分析时加入的量较少，因而能适用钢铁及合金钢中超低碳的分析。

21.1.1.4　表面吸附空白

空气中 CO_2 为 394 × 10^{-6}，约占 0.04%，久置试样、标钢或添加剂，特别是粉末状的样品，表面积很大，吸附 CO_2 不可避免。在分析超低碳时，分析工作者常用乙醚、乙醇进行洗涤处理，以除去吸附碳量，然后烘干以后再做分析。但对于取样引起的表面渗碳增碳，靠清洗是不行的，对于片状的试样，如球拍试样可用氧化镁对表面进行抛光。或用新研制的国产厚薄取样器取样，都能有效地减少表面增碳。

21.1.1.5　燃烧系统引入的空白

剧烈的燃烧会引发试样飞溅，使碳量测定结果不稳。温度过高又能导致生成 CO_2 分解。

为了对分解趋势有一个定量的了解，笔者导出了 CO_2 的转化方程：

$$\alpha_{CO_2} = 1/1 + e^{-10.543 + (33996.87/T)}$$

CO_2 的转化方程可以计算不同温度条件下 CO_2 的分解率，见表 21-2，计算表明：只有在高温时 CO_2 才有明显分解。

表 21-2　不同温度下 CO_2 的转化率

T/K	α_T/%	T/K	α_T/%	T/K	α_T/%	T/K	α_T/%
2000	0.00157	3000	0.31233	3700	0.97500	4400	0.94356
2123	0.00419	3100	0.39564	3800	0.83153	4500	0.95204
2300	0.01423	3200	0.47977	3900	0.86127	4600	0.95900
2500	0.04497	3300	0.55995	4000	0.88532	4700	0.96476
2700	0.11422	3400	0.62374	4100	0.90474	4800	0.97353
2800	0.16816	3500	0.69628	4200	0.92046	4900	0.97353
2900	0.23505	3600	0.75016	4300	0.93319	5000	0.97688

根据文献记载高频炉的最高温度可达 2500℃（即 2773K）约有 15% 的 CO_2 转化为 CO，这是非常值得注意的问题。据此，我们认为控制添加剂的加入量，调低高频炉的功率，使燃烧温度降至 2123K 以下，CO_2 的分解率控制在 0.004% 左右，对碳的分析好处多。此点已得

到国际的共同认识：用电阻加热炉或感应炉在较低温度下运行，碳量的分析较稳定。

21.1.1.6　空白值的测定

空白值是氧气、助熔剂、坩埚及燃烧系统释放碳量的总和，测定方法有直接法和间接法。前者直接称取所需量测定，此法简便。间接法是选用纯铁标样，模拟试样分析进行测定，其结果再扣除纯铁标样值，测定时应注意条件的一致性，标样与试样称量应相当，这样可减少误差。

现选用（国产火神 A）打底坩埚，1.5 g 钨粒，通高纯氧检测碳量空白，见表 21-3。

表 21-3　测定结果

钨　粒	空白值（$n=10$）	标准偏差
1.5 g	0.00013%	0.000032

综合空白值可减到 1.3×10^{-6}，而且相对稳定。

21.1.2　仪器的校准

超低碳分析另一个课题是仪器校准，其中重要的是确定适宜的标准物质。我们的经验是：分析什么材料，用什么材料的标准物质，最好是成分相似，含量相近，并选用近期生产的国家一级标准物质校准。这样校准有利于提高精度和准确度。如分析碳素钢用合金钢标样校准，结果偏高，就是因为成分的差异，引起不同的分解特性所致。然而对于 10^{-6} 级碳量的钢铁标样，国内外无商品出售，适宜校准物质，也在按不同的思路展开研究。ISO 9556 已用蔗糖和 $BaCO_3$ 绘制工作曲线。图 21-1 为几种化合物的分解吸收图。

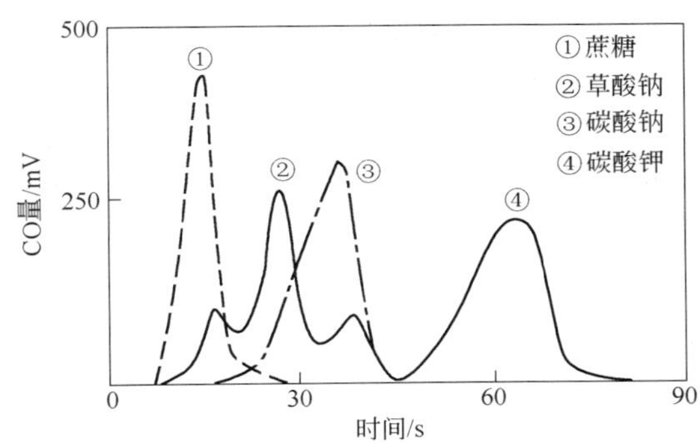

图 21-1　几种化合物的分解吸收图

蔗糖在 30 s 内完全分解，峰锐，它分解出 CO 所占的比例小于 1%，与钢样分析所占的比率相似。同时，用蔗糖溶液可保证绘制工作曲线时能准确加入微量的碳，这是超低碳分析中常用的化合物，制取含量在 0～0.01% 范围内的基准，见表 21-4。

表 21-4　蔗糖基准物质试验（已扣空白）

标准值/%	实测值/%
0	0.00013（空白）
0.0005	0.00051

续表 21-4

标准值/%	实测值/%
0.0010	0.00097
0.0020	0.00196
0.0050	0.00489
0.010	0.00993

蔗糖基准样品 0.0005% ~0.010% 线性良好。

选用基准物质，也有用低含量碳标钢解决，方法是减少加入标钢的量，使加标样的量按 1 g计算，碳量相当于 10^{-6}级。试验情况见表 21-5。

21.1.3　仪器性能

仪器能不能分析超低碳，要看仪器的分辨率、（即灵敏度），仪器在 10^{-6}级的线性，以及仪器的检出量。以下结合试验进行研讨。

21.1.3.1　标准增减加入试验

用先造浴的打底坩埚，用增减法得到一系列的计算标准样品（w(C) =0.0034%），均按 1.000 g 重量输入，测定结果见表 21-5。

表 21-5　标准增减加入法试验

样品重量/g	计算标准值/%	测定值①/%
0.9998	0.0034	0.00336
0.4824	0.00164	0.00160
0.3903	0.001327	0.00135
0.2495	0.000848	0.00091
0.1755	0.000576	0.00056
0.1490	0.000507	0.00050
0.1043	0.000355	0.00036
0.0993	0.000317	0.00031
0.0493	0.000168	0.00016
0	0	0.00001

① 已扣除空白(0.00013%)。

试验表明：

（1）仪器的分辨可达到 0.00001%（0.1ppm）；

（2）增减标样试验在 0.00016% ~0.0034% 低碳区间有良好的线性，仪器可测定 10^{-6}级的碳量；

（3）测定结果与标准值的差值在 $\pm 1\times10^{-6}$空白值稳定，仪器可靠。

21.1.3.2 仪器的检出量[5]

根据表 21-3,空白值为 0.00013,空白值的标准偏差 α =0.000032%,用统计的观点和方法[5]可以计算仪器的检出限为 3α =0.000096%。仪器的检出量为 5 倍的仪器检出限,理论上仪器的最小检出量为 0.00048%,即仪器可以检出 0.0005% 的碳量。

21.1.3.3 钢样测试[6]

钢样测试见表 21-6。试验说明,能准确分析 0.0005% ~0.003% 的超低碳,可将 ISO 9556—89 方法的测定范围下限从 0.003% 延伸到 0.0005%,达到了国内领先、国际先进水平,解决了生产超低碳钢的急切需求。

表 21-6 钢样测试

标准值/%	平均值(n=10)/%	标准偏差/%
0.0005	0.00052	0.000047
0.00046	0.00047	0.000016

21.1.4 小结

当前国产高频红外碳硫分析仪,如 CS-8800,其灵敏度能达到 0.1×10^{-6},而且线性良好,高频功率可调。国产火神 A 型坩埚经过处理,空白值很小,达到美国 Leco 坩埚性能指标。添加剂钨粒,经再处理,1.5 g 钨粒空白值仅为 0.00008%。太钢研制的纯铁添加剂,其碳的空白值仅有 0.0003%,而且波动很小。北京钢铁研究院研制的(升华结晶)锡助熔剂,其碳含量小于 1×10^{-6}。山东冶金所研制碳标钢试样,其标准值为 0.00046%,这些国内领先的、世界先进的研究成果,虽然难以得到国内和国外的共识和认可,但也在生产中发挥着作用。可以预料,随着研究的深入,不断的实践,它们会更为成熟,被国内外认可 10^{-6}级的超低碳分析标准方法必将问世。

21.2 在 CS-244 碳硫测定仪上进行超低碳硫分析的探讨

随着科学技术的发展,超低碳或超低硫的材料日益增多,正确地分析超低硫、超低碳对生产这些材料是至关重要的。然而金属材料中的超低碳和超低硫的分析历来比较困难,人们虽然做了大量工作,但多数方法仍不够理想,自高频燃烧-红外检测方法问世以来,从它在常量碳硫测定中应用的情况来看,该法灵敏度和精度比较高,似可用于超低碳和超低硫的分析,值得探讨。为此我们进行了以下工作。试验证明,Leco CS-244 红外碳硫测定仪测定超低碳硫(10^{-6}级)试样,效果甚佳,精度可达 $\pm2\times10^{-6}$以下,为其他方法所不能比拟。

21.2.1 应用红外碳硫测定仪分析超低碳硫的可能性

现将目前常见的几种红外碳硫测定仪的性能列于表 21-7,以便进行研讨。

由表 21-7 可见,这些仪器不论分析碳还是分析硫,从分辨率(灵敏度)和分析精度来考虑,分析 $\times10^{-6}$级的试样都是可能的。现场曾用 EMIA-2200 分析过 BAM、BCS、NBS 和 JSS 等各种低硫或低碳标样,碳含量小于 0.0070%,分析精度不大于 2×10^{-6},含硫量小于 0.025%,分析精度小于 2×10^{-6}。

表 21-7　常见红外碳硫测定仪的性能

制造厂	型号	分辨率(灵敏度)		分析精度	
		C	S	C	S
日本堀场	EMIA-2200	0.1×10^{-6}	0.1×10^{-6}	$\pm2\times10^{-6}$	$\pm2\times10^{-6}$
美国 Leco	CS-244,CS-344	0.1×10^{-6}	0.1×10^{-6}	$\pm2\times10^{-6}$	$\pm3\times10^{-6}$
德国 LH 公司	CSA2003	1×10^{-6}	1×10^{-6}	$\pm2\times10^{-6}$	$\pm3\times10^{-6}$
德国 STROEHLEIN	CS-mot600	1×10^{-6}	1×10^{-6}	$\pm2\times10^{-6}$	$\pm3\times10^{-6}$

21.2.2　用 Leco CS-244 碳硫测定仪分析超低碳硫的试验

21.2.2.1　空白值试验

仪器能否分析超低碳硫,空白值是个关键因素,空白值必须低而稳定,不得超过 10^{-6} 级,试验证明,如果使用的坩埚用前经过严格地灼烧彻底脱除碳硫,使用的氧气为高纯氧气,以国产纯钨粒或 Leco Ⅱ 为助熔剂,按 1 g 试样计算,碳硫的空白值均在 $2\times10^{-6}\sim3\times10^{-6}$ 的范围内,在仪器标准化和分析试样时都必须正确地从结果中减去,空白引起的误差不会超过 1×10^{-6},可以满足分析超低碳硫的要求。

21.2.2.2　增减试样量试验

为考虑减去空白后分析结果的线性,在仪器上分析了几个试样,其结果表明,碳和硫的分析结果都随试样的增减而成正比地增减,说明在仪器上分析低含量碳硫的结果线性好。

21.2.2.3　加入试验

为验证用红外碳硫分析仪分析超低碳硫的可行性,在 Leco CS-244 仪上进行了试验,验证最大的困难是标准物质问题。众所周知,10^{-6} 级的碳硫标钢目前国内外都未见有出售,为此有的单位采用基准试剂配成的溶液来代替,但这种方法溶液泄漏等影响较多,因此试验成功率不高,不甚理想。我们则采用常量的碳硫标钢解决,方法是减少加入标钢的量,使加入标钢的量按 1 g 计算碳硫量相当于 10^{-6} 级,试验结果表明,仪器的灵敏度可以满足测定 10^{-6} 级碳硫的要求,分析结果与标准值的偏差一般不超过 2×10^{-6},足以证明,用红外碳硫分析仪分析超低碳硫是可行的。

21.2.2.4　分析精度

为考察用 CS-244 分析超低硫的精度,笔者同样采用低碳、低硫的 NBS 等标钢进行,取样量使其按 1 g 计算在 10^{-6} 级的范围内,其结果列入表 21-8 中,这些结果的分析精度是令人满意的,碳硫的分析精度都在 2×10^{-6} 以下。

表 21-8　碳硫分析结果

标　钢	碳标准值/%	硫标准值/%	碳测定值 ($n=11$)/%	硫测定值 ($n=11$)/%	精　度
山东冶金所纯铁	0.00046	0.0026	0.00047	0.00259	C:$\sigma=0.000016$, S:$\sigma=0.0005$
NBS 365 铁	0.00068	0.00059	0.00065	0.00057	C:$\sigma=0.0011$, S:$\sigma=0.0011$

21.2.3 小结

试验证明在目前出售的自动化红外碳硫测定仪上进行超低碳硫 10^{-6}级是可行的。标准问题可以采用常量碳硫的标钢解决。这种方法成功率高，简便易行，值得推广。本试验是国内最早测出 0.00065% 的超低碳（6.5×10^{-6}）此处全文录用。

还要说明的是，用国产的红外碳硫分仪测定 MoO_3 中 10^{-6}级的碳，已于 2007 用于在线分析。

21.3 高频燃烧-红外法测定高碳量与高硫量

红外法测定碳量与硫量，其测量范围：$w(C)=0.001\%\sim6.000\%$（可扩至 99.999%）。$w(S)=0.0001\%\sim0.3500\%$（可扩至 99.999%）。然而，在实际工作中，由于"空白""称量""干扰"等因素的影响，对于低含量与高含量碳、硫的测定，仍存在着尚未解决的难题。在国外，虽然红外碳、硫分析仪其测量范围如上所述，而文献报告用红外法检测低碳量仅为 $w(C)=0.001\%$。高碳量的测定用红外法，也未见有 $w(C)=90\%$ 的文献报导。为了适应用户的需求并考核扩展性能，本研究的重点是探讨碳量与硫量的高含量测定。用红外法每测定一次仅需 60 s，其测定结果与重量法很接近。

21.3.1 试验

21.3.1.1 仪器与试剂

试验所用仪器与试剂如下：

（1）红外碳硫分析仪。

（2）钨粒。碳量小于 0.0002%，硫量小于 0.0002%，粒度 0.8～1.4 mm。

（3）锡粒。碳量小于 0.001%，硫量小于 0.0003%，粒度 0.4～0.8 mm。

（4）纯铁。太钢纯铁助熔剂。

（5）坩埚。"火神"A 型瓷坩埚，在高于 1200℃的高温加热炉中灼烧 2 h（还可用"预烧"清除空白）。

（6）固体稀释剂。（空白值极低）钨粉。

21.3.1.2 空白值的测定

空白值来源于坩埚、添加剂、氧气和空气。测定不同的样品，选用的添加剂也不完全一样，空白值的大小也不相同，所以测定空白值，必须指定坩埚及添加剂的组成和数量。

测定方法：选用测定高碳的添加剂为例加以说明。在坩埚中加入 0.500 g 纯铁，1.500 g钨粒；加入 0.100 g 固体稀释剂再加入 0.140 g 锡粉。按 1.000 g 输入重量，碳、硫校正因数选定为 1。高频加热后，用仪器自动空白程序进行测定。至少取三个平行结果，求平均值。

$$空白值=\frac{\sum X_i}{n}$$

坩埚空白值：在测定低含量与高含量样品时，减少坩埚的空白值很重要。若将坩埚在马弗炉中 900℃灼烧 4 h，空白虽有减少，但仍不稳定。将坩埚在马弗炉中 1200℃灼烧 1 h，其空白都低，但波动也小。如坩埚中加 0.5 g 纯铁和 1.5 g 钨粒，用高频加热"预烧"一次，冷却后再使用,其空白值极低,且波动极小。所以在做低含量或高含量碳、硫样品时,最好取采用“预烧”坩埚。

21.3.1.3 固体稀释技术

固体稀释剂空白值要小,w(C)<0.0002%,w(S)<0.0001%,粒度要细(小于0.076 mm,即200目以上)。

要少称样:测定高碳高硫样品,最重要的是减少称样量,藉以达到扩展测试范围。如分析碳量w(C)>90%以上的样品,称样量有时限制在1~15 mg。这样少的称样量,千分之一的天平称不出来,用万分之一的天平,也有±10%的误差。若稀释100倍,称样量为100 mg,用万分之一的天平称量,误差仅为±1/1000,使测定具有可操作性。

混和技术要用细样:样品粒度一般在0.076 mm(200目)左右,这样与稀释剂容易混合均匀。固体混合与液体混合不同,如酒精与水混合后自成一相,取1滴即能代表其组成;而固体与固体之间的混合,除要求粒度外,还要用机械的方法在混合器中进行各种物料均匀混合的操作。

21.3.1.4 测定方法

样品的组成不同,测定方法也略有差异,其基本过程是:在坩埚中加入0.500 g纯铁,加入经稀释后的试样0.1000 g,锡粉0.100 g,钨1.500 g。装样完毕后,将坩埚放入高频炉内支架上,调整好仪器和氧气流量。高频燃烧,生成的CO_2和SO_2通过导管进入硫吸收池和碳吸收池,吸收前后红外讯号发生变化,其变化值与试样中的碳量和硫量存在着函数关系,后经A/D转换,将模拟量转换为数字量,此值再经电脑运算,便可快速地显示和打印出碳和硫的质量分数。测定过程自动完成,时间60 s。

21.3.1.5 测试结果

采用上述方法,结合试样实际,测试系列的高碳量样品与高硫量样品,其结果列于表21-9。

表21-9 测试结果

样品编号	示值/%	测试值/%			平均值 $\overline{X}$/%	标准偏差 S/%	RSD/%	备注
1	w(C)=91.05	90.97 91.13 90.93	90.95 90.94 91.16	91.15 90.98 90.96	91.02	0.09727	0.1068	0.010 g
	w(S)=0.670	0.643 0.631 0.641	0.627 0.645 0.637	0.655 0.628 0.630	0.671	0.0965	0.1437	
2	w(C)=77.45	77.47 77.39 77.44	77.42 77.44 77.38	77.34 77.46 77.40	77.42	0.0438	0.0566	0.101 g
	w(S)=1.49	1.483 1.501 1.491	1.494 1.496 1.488	1.507 1.493 1.503	1.495	0.0076	0.508	
3	w(C)=22.50	22.49 22.53 22.60	22.51 22.56 22.57	22.61 22.58 22.51	22.55	0.428	0.190	0.020 g
	w(S)=0.620	0.618 0.622 0.625	0.620 0.627 0.629	0.633 0.621 0.624	0.624	0.0047	0.760	

续表 21-9

样品编号	示值/%	测试值/%			平均值 $\overline{X}$/%	标准偏差 S/%	RSD/%	备注
4	w(C) =22.61	22.71 22.77 22.57	22.89 22.58 22.52	22.49 22.76 22.74	22.67	0.1293	0.570	0.020 g
	w(S) =5.04	0.686 0.677 0.672	0.681 0.673 0.670	0.668 0.680 0.675	0.676	0.0578	0.855	
5	w(C) =5.04	5.05 5.06 5.04	5.07 5.05 5.08	5.03 5.08 5.02	5.05	0.0212	0.420	0.200 g
	w(S) =0.130	0.131 0.130 0.133	0.132 0.134 0.135	0.129 0.130 0.137	0.132	0.0265	2.004	
6	w(S) =82.55	82.26 82.66 82.30	82.34 82.48 82.21	82.75 82.37 82.10	82.38	0.21	0.25	0.0010 g

21.3.2　讨论

（1）燃烧生成 CO_2 也可生成 CO：

$$C_{(s)} + O_{2(g)} = CO_{2(g)} \tag{21-1}$$

$$2C_{(s)} + O_{2(g)} = 2CO_{(g)} \tag{21-2}$$

CO 和 CO_2 之间存在着平衡，式(21-1)减去式(21-2)得：

$$2CO_{(g)} \rightleftharpoons CO_{2(g)} + C_{(s)} \tag{21-3}$$

式(21-3)在热处理过程中是除氧渗碳的重要反应。

根据热力学的计算，在 983K 以下，反应(21-3)的 ΔG 为负，CO 是强还原剂、反应向右进行：在 983K 以上反应(21-3)的 ΔG 为正，碳是更强的还原剂，反应向左进行，碳与 CO_2 反应生成 CO，对渗碳有利。而作为分析是测定 CO_2 的红外信号，要求碳量百分之百地生成 CO_2，这样检测的信号方能与碳量有对应的函数关系，所以要避免 CO 的生成。然而，在封闭体系中，当温度高于 983K，式(21-3)反应向右进行，有 CO 生成。为了转化 CO 为 CO_2，必须供给充足的氧气，将 CO 反应生成 CO_2：

$$CO + 1/2O_2 \rightleftharpoons CO_2$$

因此，在测定高碳时，供给大量的 CO_2 是至关重要的。

（2）在 O_2 充足的情况下，CO_2 与 CO 之间又存在着新的平衡关系。可以看出，CO_2 在一定条件下，也能分解出 CO 和 O_2。为了对 CO_2 的分解趋势有一个定量的了解，此外提供 CO_2 的转化率 α_{CO_2} 与温度 T 之间的关系式：

$$\alpha_{CO_2} = 1/1 + e^{-10.44 + (33995.96/T)} \tag{21-4}$$

α_{CO_2} 是不同温度时 CO_2 的转化率，若给出温度 T，由式(21-4)可定量的计算 CO_2 的分解率。

如：$T = 2000K$　　$\alpha_{CO_2} = 0.157\%$

　　$T = 2300K$　　$\alpha_{CO_2} = 1.423\%$

$T=2500K$　　$\alpha_{CO_2}=4.497\%$

$T=3000K$　　$\alpha_{CO_2}=31.23\%$

$T=4000K$　　$\alpha_{CO_2}=88.53\%$

$T=5000K$　　$\alpha_{CO_2}=97.69\%$

从计算数据可以看出，在2000K以下，CO_2 分解甚微，不影响碳的测定，若温度再高，如2500K，有4.497%的 CO_2 分解为CO，将显著影响碳的测定。若温度过高，如5000K，CO_2 将有97.69%被分解，CO稳定存在，CO_2 仅有2.31%。

（3）以上论断，已被试验证实，对高频燃烧后的尾气，进行气相色谱分析，结果发现尾气中CO占碳含量的3%左右。由于高频燃烧局部瞬时温度很高（可达2500K）有少量 CO_2 可以分解出CO。为减少分析误差，可在仪器中装铂催化剂，将CO再氧化成 CO_2，然后合并进入 CO_2 红外检测器；另外也可选择适当的标准物质调校，以抵消系统误差，使测定结果得以校准。

21.4　碳纤维中高碳量的测定

碳纤维是一种新型材料，由于这种材料质地轻、防热性能好，它作为一种复合材料用于航空、航天工业，它由天然植物纤维、粘胶纤维处理制成，其碳含量均大于90%，以往采用重量法或元素分析仪测定，为了快速准确地测定碳纤维中碳含量，我们用ELTRA METALYT CS 1000RF碳硫自动分析仪进行试验探索，可获得满意的结果。

21.4.1　试验

仪器和试剂如下：

（1）碳硫自动分析仪；

（2）金属箔皿（ϕ13mm ×6 mm），纯钨；纯铁；高氯酸镁；碱石棉；氧气（99.5%）。

选择仪器相应的通道和校准线，称取0.5 g含碳量为1.233%标准样品于金属箔皿中后，再转移到陶瓷坩埚中，覆盖纯铁和纯钨，移至仪器坩埚中，按仪器校准程序，校准曲线备用。

21.4.2　结果与讨论

21.4.2.1　样品制取

样品一般为带状或块状，用洁净剪刀制成5～10 mm，便于称量和放入盛样箔皿中。

21.4.2.2　称样量的确定

根据ELTRA CS1000RF碳硫仪高碳池测量绝对浓度，选定称样量为15 mg左右，否则，带来称样量误差的增加和测量池的溢出。

21.4.2.3　测量气路的局部改进

ELTRA CS1000RF碳硫仪在测量气路上加有金属网筒灰尘过滤器，以便测量气进入测量气路前有一个缓冲作用，同时防止燃烧产物中的灰尘骤然增加而堵塞管道，但对于含碳量超过80%的样品测量，因出峰慢而延长了分析时间，为此，我们加工一个直径为 ϕ16 mm的过滤器替代金属网筒过滤器，使分析时间缩短了15～20 s，如图21-2所示

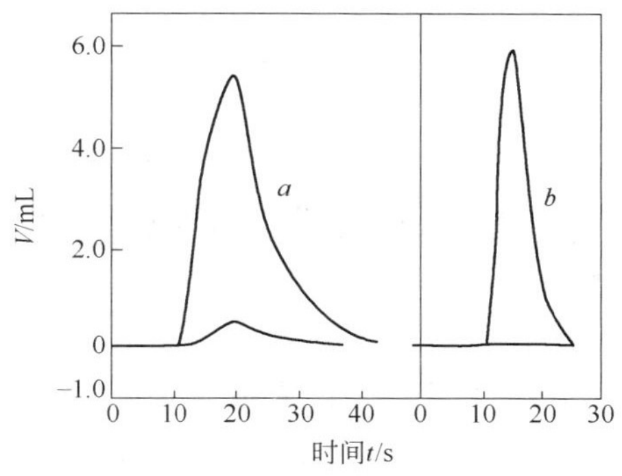

图 21-2 燃烧释放曲线图

a—改进前曲线;b—改进后曲线

21.4.2.4 样品分析

按实验方法准备的校准线,准确称取 0.015 g 样品于金属箔皿中,按仪器操作说明,执行分析测量,得到测量值见表 21-10,结果满意。

表 21-10 碳纤维样品中碳分析结果(%)

编 号	T300				
测量值	92.55 92.18 92.43	92.52 92.30 92.96	92.60 92.52 92.47	92.71 92.41 92.73	92.15 92.12
平均值	92.55				
标准偏差	0.2305				
标准值	92.25				

参考文献

[1] 吴诚,等. 高速分析及其应用. 北京:冶金工业出版社,2000.

[2] 邢华宝,等. 钢铁中超低碳分析技术研究. 2000 年全国冶金气体分析学术报告会论文集:65.

[3] [德]鲁道夫·博克. 分析化学分解方法手册. 谢长生,等译. 贵阳:贵州人民出版社,1981:179.

[4] 王玉兴,崔秋红. 钢中超低碳测定. 冶金分析,1995,15(5):34.

[5] 邓勃. 数理统计方法在分析测试中的应用. 北京:化学工业出版社,1983.

[6] 华清和,袁慧芝,邬君飞. 在 CS-Z44 碳硫测定仪上进行超低碳硫分析的探讨. 冶金分析,1990:10(2).

[7] 华清和,袁慧芝,邬君飞. 冶金分析,1990,10(2):52.

[8] 郝嘉训,贝会玲,张自果. 冶金分析,1995:15(6):50.

22 铜、铜合金及铜精矿中碳量与硫量的测定

22.1 管式炉-红外法测定铜及铜合金中碳硫

电解铜系列(如铜线、铜、铜板、铜棒)及铜合金系列(如海军黄铜、炮铜、锡青铜、铍青铜,铜金粉等)硫的含量都较低,然而硫的危害不可轻视:铜线中含硫,影响导电性;海军黄铜中含硫,易受海水腐蚀;炮壳铜中含硫,易产生热裂;铜金粉中含硫,使绚丽的金色黯然失色。因此,测定铜及铜合金中的硫,是急需解决的问题。由于硫的含量低,用气体容量法难以测准,用电弧炉与电导法配套,对碳量的测定结果尚好,对硫的测定结果较差。近期某些单位要求测定海军黄铜(Cu∶Zn =7∶3)的硫量,为了满足用户的需要,本文研究了分析黄铜的原理和条件,用管式炉-红外法测定铜和铜合金中的硫量,测定了海军黄铜中的硫量和碳量,取得又好又快的结果。又试验了用高频炉-红外法测定铜系列中的硫量(0.0005% ~0.50%),结果也较好。

22.1.1 试验

22.1.1.1 仪器与试剂

试验所用仪器与试剂如下:

(1) 高温管式炉。

(2) 红外碳硫分析仪。

(3) 海军黄铜(杭州某工厂提供)。

(4) 五氧化二钒。分析纯,600℃,马弗炉中灼烧2 ~3 h,冷却后置于磨口瓶中。

(5) 瓷舟。预先在1200℃的高温燃烧炉中通氧灼烧5 min,冷却备用。

(6) 锡粒(w(S)≤0.001%)。

(7) 太原纯铁。

22.1.1.2 空白值的测定

空白值主要来源于V_2O_5、氧气和空气。用管式炉燃烧,空气中空白值不能低估,开启炉子,取放瓷舟可进入空气,一般可带来w(C) =0.005%的空白值。若空白值稳定,还可以扣除,若不稳定,明显影响低碳量的测试结果。

空白值的测定,在瓷舟中加入0.30 g V_2O_5,燃烧温度控制在1190℃,氧气压力0.05 MPa,分析气体流量3 L/min。碳硫校正系数选定为1,通氧燃烧后,用仪器自动空白程序进行测定,至少取3个结果,求平均值:

$$空白值 = \frac{\sum X_i}{n}$$

22.1.1.3 测试方法

经预处理的瓷舟中,加入黄铜试样0.500 g,V_2O_5 0.30 g。装样完毕后,将瓷舟推入瓷管

中间，封闭后，将 O_2 压力调至 0.5 MPa，O_2 流量为 3 L/min。在炉温升至 1190℃时，通 O_2 燃烧。生成 CO_2 和 SO_2 通过导管进入硫的红外吸收池和碳的红外吸收池，吸收前后红外讯号发生变化，其变化值与黄铜中的碳量和硫量存在着函数关系，经过转换和运算，便可快速地显示和打印出碳和硫的质量分数。测定过程自动完成，时间 100 s。

22.1.1.4 测定结果

测试结果见表 22-1。

表 22-1 测试结果

元素	测试值/%					平均值 $\bar{X}$/%	标准偏差 S/%	RSD/%
C	0.034 0.031	0.032 0.031	0.035 0.031	0.032 0.038	0.030	0.033	0.0025	0.077
S	0.0031 0.0034	0.0030 0.0032	0.0033 0.0031	0.0031 0.0039	0.0030	0.0033	0.0006	0.181

22.1.2 讨论

22.1.2.1 严格控制温度

铜及铜合金中碳量的测定较易，硫量的测定较难。难点在于温度的控制。由 Cu-Zn 合金的相图可知，当温度高于 1200℃时，由沸点温度线看出，对于海军黄铜，Zn 开始部分的转化为蒸气，铜的沸点很高（2595℃），不易挥发，黄铜中铜组元相对增加，锌组元相对减少。有少量锌变成的蒸气，它与 SO_2 反应可生成连二硫酸锌，且干扰硫量的测定。

$$2SO_{2(g)} + Zn_{(g)} = ZnS_2O_4$$

若温度控制在 1200℃以下，锌不易转化为蒸气，上述反应难以发生，因而严格控制温度是测定黄铜中硫的关键因素。由于高频炉和电弧炉温度难以控制，所以，测定黄铜中的硫，上述两种燃烧系统不是最佳选择。较适宜的是管式炉燃烧体系，用它可准确的控制温度。

22.1.2.2 碱性氧化物的影响

硫与氧结合生成 SO_2，属酸性氧化物，铜与氧结合生成 CuO 或 Cu_2O，属碱性氧化物。气体 SO_2 在酸性介质中容易逸出，在碱性介质中容易吸附。在燃烧系统中，由于大量氧的存在，铜与氧生成碱性氧化物。由于吸附作用，SO_2 难以完全释放。所以，每当测定碳量与硫量时，若选用铜或氧化铜作助熔剂，硫量的测定结果就会偏低。铜及黄铜中的主要成分是铜，通氧燃烧能生成铜的氧化物，因而在一定程度上，会抑制 SO_2 的释放，使硫量的测定结果相对偏低。偏低属系统性的，若用标准物质进行调校，测定结果即可得到校准。

22.1.2.3 温度与 SO_2 的转化率

测定硫量，是将各种状态的硫，通氧燃烧生成 SO_2，根据 SO_2 的红外线吸收特性来确定硫量，因而不希望 SO_2 再转化。然而，在燃烧系统中存在着以下反应：

$$SO_{2(g)} + \frac{1}{2}O_{2(g)} = SO_{3(g)}$$

此反应的转化方程见式（22-1）：

$$\alpha_{SO_2} = 1/[1 + e^{10.82 - (11373.93/T)}] \tag{22-1}$$

式（22-1）描述了温度 T 与转化率 α 之间的定量关系。给出 T 可计算转化率 α，如：

$T = 1453K$ $\alpha = 5\%$

$T = 1463K$ $\alpha = 4.5\%$

$T = 1488.35K$　　$\alpha = 4\%$

$T = 1500K$　　$\alpha = 3.8\%$

$T = 1548K$　　$\alpha = 3\%$

$T = 1614.7K$　　$\alpha = 2\%$

由转化方程的计算可知,温度越高,SO_2 的转化率 α 越小,对硫的测定越有利。黄铜中硫量的测定,选定温度是 1190℃(即 1463K),将有 SO_2 含量的 4.54% 被转化掉,这是不能忽视的系统误差。在高速分析中,有时常采用“截取反应”,即反应达到某一程度进行测定。测定结果用标样进行校准。黄铜中硫量的测定,就是利用这一原理,既提高了测定速度,又保证了准确度。

22.1.2.4 添加剂 V_2O_5 的作用

(1) V_2O_5 的熔点为 690℃,在硫量和碳量测定的燃烧温度(1190℃)下已转化为液体,对铜及铜合金有润湿作用,降低铜的熔化温度。

(2) 调节介质的酸碱性,V_2O_5 是酸性氧化物,CuO 是碱性氧化物。SO_2 在酸性介质中容易释放,在碱性介质中容易吸附,V_2O_5 的加入使介质向酸性转化。有利于 SO_2 的释放。

(3) 稳燃作用。V_2O_5 是氧化物,它不是可燃物,不再放出热量。升温和熔化都要吸收热量。燃烧的稳定与燃烧的速率有关,越快,越易飞溅,易产生粉尘,影响测硫的稳定性。V_2O_5 吸热,能减慢燃烧速率,因而起稳燃作用。

(4) 催化作用。

$$V_2O_5 + S \xlongequal{\text{高温}} V_2O_3 + SO_2$$

V_2O_5 可提供 O_2 使硫转化为 SO_2,但在通氧体系中 V_2O_5:

$$V_2O_3 + O_2 = V_2O_5$$

反应前后 V_2O_5 质量不变,起到的催化作用。

22.2 高频炉-红外法测定铜及铜合金中碳硫

铜及其系列产品中硫的测定,多用“燃烧-容量法”。高频红外吸收测定铜中硫是又好又快的方法,而助熔剂的选择、称样量的多少、分析条件的选择,以及如何克服高温熔融状态下铜对 SO_2 的吸附等,均会直接影响分析测定结果。为此本实验对硫的释放采取了适量加入纯铁的措施,使以上问题得以解决,由此建立了一套可行的分析测试方法。该方法尽可能地避免了人为因素带来的误差。其试验结果表明:对于样品测定,数据重现性好、误差小与推荐值符合程度高,能够满足铜系列产品中微量硫的分析测定要求,且操作简单,测定速度快,准确度高,适用于日常分析和成品分析。

22.2.1 试验

试验所用仪器、试剂及材料如下:

(1) 红外碳硫分析仪。

(2) 瓷坩埚 ϕ25 mm×25 mm(1200℃下灼烧 2 h 后冷却干燥密闭保存)。

(3) 紫铜标样 CuT_2(Cu 99.9%,S 0.0064%)。

(4) 钨粒($w(S) \leqslant 0.0005\%$),纯铁粒($w(S) \leqslant 0.0053\%$)。

(5) 氧气(纯度 99.5% 以上)。

22.2.2 试验方法

（1）助熔剂。W + Fe = (700 ± 10) mg + (30 ± 5) mg，其中钨为主要助熔剂，加铁的目的是使铜中的硫易于析出，以克服金属铜在高温熔融状态下对 SO_2 的吸附，从而避免硫测定结果偏低的问题。

（2）称样量。样重控制在(500.0 ±20.0) mg。

（3）分析条件。依样品含量高低来选择与之相匹配的标准物质。

（4）测定操作。将称量准确的样品放入瓷坩埚内，或直接在电子天平上称取样品于坩埚中，加入(700 ±10) mg 钨粒和(30 ±5) mg 纯铁粒，然后放入碳、硫红外碳硫分析仪的高频炉中进行分析测定工作。

22.2.3 实验结果与讨论

22.2.3.1 钨粒量对测定结果的影响和熔融效果的对照实验

测试样品为紫铜标样。称样量 500 mg，加入纯铁粒量 30 mg，分析条件按 22.2.2 节中(4)执行，对照结果见表 22-2。

表 22-2 钨粒量对测定结果的影响和熔融效果的对照

钨粒量/mg	硫含量测定结果/%	熔融效果比较	坩埚渗漏情况比例/%
300	0.0068	一般	0
500	0.0067	较好	0
700	0.0066	很好	0
750	0.0067	很好	20
800	0.0065	很好	40
900	0.0067	很好	70

从表 22-2 的对照结果显示，当钨粒的加入量为 300 ~ 900 mg 时对硫测定结果影响不大，但从坩埚渗漏情况来看，钨粒量加在 750 mg 以上坩埚有不同程度的渗漏现象发生，而这种渗漏现象很容易对高频炉中的燃烧管造成污染，进而影响仪器的使用。综合熔融效果的比较结果，本实验选择钨粒的最佳加入量为(700 ±10) mg。

22.2.3.2 纯铁粒加入量对硫的释放及测定结果的影响

试验表明不加入纯铁粒，测定结果显著偏低，甚至为零，这是硫没有完全释放的原因所致。当加入量过高时，燃烧易飞溅，纯铁粒本身所含的硫直接导致分析结果偏高。综合考虑，纯铁粒加入量为(30 ±5) mg 为宜。

22.2.3.3 加料、回收实验

加料回收实验采用样品为阴极铜。实验结果见表 22-3。

表 22-3 加料量及回收率计算结果

样品及编号	样品含硫/μg	加入硫量/μg	测得硫/μg	回收率/%
阴极铜 5-116	7.3	5	11.8	95.0
	7.4	5	12.6	104.0
	13.7	10	23.9	102.0
铜阳极板 4-3	46.0	20	67.2	106.0
	54.2	25	78.3	96.4

22.2.3.4　红外碳硫分析测定数据与燃烧-容量法测定结果对照

对照表见表22-4。

表 22-4　红外碳硫分析测定数据与燃烧-容量法测定结果对照表

编　号	红外法测定结果/%	燃烧-容量法测定结果/%	两法的对比差/%
Cu1 号	0.0025	0.0022	0.0003
Cu2 号	0.0042	0.0044	0.0002
Cu3 号	0.0055	0.0059	0.0004
Cu5 号-308	0.00050	0.00041	0.00009

从表22-4中的对照结果可以看出，两种方法间的误差在GB 5121.4—85的允许差范围之内。

用高频红外吸收法对阴极成品及其产品分析测试实例中的RSD数值见表22-5。

表 22-5　对样品测定的 RSD、s.dtv 的统计分析

样品及编号	测定结果($n=9$)/%	s.dtv/%	RSD/%
阳极板 98-1-5	0.0023	0.00019	8.30
阴极板 97-12-9	0.0015	0.00010	6.70

22.2.3.5　高频炉-红外法测定铜中硫

温度高易飞溅，影响测硫精密度，温度低试样熔化不好，影响硫的释放。调节高频炉的温度是本法测硫的关键。对此问题我们通过调节添加剂的选用，其配比为：

$$V_2O_5(50\ mg) + 太原纯铁(40\ mg) + 钨粒(700\ mg)$$

用于测量0.0005%～0.50%铜系列产品中的硫量，均能得到较好的结果，详情不再赘述。

22.3　高频炉-红外法测定铜精矿及高硫化矿中硫

高硫化矿包括硫化铁矿、黄铁矿、铜精矿、钴精矿、铅精矿、锌精矿、钨精矿、铋精矿等及它们的浸渣，其硫含量多在10%～40%的范围内，一般均选择硫酸钡重量法测定。为了达到又准确又快速的目的，目前人们可以应用各种型号的红外碳硫分析仪。但是，由于这类仪器结构的局限性，即检测器锥体组件滤光片的属性，使高硫的测定结果产生了不可接受的误差，至今未见对高含量硫材料测定的报道。本文使用Leco CS-344型红外分析仪，提出一个对高硫测定的修正程序：即在仪器设定的线性化校正区域外，用标准样品和待测样品的不同称量，使检测器电输出相同或相近。实际上是进行仪器微处理机设定常数外的近似点校正法。采用此种操作，扩大了仪器的实际测量范围，与重量法对照，高硫含量的测定结果令人满意。

22.3.1　试验部分

试验所用仪器与试剂如下：

(1) Leco CS-344型红外碳硫分析仪。

(2) 硫酸钾标准(Ⅰ级)，使用前110℃烘1.5 h，冷至恒重，干燥器保存。

(3) 纯铁屑(0.001%碳，0.004%硫)。

（4）纯钨粉（Leco Cel）。

（5）硫化矿标准。34.68%硫（重量法）。

（6）钴精矿标准。39.24%硫（重量法）。

其他试剂与红外碳硫分析仪正常操作相同。

试验方法是：按 Lnstruction Manual CS-344 说明程序操作，载气高纯氧，入口压力 2.8 kg/cm^2；动力气纯氮，入口压力 2.9 kg/cm^2。开机 1.5 h 后，按 Monitor 键打印系统工作条件各项参数，待正常后开始进行。

标准样品和待测样品称量使用外接天平，准确度 ±0.0001，手动输入重量堆栈。选用（2）校正通道，燃烧时间设定 30 ~ 40 s，硫比较值设定 0.00004。

22.3.2　结果与讨论

22.3.2.1　红外分析仪的结果和工作原理

红外分析仪由红外光源、吸收池和检测器三部分组成。红外辐射源由镍铬丝制成，辐射光谱范围 2 ~ 8 μm。硫吸收池为管状，横截面呈圆形，长度为 400 mm，窗口材料为氟化钙，硫检测器为热释电探测器。

来自光源的红外线通过流动样品气的吸收池后，光强度的减弱服从比耳定律，即光强度的变化与被测物浓度呈指数关系，这就是红外分析仪测定碳硫含量的依据。

22.3.2.2　硫测定误差高的主要原因

仪器的线性在保证系统中工作气体的压力、流量和温度为常数时，主要依赖于检测器锥体组件滤光片的属性及线性校正的准确度。由于滤光片存在一定带宽，存在背景辐射光影响，在吸收带内气体对特征波长的吸收不是常数，实际吸收特性严重偏离指数吸收规律，用标准气体定标线性处理后，仍存在严重线性偏差。分析高含量样品时，将产生极其严重的线性偏差。制造厂家为了弥补用标气定标后产生的线性偏差，采用峰值断点修正，线性化二次修正，以改善全量程范围内的线性度。每台仪器有不同的断点修正线，Leco CS-344（Model # 781 – 200 Sulfur Cell # 1703）线性化校正数据见表 22-6。

由此可见，在正常操作条件下，样品所释放 SO_2 的瞬时值计算机数超过 18564 时，即落在了线性化校正区域外，这时的测定结果就会有误差。调整称样量可使硫含量小于 10% 样品的峰值计算机数在线性化校正范围内，从而保证结果的准确度。

表 22-6　仪器设定的线性化校正常数（硫）

断　值	调整后断值	因　数	斜　率
0	0	16384	1.000
00701	00701	16658	1.0167
01252	01261	17020	1.0388
02535	02594	17624	1.0757
04259	04488	18425	1.1246
06248	06685	19431	1.1860
08763	09668	20722	1.2648
11292	12867	22485	1.3724
13422	15790	24306	1.4835
15292	18564	25769	1.5728
17156	21496		

22.3.2.3　修正测定误差的两种途径

如果待测样品的峰值计算机数在该机的线性化校正区域外，那么引起结果误差是必然的。

修正测定误差的一种途径是重新进行手动线性化校正，按说明步骤，小心谨慎操作。根据所测定样品硫含量范围选择新数值输入，再以标准样或气标检验是否合适。这种途径较麻烦，适用于长期分析某个含量段的硫样品，手动线性化校正后，会给正常含量范围的硫测定带来误差。

另一种途径是利用线性的可能延续性进行修正操作，即用标准样品和待测样品的不同称量，使其检测器电输出也就是峰值计算机数相同或相近，称它为近似点校正法。这种途径保留了正常含量范围硫测定的准确度和精确度，对高硫的测定也能得到满意的结果，只是操作条件比较严格。

22.3.2.4　线性化区域外的近似点校正法

Leco CS-344 红外碳硫分析仪，被测元素含量是通过与标样比较确定的，基准和测量采用同一吸收池。分析开始，输出电压随 SO_2 浓度变化呈指数关系变化，计算机每秒读取输出 4 次，经线性化校正存入内存，然后进行噪音抑制、积分、池温、大气压和流量校正、斜率、重量和空白修正，最后给出硫的测定结果。

取标准硫酸钾和硫化铁矿分析，打印硫的缓存数据，以时间(s)为横坐标，对应的计算机平均数为纵坐标绘图，看出两种材料中硫释放特性均为正态分布曲线，峰值数与积分面积成正比。大多数矿样和渣样有相同的释放曲线，这是近似点校正法要求的条件，即标准和待测样释放曲线相似。

具体操作为：用外接天平准确称取标准硫酸钾样 7 个，重量为 0.200 ~ 0.220 g (±0.0001 g)，加纯铁屑 0.500 g(用仪器带天平)、钨粉 1.0 g(1 勺)，例行分析，峰值计算机数为 19000 ~23000，校正后再称 7 个样测定，结果与标准值相符。称取唐山硫化矿 0.0130 ~ 0.0140 g(±0.0001 g)和钴精矿 0.0100 ~0.0110 g(±0.0001 g)分析，结果见表 22-7。

为了证实选用不同数值的近似点校正，均可得到良好结果，称取硫酸钾 0.0450 ~ 0.0500 g，峰值计算机数为 28000 ~32000，重新校正后再测，结果与标准值相符。称取唐山硫化矿 0.0250 ~0.0300 g 分析，结果见表 22-7。

表 22-7　不同数值近似点校正法测定结果对照($n=7$)

样　品	标准值 w/%	峰值计算机数	平均值 w/%	标准偏差 S/%	RSD/%
硫酸钾	18.40	19000 ~23000	18.465	0.322	1.745
硫化矿	34.84	20000 ~23000	34.560	0.360	1.042
钴精矿	39.24	20000 ~24000	39.630	0.452	1.143
硫酸钾	18.40	28000 ~32000	18.608	0.377	2.206
硫化矿	34.67	28000 ~33000	34.746	0.441	1.271

由此说明，可利用同一硫含量的标准，进行不同数值的近似点校正，测定样品结果相同。该操作称样要精确，纯铁屑恒重，纯钨粉恒重，因此对重量、空白修正时的误差可以忽略。

在大量的工作实践中，测定了硫含量为 10% ~40% 的多种不同种类的样品，其中的某些样品有重量法数据对照，结果见表 22-8。

表 22-8　不同种类硫化矿及浸渣的测定结果

样　品	本法 w/%	重量法 w/%
重晶石	9.69	
含铜硫化金精矿（Ⅰ）	13.76	13.50
含铜硫化金精矿（Ⅱ）	20.59	
含硫铁矿（Ⅰ）	22.45	
含硫铁矿（Ⅱ）	35.49	35.20
硫化锌矿	28.51	
招远矿	31.37	
铜精矿	33.94	33.75
脱铅渣（Ⅰ）	18.95	
脱铅渣（Ⅱ）	22.31	
云南金精矿浸渣	19.72	19.35

参考文献

[1] 汉·斯塔夫. 工业实用化学. 冶金工业出版社翻译组译. 北京：冶金工业出版社，1959.
[2] 沈永祥，沈云峰，叶反修. 第 8 届全国调整分析学术交流论文集，2001：181.
[3] 杨志贤，刘海东. 全国冶金气体分析学术报告论文集，2000：93.
[4] 曹殿芳. 理化检验（化），1999，35（6）：249.

23 热法快速测定含水物质的碳量和硫量

23.1 电弧引燃炉法快速测定石油产品硫含量

石油产品的硫含量是其重要的品质指标。现行的检验方法中,经典方法有管式炉法、燃灯法、氧弹法等,近代方法有 X 射线光谱法。前者是长期沿用的方法,比较成熟,但测定仪器装置复杂、步骤多、费时费工,完成一个样品的测定常需数小时;X 射线光谱法测定精密度高,省力省时,但仪器昂贵。本法研究了电弧引燃炉引燃、TH-100 添加剂和纯铁助燃高温燃烧,实现了石油产品中硫含量的快速测定。

23.1.1 试验

23.1.1.1 仪器与主要试剂

(1) HV-4B 型微机碳硫自动分析仪,附 HB-2H 型高速自动电弧引燃炉。

(2) 标样为日本东京化成工业株式会社生产,所使用标样硫的质量分数为(0.15 ±0.01)%,(2.02 ±0.01)%,(3.01 ±0.02)%。

(3) 纯铁助燃剂太钢钢铁研究所研制,$w(S) < 7 \times 10^{-4}\%$。

(4) TH-100 添加剂(纯度大于 99.8%)。

(5) 石油样品(轻柴油、燃料油、润滑油)取自日常进口商品。

23.1.1.2 试验方法

由于仅需对样品中硫进行测定,测定时拔掉仪器的碳吸收器连接管,让 CO_2 气体直接排向大气,以免碳吸收器无效工作;测定中首先在锡囊中称取一定量的添加剂、助燃纯铁、试样放入仪器的燃烧坩埚中进行燃烧,并按碘量法测定试样与标样。通过对试样与标样测定结果计算和比较,得到试样中的硫含量。测定的过程自动完成,有关化学试剂的配制方法详见 HV-4B 分析仪的操作使用说明。

23.1.2 结果与讨论

23.1.2.1 电弧引燃

本法为电弧引燃样品,而石油产品不导电,不能直接电弧引燃,采用电弧引燃炉法首先要解决引弧问题。经反复试验,发现将试样装入一个金属盛样器中可以解决引弧问题,并能保证燃烧完全。经试验,利用锡囊可满足要求。

23.1.2.2 试样类型及称样量

测定试样沸点不应太低,否则当样品放入燃烧坩埚中时,由于坩埚较热会使试样挥发造成损失,影响测定结果,选取轻柴油(初馏点约 190℃)、燃料油和润滑油作为测试对象。由于石油产品易燃烧,且热值较高,试样用量较大时会影响燃烧平稳性,并可能产生所谓“冒火”(即火花进入分析系统,使除尘管中棉花着火)现象。考虑到燃烧安全和平稳性,选择称样量为(0.02000 ±0.00005)g。

23.1.2.3 条件试验

(1) 添加剂。试验中首先考虑用硅钼粉加锡粒作添加剂,经试验,常常出现炉渣中间包裹着有未燃完全的球状金属粒;选用 TH-100 型高效添加剂,其主要成分为 MoO_3: Si: Sn = 15: 30: 55 燃烧效果良好。固定纯铁助燃剂用量,以轻柴油作试样,结果表明,用量 0.3 g 与 0.4 g 时硫测定结果示值较高。考虑添加剂所起的搅拌作用和自身燃烧放热,选取 TH-100 添加剂用量为 0.3 g。

(2) 纯铁助燃剂用量。由于纯铁助燃剂用量对体系温度产生影响,并影响燃烧输出的 SO_2 量。以轻柴油作试样,固定用量,在 0.8 ~1.2 g 范围改变纯铁助燃剂用量,结果表明,当使用 TH-100 高效添加剂时,纯铁用量对测定结果无明显差别,选用 1.0 g 左右。

(3) 氧气流量。由于 SO_2 的生成反应与氧气压力有关,所以氧气的流量会影响测定结果。在 1.0 ~1.8 L/min 范围内,以轻柴油为试样,结果表明氧气流量在 1.8 L/min 时测定结果较高,而在 1.2 ~1.4 L/min 时测定结果相当,如果氧气流量改变,应重新用标样校准。由于氧气流速大时会影响 SO_2 在硫吸收杯的吸收,同时也增加了对试样和添加剂等的吹扰,增加"飞溅"可能,选取氧气流量为 1.2 L/min。

23.1.2.4 试样分析

为了测试不同硫含量的结果,用轻柴油等试验样品。由表 23-1 可见,对轻柴油、燃料油和润滑油测得结果有良好的重现性,测得结果相对标准偏差小于 5%,测量范围覆盖了常见石油产品及其硫含量范围。

表 23-1 石油产品测定结果

试 样	平均值 w/%	测定次数	标准偏差 S/%	RSD/%
轻柴油	0.437	7	0.013	3.0
	0.444	7	0.012	2.7
	0.459	9	0.014	3.0
	0.454	7	0.020	4.3
	0.448	8	0.017	3.8
	0.479	7	0.017	3.5
	0.472	7	0.013	2.7
燃料油	3.09	8	0.062	2.0
	3.01	6	0.058	1.9
	3.05	9	0.058	1.9
	3.04	9	0.056	1.9
	3.09	6	0.057	1.9
	3.10	7	0.056	1.8
润滑油	0.508	6	0.019	3.7
	0.511	7	0.016	3.1
	0.499	7	0.018	3.6

23.1.2.5　对比试验

选取 *X* 荧光法，采用相同试样，委托四个协作单位分别使用美国 *ASOMA*、日本 *TANAKA* 和英国 *OXFORO X* 荧光仪进行的对比试验平均值结果和委托四个协作单位使用无锡高速分析仪器厂生产的 *HV-4B* 型微机碳硫分析仪和 *HB-2B* 型高速引燃炉按提供的方法进行验证，试验平均值结果见表 23-2。

表 23-2　不同方法测定石油产品硫含量

试　样	方　法	平均值 $\overline{X}_i$	总平均值 $\overline{X}$
轻柴油	A	0.400　0.420 0.450　0.456 0.494	0.444
	B	0.420　0.428 0.449　0.451	0.437
燃料油	A	2.83　2.88 2.90　2.98 3.06	2.93
	B	1.79　2.93 2.97　3.06	2.94
润滑油	A	0.477　0.494 0.503　0.506 0.540	0.504
	B	0.519　0.522 0.536　0.579	0.539

注：方法 A 为电弧引燃炉法，方法 B 为 X 荧光法。

电弧引燃炉法和 X 荧光法测得的各个试样的平均值数据 $\overline{X}_i$ 及总的平均值 $\overline{X}$ 很接近。

23.1.2.6　炉气管路冷凝水的影响

由于石油产品主要成分为碳氢化合物，故燃烧产物有气态水生成，冷凝后可能会对 SO_2 有吸收，影响测定结果。经试验，在炉气管路的除尘器中放入一定量的无水 $CaCl_2$ 或无水 Na_2SO_4 吸收燃烧石油产品后生成的冷凝水，可使测定结果稳定。同时除尘管棉花上方放入约 2 g 的无水 $CaCl_2$ 后，可遮盖住棉花，也可防止所谓“冒火”现象。由于测定过程有水生成，这也是称样量选为 20 mg 的原因之一。

23.1.2.7　其他因素

电弧引燃炉法测定石油产品硫含量不是基于达到平衡的化学反应，而是所谓的“截取反应”，即固定条件用标样在截取的所达到的反应进度下的测定结果，与在同样条件下样品达到同样反应进度的测定结果相比较而得到硫含量的测定结果，所以试样测定与标样测定时的条件是否相同非常重要。不仅添加剂用量、纯铁助剂用量和氧气流量要固定，添加剂、助燃剂、试样放置次序、堆放形状、电极点火部位等均应一致，这样可使燃烧过程（时间、状况）基本一致，保证测定结果稳定可靠；及时清除炉头和气管路中的炉渣对稳定测定结果也很重要，适当调整滴定液浓度，以使示值读数在合理的范围，根据硫含量的高低适当调节滴定速度，都可以减少读数误差，进而提高测定精度和准确度。

此外，由于该方法测定原理是碘酸钾溶液滴定燃烧产物 SO_2，所以石油产品中的少量氯、磷和金属对测定无干扰。

23.1.3 小结

综上所述,采用电弧引燃炉引燃、TH-100 添加剂、纯铁助燃,高温快速燃烧,利用 HV-4B 型碳硫分析仪实现碘酸钾对生成的 SO_2 自动滴定的方法可快速、准确地测定柴泊、燃料油、润滑油等石油产品的硫含量,该方法测定一个样品耗时仅 2 min 左右,成本低廉,测试仪器普及率高,对仪器原测试功能和范围无任何影响,既大大提高了检测工作效率,又能实现一机多用。

23.2 含结晶水铁矿中硫的红外法测定

红外碳硫分析仪测定金属中的硫既快又准,但直接测定含结晶水铁矿中的硫未见报道,究其原因主要是结晶水干扰。本文提出了仪器改进措施,并采用最新分析条件直接测定含结晶水铁矿中的硫,结果令人满意。

试验所用仪器和试剂:碳硫分析仪,纯铁,钨粉(w(S) <0.001%)。

23.2.1 试验条件

23.2.1.1 试样量的选择

我们采用 BH0103 钒铁矿(w(S) =0.80%)和澳大利亚铁矿(w(S) =0.011%)进行试验,结果表明含硫高的试样称量大于0.3 g 时、含硫量较低的称量大于0.70 g 时,试样熔融都不好,故当试样含硫量小于0.100% 可称取0.5 g 试样,当含硫量在0.100% ~1.00% 称取0.20 g 试样。

23.2.1.2 助熔剂加入量

试验表明钨粒需加入约1.5 g,纯铁粉需加入0.5 g 左右,加入方式是铁粉铺在坩埚底部,中间加试样,上面覆盖1.0 ~1.5 g 钨粒。

23.2.1.3 结晶水的干扰

水在红外光谱区有吸收,吸收峰的位置在波数 1670 ~1600 cm^{-1} 和 3600 ~3000 cm^{-1} 两个区间,与 SO_2 吸收峰有部分重叠,因此有干扰。铁矿在烘箱中(105℃)仅能烘干湿存水,而结晶水仍存在于试样中。我们在连续测定铁矿中的硫量时,发现硫的测量数据随着次数的增加而递增,在 EMIA-2200 型碳硫仪上预置了积分时间,但随着测量次数增加,积分时间自动延长直至允许的最大值 99s,其测量结果稳定上升。连续测定也有同样的现象,显然结晶水的干扰是明显的。红外仪中采用高氯酸镁吸水剂,照理应能排除水的干扰,但事实上干扰仍存在,这可能是随着测量次数增加,试样中的结晶水在燃烧炉中大量汽化,来不及由高氯酸镁吸收就进入红外吸收池,从而产生了干扰。另外我们设定了高氯酸镁释放水的试验,试验证实吸附了水的高氯酸镁,在随后的测试过程中会释放部分吸附了的水汽并跟随载气进入红外吸收池而产生干扰。

23.2.1.4 除水装置的改进

为了杜绝微量水分进入红外池,我们在红外仪上增加了新的除水装置。即在通常的吸水柱前加上一根易于拆卸的石英玻璃柱,其长约 6 cm,两头充填石英棉,中间装干燥的无水高氯酸镁,然后接入气路中并保证密封性,每次测定后就更换一支吸水柱。用此法分析两种标样各 10 次,结果很好。

23.2.1.5　积分曲线的变化

我们分别测定了仪器装置改变前后的铁矿中硫的积分曲线(见图 23-1),图中曲线Ⅰ是原仪器定硫的积分曲线,比较平缓,峰值不明显。曲线Ⅱ是在改进了仪器装置后定硫时的积分曲线,由于装置改进后清除了结晶水的干扰,使得积分时间缩短,积分峰陡峭,测定硫的数据稳定可靠。

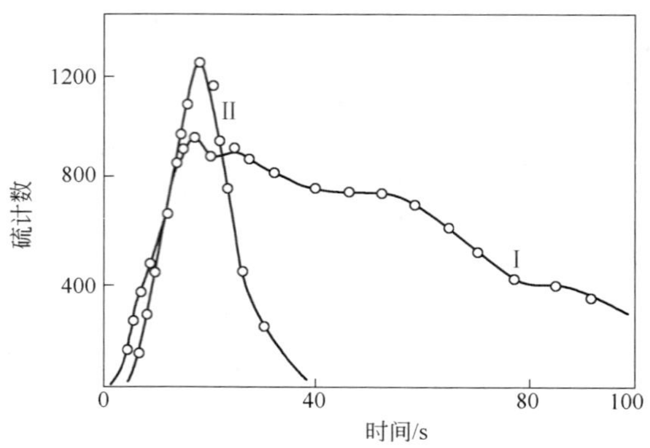

图 23-1　硫的积分曲线

Ⅰ—未改进前的积分曲线;Ⅱ—改进后的积分曲线

23.2.2　样品的分析

23.2.2.1　校正曲线的绘制

称取经 105℃烘干 2 h 并在干燥器中冷却至室温的系列标准样品 0.5 g(w(S) <0.10%)或 0.2 g (w(S) ≥0.10%),置于预烧过的坩埚(该坩埚已加入铁粉铺底)中,然后将 1.0 ~ 1.5 g 钨粒均匀覆盖在试样上,按仪器要求操作,扣除空白后绘制出工作曲线。

23.2.2.2　标样的测定

选择了 9 个不同含量的铁矿标样进行分析对比,所得结果见表 23-3。结果表明,改进后的红外仪,对含结晶水的各种铁矿的测定其结果令人满意。

表 23-3　铁矿标样的分析结果

标样号	矿　名	硫标准值/%	硫测定值/%		
82-1	澳　矿	0.011	0.0105	0.0108	0.0115
6468-6	铁精矿	0.015	0.0145	0.0147	0.0156
6754	铁　矿	0.028	0.0276	0.0272	0.0279
6346	烧结矿	0.031	0.0308	0.0307	0.0318
7174	赤铁矿	0.117	0.111	0.118	0.120
W-88365	赤铁矿	0.126	0.121	0.126	0.130
104	赤铁矿	0.130	0.134	0.136	0.131
BH0103	钒钛磁铁矿	0.8	0.796	0.793	0.806
103	磁铁矿	1.55	1.488	1.532	1.536

23.3　红外法测定煤中碳量与硫量

红外法测定碳量与硫量，是国内外公认的又好又快的测定方法。其测量范围碳：w(C) 0.00001%～6.000%（可扩至 99.999%）。硫：w(S) 0.00001%～0.3500%（可扩至 99.999%）。然而，在实际工作中，由于“空白”“称量”“干扰”等因素的影响，对于低含量与高含量碳、硫的测定，仍存在着尚未解决的难题。煤中碳与硫的含量较高，而且含有机物质。传统的分析方法，是采用重量法或电量-重量法测碳；艾氏卡法或库仑法测硫。但测定速度慢，且麻烦多。本文用红外法（可扩至 99.999% 的功能）对煤中的碳量与硫量进行测定，每测一个试样，仅需 1 min，测定结果与标准值比较，其差值在要求范围之内。

23.3.1　仪器与试剂

试验所用仪器和试剂如下：

（1）高频炉-红外碳硫分析仪。

（2）钨粒。碳量小于 0.0002%；硫量小于 0.0002%；粒度 0.8～1.4 mm。

（3）锡粒。碳量小于 0.001%；硫量小于 0.0003%；粒度 0.4～0.8 mm。

（4）纯铁。太钢纯铁助熔剂。

（5）坩埚。“火神”A 型瓷坩埚，在高于 1200℃ 的高温加热炉中灼烧 2 h（还可用“预烧”清除空白）。

（6）固体稀释剂。

23.3.2　空白值的测定

空白值来源于坩埚、添加剂、氧气和空气。测定不同的样品，选用的添加剂也不完全一样，空白值的大小也不相同，所以测定空白值，必须指定坩埚及添加剂的组成和数量。

测定方法：在坩埚中加入 0.300 g 纯铁，1.500 g 钨粒，再加入 0.10 g 锡粉。按 1.000 g 输入重量，碳、硫校正因数选定为 1。高频加热后，用仪器自动空白程序进行测定。至少取三个平行结果，求平均值：

$$\text{空白值} = \frac{\sum X_i}{n}$$

23.3.3　试样量

煤炭属于性质十分复杂的可燃物，内含有机气体、煤焦油、单质碳、灰尘等组分。由于形成煤的原始物质和沉积的环境不同，煤质的成分，煤质的均一性也各不相同，煤中碳、硫的含量差异也较大。称样量少，误差大、精密度差。称样量多，超出仪器扩展范围，生成水也多，对硫的测定有害无益。根据含碳量的高低，称样量变动在 10～50 mg 之间。本文通过试验，碳量在 60% 左右，称量 20～25 mg；碳量在 90% 左右，称量 10～15 mg。

23.3.4　测定方法 I（标准样品）

钨粒和锡粒是高频红外分析测定中常用的添加剂，有良好的助熔作用，能加快碳和硫的释放。由高频炉-红外法测得煤中碳和硫的释放曲线见图 23-2 和图 23-3。

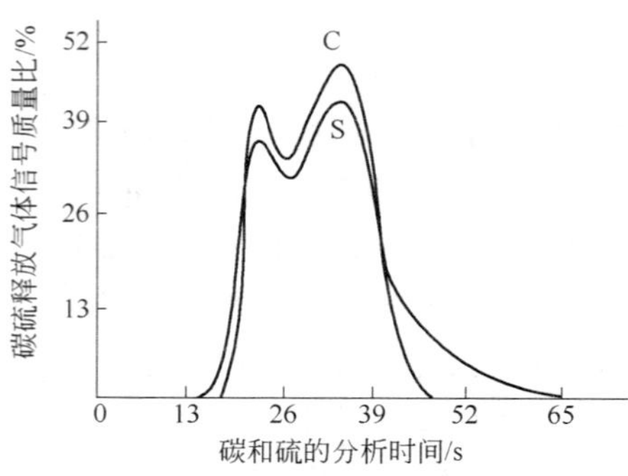

图 23-2　加钨粒对碳和硫的释放曲线

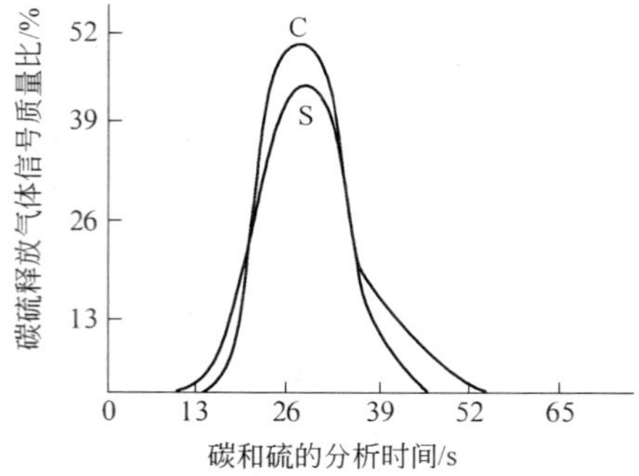

图 23-3　加钨、铁和锡对碳和硫的释放曲线

从图中可以看出，当样品只加入钨粒时，碳和硫的释放曲线为双峰曲线，第二高峰在36 s时出现。当样品加入钨粒、纯铁和锡粒时，释放曲线为单峰，在 28 s 时出现，碳和硫的高峰提前了 8 s。显然加入锡粒后加快了碳和硫的释放，从而保证了在有效时间内准确测定试样中的碳和硫。本文首选煤标样试测，在 20 mg 煤样中加入 1. 5 g 钨粒，0. 3 g 纯铁，0. 1 g 锡粒，释放曲线正常。测定结果见表 23-4。

表 23-4　测定结果

	碳测定值/%	碳测定的差值	硫测定值/%	硫测定的差值 ΔS	平均值/%		RSD/%	
					C	S	C	S
	76. 12	-0. 22	1. 70	-0. 03				
	78. 13	1. 79	1. 70	-0. 03				
	76. 94	0. 60	1. 70	-0. 03				
煤标样 *GBW*11105*a*，标准值为 *w*(C) = (76. 34 ± 0. 60)% *w*(S) = (1. 73 ± 0. 05)%	76. 38	0. 04	1. 68	-0. 05	76. 12	1. 70	1. 58	0. 42
	76. 10	0. 24	1. 70	-0. 03				
	74. 07	-2. 27	1. 70	-0. 03				
	75. 06	-1. 18	1. 70	-0. 03				
	75. 99	-0. 35	1. 70	-0. 03				
	74. 03	-0. 41	0. 36	-0. 02				
	75. 22	78	0. 37	-0. 03				
	73. 72	-72	0. 36	-0. 02				
煤标样 GBW11103a，标准值为 *w*(C) = 74. 44%，*w*(S) =0. 34%	72. 99	-1. 45	0. 36	-0. 02	73. 90	0. 36	1. 03	0. 98
	74. 35	-0. 09	0. 36	-0. 02				
	73. 88	-0. 56	0. 36	-0. 02				
	74. 20	-0. 22	0. 36	-0. 02				
	72. 84	-1. 60	0. 36	-0. 02				

23.3.5　讨论

(1) 从测定结果看出:硫的测定尚好,碳的测定,16 个试样中有 7 个跳出了规定范围,然而两组测定的平均值与标准值比较均符合要求,所以煤中碳的测定,按照统计的观点,应取多次测定的平均值计算结果。

(2) 碳测定值波动大的主要原因是煤中碳量不均匀。改善它是困难的,但也有办法,一是多称样,二是称细样。多称样不可行,唯一的办法是把煤的试样研细,通过 0.076 ~0.104 mm(150 ~200 目)筛,此举措可有效的改善煤中碳量的测定结果。

(3) 固体稀释技术的应用,可改善少称量的误差。

1) 固体稀释剂空白值要小,碳量 w(C) <0.0002%,硫量 w(S) <0.0001%,粒度要细(小于 0.076 mm,即 200 目以上)。

2) 要少称样。测定高碳高硫样品,最重要的是减少称样量,藉以达到扩展测试范围。如分析碳量 w(C) <90% 以上的样品,称样量有时限制在 10 ~15 mg。

这样少的称样量,用万分之一的天平,也有 ±1% 的误差。若稀释 100 倍,称样量为 100 mg,用万分之一的天平称量,误差仅为 ±1/1000,使测定具有可操作性。

3) 混合技术要用细样。样品粒度一般在 0.076 mm(200 目)左右,这样与稀释剂容易混合均匀。

23.3.6　煤试样测定Ⅱ

煤样由河南用户提供,用前细化至 0.104 mm 以下(150 目以上)。样品的组成不同,测定方法也略有差异,其基本过程是:在坩埚中加入经稀释后的试样 0.1000 g,实为 10 mg 并用手工输入仪器。再依次加入锡粉 0.100 g,纯铁 0.300 g,钨粒 1.500 g。装样完毕后,将坩埚放入高频炉内支架上,调整好仪器和氧气流量。高频燃烧,生成的 CO_2 和 SO_2 通过导管进入硫吸收池和碳吸收池,吸收前后红外讯号发生变化,其变化值与试样中的碳量和硫量存在着函数关系,后经 A/D 转换,将模拟量转换为数字量,此值再经电脑运算,便可快速地显示和打印出碳和硫的质量分数。测定过程自动完成,时间 60s。

测试结果见表 23-5。

表 23-5　测试结果

测定值/%		平均值/%		示值/%	
C	S	C	S	C	S
90.96	0.64	91.02	0.64	91.05	0.67
90.94	0.63				
91.15	0.65				
72.07	1.21	72.21	1.23	72.19	1.25
72.10	1.27				
72.37	1.22				
77.47	1.48	77.41	1.49	77.42	1.50
77.41	1.49				
77.34	1.50				

23.3.7 说明

（1）经过细化，试样趋向均匀，测定未知样品 3 个，每份分析 3 次，碳、硫含量全部合格。

（2）少称样，称细样，对试验有重要作用。而红外碳硫仪器的扩展线性、空白值的合理扣除、添加剂合理选用也很重要。有些细节问题，如试样用锡箔包裹、添加剂有序的加入，可改善燃烧时的飞溅，均有利于提高分析精度。总之，分析是个细致的工作，做好试验，并不容易。

（3）固体稀释技术。本试验采用粒度为小于 0.104 mm（150 目）以上的钨粉为稀释剂，煤试样粉碎加工成 0.076 ~0.104 mm（150 ~200 目）的细粉。精确称取钨粉 900 mg 和煤试样 100 mg，放入混合器中，混合均匀，试验时，称取 0.1000 g。而输入红外碳硫分析仪试样量为 0.010 g。

23.4 艾氏卡法预处理红外法测定煤炭中硫

煤炭中全硫的测定通常有艾氏卡法、库仑滴定法和高温燃烧中和法等。艾氏卡法为经典方法，结果准确可靠，但其分析手续繁琐，分析时间长；库仑滴定法容易出现结果偏低；高温燃烧中和法操作要熟练，燃烧温度要求控制得好，否则容易出现结果偏低，重复性较差，同时操作繁琐。本文采用艾氏卡试剂在 600℃灼烧样品后，直接用高频红外碳硫分析仪测定煤中硫，方法简单、快捷、成本低，测定结果准确，重复性好。测定国家一级煤标准物质（GBW11107d、GBW11105、GBW11109b），硫的质量分数在 0.8% ~3% 之间，测定结果均与标准值吻合，相对标准值偏差均小于 3%。

23.4.1 试验

23.4.1.1 仪器与试剂

试验所用仪器和试剂如下：

（1）高频红外碳硫分析仪。

（2）助熔剂。纯铁、金属钨粒；氧气的纯度 99.5% 以上；干燥剂为高效变色干燥剂。

（3）校正仪器用的标准样品。GSBD21005—93 铁矿石，硫质量分数为 0.554%；W-92301 铁矿，硫的质量分数为 1.49%；BH-01042W 铁矿，硫的质量分数为 3.40%。

（4）艾氏试剂。轻质氧化镁和无水碳酸钠以质量比 2∶1 混合均匀。

23.4.1.2 测定条件

系统总压力 0.08 MPa；燃烧气流量 2 L/min；分析气流量 4 L/min；吹氧时间 30 min，最短分析时间 35 s；截止电平 7 mV。

23.4.1.3 试验方法

（1）样品前处理。称取约 0.05 g 左右的艾氏试剂于碳硫分析仪专用的瓷坩埚底部，称取 0.1 g 左右的样品于瓷坩埚内，然后再取 0.15 g 左右的艾氏卡试剂覆盖在样品表面。放到马弗炉中，用 1 h 从室温逐渐升到 600℃保持恒温 1.5 ~2 h，取出冷却待测。

（2）标样的测定及仪器的校正。测定之前，仪器先预热至少 40 min，使仪器处于稳定状态。先对样品进行预测定，以确定大概含量范围。然后选取与样品含量较接近的标准物质铁矿作为标准，校正仪器：取 0.1 g 左右的标准样品于瓷坩埚中，在样品的表面均匀地加入

0.2 g 左右纯铁熔剂和 2 g 左右钨粒，均匀地覆盖在样品表面，连续测定 3 次，取平均值对仪器进行校正，得出样品系数。

(3) 样品测定。在已处理好的样品中加入 0.2 g 左右铁助熔剂和钨粒 2 g 左右，均匀地覆盖在样品表面，输入样品的质量，进行样品测定。

(4) 空白测定。取约 0.2 g 的艾氏卡试剂于瓷坩埚中，与样品相同处理，取出冷却后，加入 0.2 g 左右铁助熔剂和钨粒 2 g 左右，进行空白值的测定。

23.4.2　结果与讨论

23.4.2.1　助熔剂的选择和作用

碳硫分析仪测定硫含量的助熔剂较多。常用的助熔剂有：纯铁、纯铜或氧化铜、锡粒、钨粒等。通过反复试验，本试验选取用纯铁和钨粒作助熔剂效果较好。

铁助熔剂的作用：(1) 一般优质煤的碳含量都在 90% 以上。煤样品在 600℃灼烧 1.5 ~ 2 h 后，剩下来的几乎都是无机盐类，其导磁性往往较低，因而在高频交变磁场的能量少，升温慢。加入纯铁后能增加样品的导磁性，大大提高样品的升温速度。(2) 另外铁在燃烧氧化过程中释放出较大的热量，能提高炉温，使试样完全燃烧。

钨助熔剂的作用：钨的熔点很高，但钨在 600℃时与氧反应生成 WO_3，氧化过程中释放出大量的热。可提高熔融物的热熔，WO_3 的生成有利于 SO_2 的释放，另外 WO_3 的挥发逸出增加了硫的扩散速度，使其充分氧化，非常有利于硫的测定。

23.4.2.2　标准物质的选用

试验选用 GSBD31005—93 铁矿石，$w(TFe)=37.26\%$，$w(S)=0.554\%$，W-92301 铁矿，$w(TFe)=57.25\%$，$w(S)=1.49\%$，BH0104-2W 铁矿，$w(TFe)=61.40\%$，$u(S)=3.40\%$。作为煤样品测定硫含量的标准物质，主要考虑其全铁含量较高，硫含量与所测样品的硫含量相近，同时用 $w(S)=1.49\%$ 的铁矿作为标准校正仪器，把 $w(S)=0.554\%$ 和 $w(S)=3.04\%$ 的铁矿作样品测定其含量，结果与标准值吻合，表明硫含量在一定的范围线性较好。

23.4.2.3　不同熔融试剂对样品测定结果的影响

样品前处理的主要目的是把煤炭中的有机物分解，而把要测定的全硫无损失地保留下来。选用艾氏卡试剂、$(ZnO+Na_2CO_3)$（质量比为 2∶3）、$Mg(CO_2)$ 和 Na_2CO_3 等四种熔剂对样品进行前处理，在 600℃ 马弗炉中灼烧 1.5 ~ 2 h。冷至室温后进行测定。表 23-6 为 GBW11105 煤标样（标称值为 $w(S)=(1.65\pm0.06)\%$），用不同的熔剂处理后测定其硫含量的结果。

表 23-6　不同熔剂的前处理对煤样品中硫含量测定结果的影响

熔　剂	熔剂量/g	样品量/g			测定结果/%		
艾氏卡试剂	0.25	0.1035	0.0999	0.1018	1.621	1.663	1.658
$ZnO+Na_2CO_3$	0.4	0.1044	0.1034	0.1023	1.448	1.428	1.411
$Mg(NO_3)_2$	0.4	0.0735	0.0726	0.1026	0.918	1.000	0.961
Na_2CO_3	0.4	0.0721	0.0814	0.1010	0.429	0.509	0.413

从表 23-6 可以看出，用艾氏卡试剂处理的煤样品其测定结果与标准值相吻合，其余试

剂处理的煤样品，测定结果均偏低。可见艾氏卡试剂适合作煤样品的前处理熔剂。

23.4.2.4　测定结果，准确度和精密度

选用国标这一级煤标准物质：GBW11107d、GBW11105、GBW11109b 分别作为 1 号、2 号、3 号样品，按试验方法对其硫含量进行测定，其测定结果（干基）见表 23-7。

表 23-7　样品测定结果、精确度和精密度（$n=10$）

煤样品	标准值 /%	平均值 /%	RSD /%	煤样品	标准值 /%	平均值 /%	RSD /%	煤样品	标准值 /%	平均值 /%	RSD /%
1 号	0.85 ±0.05	0.848	2.55	2 号	1.65 ±0.06	1.658	2.3	3 号	3.06 ±0.08	3.087	1.27

从表 23-7 可以看出，三个煤标准样品，其测定结果均在其标准范围内。测定结果的相对标准偏差也很小，说明该法测定结果准确、重复性好。

23.4.2.5　讨论

（1）煤样品不经前处理而直接用高频红外碳硫分析仪直接测定，结果明显偏低，这可能是由于大量碳的存在影响硫的测定。

（2）为了试验前处理的燃烧温度对测定结果的影响，分别做了在 600℃ 和 800℃ 两种不同温度下灼烧 1.5 ~2 h 的试验，发现对结果无影响。

（3）将艾氏卡试剂与样品在坩埚内混合均匀，或先加入约 0.05 g 熔剂在坩埚底部，再放样品，再用约 0.15 g 熔剂覆盖样品，然后再 600℃ 灼烧，两种处理方法比较，发现结果一样。

（4）熔剂用量不宜过多，通过试验样品量在 0.1 g 左右，艾氏卡熔剂的用量在 0.2 g 左右最适合，熔剂量过多会使结果偏低。

（5）通过做空白试验发现，艾氏熔剂中的硫含量，主要来自 MgO，而且不同批次，不同生产厂家的 MgO，其硫含量的空白值变化相对较大，因此做空白试验时，最少应做 3 个以上的空白试验。

23.5　红外法测定铁矿石中痕量硫

铁矿石是钢铁工业高炉冶炼生铁的主要原料，硫为钢铁中有害元素，使钢具有热脆性，在冶炼除硫的过程中，有残渣产生，导致钢产量降低，所以铁矿石含硫量越低越好。国家标准测定铁矿中低含量硫有燃烧碘量法，此法为管式炉升温速度慢，精度差。本文采用高频燃烧——红外吸收法测定铁矿石中痕量硫，此法具有简便、快速、准确等优点。为确保铁矿石痕量硫含量检测结果的准确性，做了大量的条件实验，从空白的控制、助熔剂的选择和称样量等进行讨论，获得测定痕量硫的最佳条件，提高了分析的准确度和精密度。

23.5.1　试验

23.5.1.1　主要仪器与试剂

（1）红外碳硫分析仪。

（2）助熔剂。钨粒、锡粒、纯铁助熔剂；$w(S)<0.0003\%$，$Sn(S)<0.0003\%$、$Fe(S)<0.0005\%$。

（3）干燥剂。高氯酸镁、碱石棉。

23.5.1.2 试验方法

测定步骤：按仪器操作手册开机，主机预热 2 h，检查漏气，使仪器处于稳定状态。分析试样前通氧气 30 min，对管路进行充分清扫。

选择与样品硫含量相近的铁矿石标样进行校正，选择合适的通道，输入名称、重量、标准值。在坩埚中加入助熔剂和样品，进行测定。测定结果为已经减去空白量硫的实际含量。得到新的校正系数：A 为斜率，B 为截距，C 为坩埚加助熔剂的空白量，然后再进行试样分析。

23.5.2 结果与讨论

23.5.2.1 空白的控制

瓷坩埚的主要成分是 Al_2O_3 和 SiO_2，其表面容易吸附水分、CO_2 和 SO_2，其中水分在燃烧时汽化，能吸收 SO_2，降低 SO_2 转化率。本试验将坩埚置于马弗炉内，1300℃灼烧 2 h，冷却后放干燥箱中备用。研究表明灼烧过的坩埚中残存硫量远低于未灼烧过的坩埚中硫量。氧气在通入仪器之前先通过净化器把不纯成分通过白金触媒作用除去。再用高氯酸镁、碱石棉除水分和 SO_2。在分析低硫过程中，产生的粉尘对气体有较强的吸附力，特别是分析高硫时粉尘吸附的气体在分析低硫时会释放出来，造成分析结果偏高。因此燃烧炉要定期除尘，保持清洁。分析痕量硫时，一定要扣除坩埚、助熔剂空白值，标样校正后的分析结果系统已经自动扣除空白值，测定值为扣除空白值后实际硫含量。同时注意测定试样的条件尽可能和空白试验的条件保持一致，助熔剂的加入量应准确，精确到小数点后四位。

23.5.2.2 助熔剂的选择

助熔剂能提高试样在高频感应炉中导电导磁能力，使试样充分燃烧，提高硫的释放率。试验中分别以纯铁助熔剂、钨粒、锡粒以及它们的混合熔剂进行对照试验，结果见表 23-8。

根据以上试验，可以看出采用铁 + 钨 + 锡组合时，检测信号高、数据均匀，样品熔融好，平滑，曲线释放流畅，峰形好，无拖尾。因此选择铁 + 钨 + 锡组合作为本试验的助熔剂。

表 23-8 助熔剂对样品熔解的影响

助熔剂	熔样情况	助熔剂	熔样情况
单独分别使用钨粒，锡粒，铁粒	熔解不好，有坑、气泡，样品飞溅	锡 + 铁	熔解不好，有粉尘
钨 + 锡	熔解不好，有粉尘	铁 + 钨 + 锡	熔解好，平整，坩埚边缘干净
铁 + 钨	熔解稍好，平整，坩埚边缘干净		

23.5.2.3 助熔剂与样品加入顺序选择

试验表明样品可以放在所有助熔的下面，也可以放在助熔剂之中，钨锡混合助熔剂与铁助熔剂的放置顺序可分别放在样品下面或上面，位置调换对样品熔融状态和释放曲线无影响；但是样品放在最上面时，曲线释放差，样品熔融不好。本试验选择先放铁助熔剂，然后放样品，上面再放钨锡混合助熔剂。

23.5.2.4 助熔剂的用量

理论上，助熔剂均有利于样品燃烧。但试验表明，不适当的配比会产生许多不利影响，如浪费助熔剂，沾污，侵蚀石英管，增加维护次数，提高成本。助熔剂量影响试样硫的释放率，量太少，燃烧不完全；量太多，易产生吸附，影响准确度、精密度。经试验钨量控制在 0.5 ~ 1.0 g之间样品熔解好，曲线释放完全。锡量控制在 0.1 ~ 0.3 g 熔融状态好，粉尘少。

铁量控制在0.3～0.6 g,熔样光滑,曲线释放流畅,峰形好。最终确定铁的加入量为0.5 g,钨的加入量为0.5 g,锡的加入量为0.2 g。

23.5.2.5　称样量的选择

其他条件不变,分别称取样品0.1～1.0 g,考察称样量对测定结果的影响。试验结果表明:在分析痕量硫时试样量对测定结果的影响不能忽视。若试样量少,被测气体浓度较低,红外辐射信号较弱,灵敏度较差影响结果的准确度;若试样量大,如不增加助熔剂用量就会造成燃烧不充分;增加助熔剂用量,分析成本加大,会产生大量粉尘影响分析结果。本试验选择样品称样量为0.3 g。

23.5.2.6　比较水平与积分时间的选择

按试验条件,比较水平从0～2变化,积分时间从40～70 s变化。当比较水平定为0,积分时间定60 s时,样品熔融好,曲线释放流畅,无拖尾。

23.5.2.7　准确度和精密度试验

按照试验方法对三种铁矿石进行精密度和准确度试验,结果见表23-9。

表23-9　准确度和精密度试验

样　品	认定值/%	测定值/%					平均值/%	RSD/%
GBW0722a	0.0043	0.0042	0.0043	0.0044	0.0045	0.0044	0.0044	2.40
		0.0042	0.0043	0.0044	0.0045	0.0045		
GSB4号巴西矿	0.0071	0.0072	0.0073	0.0074	0.0073	0.0072	0.0073	1.37
		0.0074	0.0072	0.0071	0.0073	0.0073		
GSB5号	0.0066	0.0064	0.0065	0.0064	0.0066	0.0064	0.0065	1.20
		0.0066	0.0064	0.0066	0.0065	0.0065		

结果表明,本法准确度、精密度较理想,RSD小于2.5%,测定结果与认定值相符。试验方法准确、可靠。

参考文献

[1]　王宏,郑雷青,陈毅敏,彭志民.理化检验(化).2002,38(5):223.
[2]　尤其伸,吴太白,万皆宝,张水梅.冶金分析,1993,13(2):53.
[3]　李东.第8届全国高速分析学术交流论文集,2001:195.
[4]　刘守廷,罗平,莫达松,蒋天成.21世纪材料高速分析,第二届全国高速分析学术交流论文集,2007:140.
[5]　王丽晖,赵改丽,严永茂,武吉生,张虹.21世纪材料高速分析,第二届全国高速分析学术交流论文集,2007:138.

24 红外法测定一些特殊物质的碳量和硫量

24.1 高频炉-红外法测定土壤、黏土、岩石和矿石中的硫量

用高频红外碳硫分析仪测定土壤、黏土、高岭土、铝土矿、滑石、石灰石和岩矿中的硫含量，方法简单易行、快捷准确，用上述物质的标样对其硫含量进行测定，结果均在标准值范围内，对铝土矿和铜矿石中硫进行10次平行测定，相对标准偏差分别为4.3%和1.2%，取得了满意的结果。

24.1.1 试验

试验所用仪器与试剂如下：

（1）高频红外碳硫分析仪。

（2）助熔剂。铁助熔剂（纯度大于99.8%，$w(S)<0.0007$），钨粒。

仪器测定条件：工作气源为氧气（99.5%以上），系统总压力为0.08 MPa，炉头燃烧气流量为2 L/min，分析气流量为4 L/min，吹氧时间30 s，最短分析时间35 s。

试验方法：

（1）样品处理。将铝土矿和生滑石粉压碎置于干净的陶瓷盘中，在有抽湿的空调房中自然晾干，用碎样设备研磨后过150 μm（100目）筛。同时将部分样品于100℃烘箱中烘至恒重，计算出水分，放干燥器内备用。

（2）测定。测定样品前，仪器至少预热30 min，使仪器处于稳定状态。

称取纯铁助熔剂约0.3~0.5 g，钨粒约2 g。连续测定三次做空白试验，硫含量均小于检出限（0.0003%），在空白的扣除中，可忽略不计，即空白值为零。

称取约0.15 g左右的不锈钢标样（GBW01604，$w(S)=(0.0130\pm0.0005)\%$）于瓷坩埚中，在表面加上钨粒约2 g。进行标准校正测定，连续测定三次，取平均值进行校正，得出校正系数。称取0.15 g左右的铝土矿、生滑石粉、黏土、岩石样品进行分析。样品于瓷坩埚中，加入约0.3 g左右的铁助熔剂，约2 g钨粒，进行测定。结果见表24-1。

称取约0.15 g左右低合金钢标样（GSBA68073-92-2，$w(S)=0.0350\%$）于瓷坩埚中，加入助熔剂连续测定三次，取平均值进行校正，得出新的校正系数。然后对土壤、石灰石样品进行分析。样品的测定方法同上。结果见表24-1。

用铸铁喷粉碳硫标样（GBW011180，$w(S)=(0.142\pm0.0003)\%$）作标准，按上述方法对仪器进行校正测定并校正，然后按上述样品的测定方法对高岭土和石灰石栏品进行测定。结果见表24-1。

用铁矿石（GSBD31005—93，$w(S)=0.554\%$）作标准，按上述方法对仪器进行校正测定并校正，然后按上述测定的方法对铜矿中硫含量进行测定。测定结果，标准值为（0.72 ± 0.03）%，$n=10$，$\overline{X}=0.72\%$，RSD为1.2%。

表 24-1　测定结果

样　品	标准值 $w(S)/\%$	测量值 $w(S)/\%$	RSD/%	样　品	标准值 $w(S)/\%$	测量值 $w(S)/\%$	RSD/%
黏　土	0.0108 ±0.004	0.00984 0.00877　0.00922		滑石粉		0.0121 0.0125	
岩　石	0.009 ±0.004	0.00800 0.00812		铝土矿		0.0265 (n=10)	4.3
高岭土	0.212 ±0.016	0.203 0.224		石灰石	0.201	0.210 (n=6)	1.2
土　壤	0.031 ±0.010	0.0309			0.044 ±0.008	0.0476	

24.1.2　讨论

（1）助熔剂的选择。选择助熔剂要求空白值低、干燥、没有氧化、颗粒度适中的金属，所选的助熔剂，使用前都做空白试验。本法选用纯铁和钨粒作助熔剂，其空白值$w(S)<0.0003\%$。

（2）尽量选用国家一级标准或二级标准物质，条件允许的情况下标准物质尽可能与分析样品同类且含量接近；样品测定时，预先做样品中硫含量分析。如没有与样品同类的标样，但也要选择与样品含量相近的钢铁标准物质做标准。

（3）瓷坩埚的处理。将瓷坩埚置于高温马弗炉内，在1000℃温度下灼烧4 h，冷却至常温，置于干燥气中备用。

（4）干燥剂的更换。测定过程中若发现高效变色干燥剂变红颜色，应及时更换，若不及时更换，往往会使测定结果偏低。

（5）石灰石中含 CO_2 高达41%左右，试验表明，对硫的测定结果无影响。

（6）土壤、铝土矿、滑石粉等样品在100℃烘箱中烘至恒重测定其硫含量，与测定原样中硫含量后再换算成干基，结果基本一致。

（7）样品中铁含量较低时，要添加纯铁助熔剂，有利于提高其高频感应燃烧温度。如土壤的主要成分是 SiO_2，这类样品应添加纯铁助熔剂，以提高其燃烧温度，燃烧温度低会造成结果偏低。

24.2　红外吸收法测定重铀酸盐中硫

重铀酸盐是生产二氧化铀粉末的原料之一。在重铀酸盐中硫主要以硫酸根的形式存在，铀矿石浓缩物中硫的测定采用 GB 11848.10—1989 燃烧碘量法，该法测定范围为 $w(S)$ 0.1% ~4%，相对标准偏差为5%。文献采用 Leco CS-344 型红外吸收分析仪对硫化矿高达30%的硫进行了测定，取得了满意的结果。本法利用相同的仪器对含硫量在0.1% ~5%的重铀酸盐样品进行分析，同样取得了满意的结果。

24.2.1　试验

试验所用仪器和试剂如下：

（1）Leco CS-344 型高频红外碳硫分析仪。

（2）钨锡、钨、纯铁、铜助熔剂 $w(S)<0.001\%$。

（3）标准钢样（Leco 501-510），$w(S) = (0.128 \pm 0.004)\%$。

（4）铀矿物矿标准样品（GBW04102），$w(SO_3) = (2.34 \pm 0.08)\%$。

（5）硫化矿标准样品（GBW0729）$w(S) = (13.30 \pm 0.19)\%$。

试验方法：按仪器说明书的要求，仪器开机稳定后，按 monitor 键打印系统工作条件，各项参数正常后进行试验。待测样品和标准样品采用相同的质量，准确至 0.001 g，采用 1 号通道，用铀矿物标样校正仪器，燃烧时间设定为 30 s，硫的比较水平设定为 5。称适量的试样，加入铁屑 0.2 g，钨锡助熔剂 1.0 g，输入样品质量，按下“分析”键进行分析，硫的结果直接显示在仪器上。

24.2.2　结果与讨论

24.2.2.1　标样的选择

标样的选择直接影响着样品分析的准确性，选用物料、含量均相近的标样品进行仪器校正是方法可靠性的保证。国内无重铀酸盐标准样品，本法选用含有相同铀基体的铀矿标样校正仪器（GB 11848.10—1989 中也采用此标样）。钢标准样品[$w(S) = 0.128\%$]测定值为 0.113%、0.116%、0.114%，硫化矿标样[$w(S) = 13.30\%$]测定值为 12.58%、12.38%、13.30%，偏差较大主要是校正仪器的标样和被测样品中硫含量相差大引起的，这也说明为了提高测定的准确度，采用含量与待测元素接近的标样校正仪器是必要的。

24.2.2.2　助熔剂的选择及用量

通常高频感应炉使用的碳硫助熔剂为钨，对于导磁性能差的试样采用多元助熔剂，试验证明铜助熔剂的加入会引起硫的吸附，本法试验中也证实这一结论。试验表明，加入 0.5 g 的钨或钨锡助熔剂样品燃烧不充分，板流值小于 240 mA，硫的测定结果偏低。进一步的试验证明，使用以下助熔剂：（1）试样 + 铁屑 0.2 g + 钨粒 1.0 g；（2）试样 + 钨锡 1.0 g；（3）试样 + 铁屑 0.2 g + 钨锡 1.0 g，获得硫的测定结果一致，但用钨粒 + 铁屑作助熔剂时，有时出现拖尾现象，铁屑的加入量多于 0.5 g 时，样品有飞溅现象，使用第（3）种助熔剂的精度最好，燃烧时瞬时板流值达 360 m·A，试样熔化好，无飞溅现象，对仪器造成的污染小。而且铀矿物标样的测定结果也稳定。从打印的内部缓存数据看出标准样品和实际样品的释放曲线相似，单峰、光滑，呈正态分布，30 s 内完全释放。本法选用加入顺序和加入量为试样 + 铁屑 0.2 g + 钨锡 1.0 g。

24.2.2.3　称样量的选择

按仪器的线性范围，确定硫的最大绝对量不能超过 3.5 mg，根据试样中硫含量范围及分析时样品燃烧情况，确定称样量在 0.05 ~ 0.15 g 之间。

24.2.2.4　空白对测定结果的影响

坩埚在 1200℃ 灼烧 2 h，在不加试样的条件下，分别手动输入 0.05 g，0.10 g，0.15 g 的称样量，助熔剂的加入量均为铁屑 0.2 g + 钨锡 1.0 g，按分析步骤做空白试验，测定值分别为 $w(S)$0.026%，0.012%，0.008%。称样量大于 0.1 g，测定硫含量大于 $w(S)$1% 的样品时，空白可以忽略不计。

24.2.2.5　干扰问题

重铀酸盐主要是指重铀酸铵，试样中铵的最高含量为 5.78%，当试样加热时以氨的形式随 SO_2 一起释放出来，经查红外吸收光谱图，氨在 SO_2 吸收峰的位置上无吸收峰存在，不影响硫的测定。

24.2.2.6　样品分析

称取试样 0.050 ~0.150 g,顺序加入助熔剂铁屑 0.2 g,钨锡 1.0 g,设定比较水平为 5,分析时间为 30 s,测定结果见表 24-2。并分别称取标样和 1-753 号试样 0.05 g,做加料回收试验,回收率为 97% ~107% 。

本法的相对标准偏差优于 3.5% ,回收率高,此方法可以满足重铀酸盐中硫的测定。

表 24-2　样品测定结果

样　品	称样量	测定值/%			平均值 $\overline{X}$/%	RSD/%
1-753	0.05	1.21	1.21	1.20	1.22	2.9
		1.29	1.23	1.20		
	0.10	1.29	1.19	1.26	1.24	3.5
		1.19	1.22	1.27		
2-243	0.05	3.57	3.54	3.65	3.61	2.6
		3.78	3.61	3.53		
	0.10	3.85	3.80	3.67	3.69	3.4
		3.69	3.50	3.63		
	0.15	3.69	3.73	3.63	3.66	2.5
		3.61	3.76	3.51		

24.3　红外法测定 $BaCO_3$ 中硫量

$BaCO_3$ 广泛应用于显像管、蓄电池、电容器、陶瓷、搪瓷、光学玻璃、颜料、涂料、橡胶、油漆等行业。近年来,随着其他行业的发展,$BaCO_3$ 的应用领域日益扩大,对其质量的要求也越来越高。

在高频炉中由于加热过程的剧烈搅拌和顶吹氧气流的作用导致样品喷溅,造成对检测系统的污染和测定结果偏低。为此,我们采取了对坩埚中 $BaCO_3$ 样品做测定前的预处理,并结合复合型助熔剂的混合作用,使以上问题得以解决。

24.3.1　试验

24.3.1.1　仪器与试剂

ELTRA METALYT CS100/1000RF 红外碳硫分析仪(德国 ELTRA 公司),附 PC 机及相关辅助材料:瓷坩埚 ϕ25 mm ×25 mm(1200℃下灼烧 4 h 后冷却干燥密闭保存)。

钨助熔剂:粒度 0.776 mm(20 目),w(S)≤0.002%;锡助熔剂:粒度 0.388 mm(40 目),w(S)≤0.0002%;铁助熔剂:w(S)≤0.001%;氧气纯度不小于 99.5%;氮气入口压力不小于 0.5 MPa。

24.3.1.2　仪器工作条件

载气是高纯氧,入口压力为 0.25 MPa, 动力气是纯氮,入口压力为 0.35 MPa,分析池选择两个低硫池,并关闭碳池;硫释放时间为 65 s。

24.3.1.3　实验方法

准确称取 300 mg 标准 $BaCO_3$ 样 5 份于预先已放入 300 mg 纯铁的坩埚中,分别加入

200 mg锡粒，最后覆盖1500 mg 钨粒，将坩埚放入高频感应炉的坩埚托上进行分析测定，并按测得值和标样值进行检测池的校准工作。然后进行样品测定，即称取 300 mg 经平铺、压实后的 $BaCO_3$ 样品，按标样的测定方法分析测定，并在 PC 机上做数据处理工作。

24.3.2 结果与讨论

24.3.2.1 助熔剂的选择

作为高频感应炉的助熔剂，应为导电、导磁材料，在燃烧过程中放热，与样品共熔形成流体，不吸收或者最小限度地吸收 SO_2，对瓷坩埚没有侵蚀作用。对 MoO_3、Cu_2O、V_2O_5、钨粒、锡粒、纯铁粒、钴屑、铜屑、镍屑等做了单一或混合实验，结果表明，MoO_3、Cu_2O、V_2O_5 等均有样品不同程度地发生喷溅或硫释放不佳情况，其中以铁＋锡＋钨、镍＋锡＋钨、铁＋锡混合作助熔剂，坩埚内熔融效果较好，但从数据精确度考察来看，本文选择铁＋锡＋钨复合型助熔剂。

重复多次使用铁＋锡＋钨复合助熔剂实验，发现有实验数据发生偏离的现象，通过对坩埚熔融残留物的观察和统计分析表明，坩埚内样品与助熔剂不均是顶吹氧气流造成的，通过对样品在坩埚内平铺、压实的预处理得以解决。

24.3.2.2 取样量的选择

考虑 $BaCO_3$ 本身不能燃烧和样品的代表性两种因素，称样量的选择是比较重要的。量太大会由于样品获得热能不足而导致硫释放不完全；量太小又可能由于样品不均，缺乏代表性，以至测定结果精确度差。结合本仪器的实际，选择称样量为 200 mg，250 mg，300 mg，400 mg，450 mg 和 500 mg 进行试验，结果表明称样量以 300 mg 为宜。

24.3.2.3 空白的控制

由操作引入的空白主要有三个：助熔剂、坩埚、氧气。

经过 11 次空白试验，以 1 g 称样量计算，结果平均值为 0.00009%，标准偏差 0.000030，相对标准偏差 2.45%，由于空白值较低，对测定结果影响较小，可以忽略不计。

24.3.3 样品分析

采用本方法连续测定 $BaCO_3$ 样品 11 次，并进行加标回收和与硫酸钡重量法进行对比试验，计算其相对标准偏差。结果表明，二者的测定结果互相吻合，说明本方法结果准确可靠，见表 24-3。

表 24-3 样品中硫的测定结果及加标回收率(%)

样品编号	测定值		加标量	测得总量	回收率	相对标准偏差
	本 法	重量法				
1	3.25	3.33	5.00	8.08	96.6	0.81
2	2.77	2.65	5.00	7.91	102.8	2.06
3	3.52	3.41	5.00	8.75	104.6	2.23
4	4.19	4.26	5.00	8.82	92.6	1.34

24.3.4 结论

采用高频炉-红外吸收法测定 $BaCO_3$ 中硫的含量，具有操作简单、快速等特点，方法准确可靠，能满足测定需求，适用于企业日常生产中快速控制分析，也可作为科研单位对 $BaCO_3$ 中硫含量控制监测的有效手段。

24.4 可燃硫及有效硫的红外法测定

24.4.1 硫的测定

煤中硫的测定，有重量法、艾氏卡法、库仑法、高温中和法，还有湿法化学法，但都比较麻烦；而又好又快的方法应该是高频炉-红外法。

硫铁矿中硫的测定，多采用氧化还原容量法，此法不仅仅是麻烦，而且又有化学污染，都不如红外法。更重要的是用上述方法测定可燃硫和有效硫都比较困难。然而可燃硫关系环保、大气污染和民生，而硫铁矿中有效硫又关系着硫铁矿的品位和硫酸产量。近年来红外法得到推广和普及，虽然也有经典的老方法，但比较起来，用红外法更好。

24.4.2 可燃硫

根据可否在空气中燃烧，煤中硫又可分为可燃硫与不可燃硫。硫铁矿硫（S_P）、单质硫（S_e）、有机硫（S_o）都能在空气中燃烧，属可燃硫。硫酸盐中的硫（S_s），难以燃烧，属不可燃硫。

煤中各种形态硫的总和称为全硫（S_t）：

$$S_t = S_s + S_p + S_e + S_o$$

$$可燃硫 = 全硫(S_t) - 不可燃硫$$

只要测得煤中全硫和不可燃硫，即可间接计算出可燃硫。

24.4.3 有效硫

在硫酸制造过程中，其主要原料是硫铁矿（FeS_2）主要反应：

$$4FeS_2 + 11O_2 = 8SO_2 + 2Fe_2O_3$$

此反应是在焙烧炉中（700～800℃）通空气焙烧产生 SO_2 和少量的 SO_3。其产量与硫化铁（S_p）矿的有效含量有直接关系，而硫酸盐硫如石膏硫等，在上属温度条件下，不能生成 SO_2，留在焙烧残渣中，所以又称固定硫。显然：

$$有效硫 = 硫铁矿中全硫 - 固定硫$$

只要测得硫铁矿中全硫和固定硫，可间接计算出有效硫。

24.4.4 试验

24.4.4.1 主要仪器与试剂

（1）高频红外碳硫分析仪。

（2）纯钨粒。

（3）茂弗炉。

（4）太原纯铁。

（5）坩埚（1000℃预烧 30 min）。

（6）煤标样。

（7）高纯氧。

(8) 纯锡粒。

24.4.4.2　测煤中全硫

仪器调好后准确称取25 mg标准煤样5份置于5只空坩埚中,加1.5 g钨粒,0.3 g纯铁,将坩埚逐个放入高频炉中,进行样品测定,测定过程自动完成,最后显示、打印出煤中全硫的分析结果(见表24-4)。

表24-4　测试结果

标准值/%	测定值/%					平均值/%
GBW11105a	1号	2号	3号	4号	5号	1.72
1.73±0.05	1.68	1.70	1.73	1.72	1.74	

24.4.4.3　焙烧放出煤中可燃硫

准确称取100 mg煤标样5份,分别放入5只空坩埚中。然后将坩埚放入茂弗炉中,逐渐升温至800℃,焙烧2 h,煤中可燃硫氧化放空。坩埚残渣含有不可燃硫可通过24.4.4.4节方法测出。

24.4.4.4　煤中不可燃硫的测定

经过焙烧后的5只坩埚,趁热分别加入1.5 g钨粒、0.3 g纯铁,依次测定留在渣中的不可燃硫,测定结果见表24-5。

表24-5　测试结果

测定值/%					平均值/%
1号	2号	3号	4号	5号	0.63
0.62	0.60	0.63	0.64	0.64	

24.4.4.5　煤中可燃硫的计算

煤中可燃硫=煤中全硫-不可燃硫=1.72%-0.63%=1.09%

24.4.4.6　硫铁矿中有效硫的测定(示例)

准确称取15 mg标样硫化铁矿5份,置于5只空坩埚中,分别加1.5 g钨粒、0.3 g纯铁,将坩埚分别放入高频炉中,逐个进行样品测定,过程是自动完成,最后打印、数显结果。每测1个试样仅需1 min中,结果见表24-6。

表24-6　测试结果

硫铁矿中全硫/%					平均值 $\bar{X}$/%	重量法测定值/%
1号	2号	3号	4号	5号	35.35	35.25
35.49	35.20	35.27	35.38	35.40		

24.4.4.7　焙烧释放硫铁矿中有效硫

准确称取50 mg硫铁矿样品5份,分别置于5只空坩埚中,然后将坩埚放入茂弗炉中,逐步升温至800℃,焙烧2 h,硫铁矿中有效硫氧化放空,坩埚残渣含有固定硫(多为硫酸盐硫)再采用硫铁矿中全硫的方法测出固定硫。

24.4.4.8　硫铁矿中固定硫的测定

经过焙烧后的5只坩埚,趁热分别加入1.5 g钨粒,0.3 g纯铁,依次测定留在坩埚残渣中的固定硫，测定结果见表 24-7。

表 24-7 测试结果

硫铁矿中固定硫/%					平均值 $\overline{X}$/%
1 号	2 号	3 号	4 号	5 号	0.564
0.56	0.58	0.56	0.57	0.55	

24.4.4.9 *硫铁矿中有效硫的计算*

有效硫 = 硫铁矿中全硫 − 固定硫 = 35.35% − 0.564% = 34.786%

24.4.5 讨论

24.4.5.1 *有效硫及固定硫大部分为碱金属及碱土金属硫酸盐*

如 Na_2SO_4、K_2SO_4、$BaSO_4$、$CaSO_4$ 等，此类硫酸盐，如煤在空气中燃烧(1500 K)，硫铁矿在空气中燃烧(1100 K)都不能热解出 SO_3 和 SO_2，见反应式(24-1)和式(24-2)

$$Na_2SO_4 = Na_2O + SO_2 + \frac{1}{2}O_2 \qquad \Delta_r G_m^\ominus(1600\ K) = 276\ kJ/mol \tag{24-1}$$

$$BaSO_4 = BaO + SO_2 + \frac{1}{2}O_2 \qquad \Delta_r G_m^\ominus(1600\ K) = 171\ kJ/mol \tag{24-2}$$

$\Delta_r G_m^\ominus(1600\ K) > 0$ 说明温度在 1327℃ 的高温，上述反应难以进行。在反应中加钨，上述反应在较低温度下即可进行，例：

$$Na_2SO_4 + W + O_2 = Na_2O \cdot WO_3 + SO_2 \qquad \Delta_r G_m^\ominus(1500\ K) = -493.6\ kJ/mol$$

$\Delta_r G_m^\ominus(1500\ K) < 0$ 而且很负，硫酸钠可热解出 SO_2，所以钨的加入，用高频炉-红外法可测定硫酸盐中硫。

24.4.5.2 *水干扰硫的测定*

矿石中常会有结晶水，煤中含有碳氢化物，燃烧时能生成水。虽然碳、硫测定系统中有除水装置，对于少量的水，它可以排除干扰，如少称样也是减少水分的方法之一，但这都难以从根本上消除水的干扰。若吸收水柱前，增加一个新的除水装置，即加上一根易于拆卸的玻璃柱其长度约 6 cm，两头充填玻璃棉，中间装干燥的无水高氯酸镁，接入气路中，保证密封，经常更换吸水柱，可有效清除水的干扰。

24.4.5.3 *添加剂无水磷酸亚铁的选用*

磷酸亚铁 $Fe_3(PO_4)_2 \cdot 8H_2O$ 在 300℃ 焙烧 1 h，可除去结晶水，生成无水磷酸亚铁，可写成 $3FeO \cdot P_2O_5$。

FeO 在纯氧当中燃烧可生成 Fe_3O_4 或 Fe_2O_3。

$$3FeO + \frac{1}{2}O_2 = Fe_3O_4 \qquad \Delta_r G_m^\ominus(1500\ K) = -26.76\ kJ$$

$$2FeO + \frac{1}{2}O_2 = Fe_2O_3 \qquad \Delta_r G_m^\ominus(1500\ K) = -20.93\ kJ$$

P_2O_5 是最强的脱水剂，它不但能与水化合，还从化合物中夺取水：

$$4HNO_3 + P_4O_{10} = 2N_2O_5 + 4HPO_3$$

它不仅能夺硝酸中的水，还能按比例脱去有机物中的水。由于它是最强的脱水剂，所以可夺取生成水。

本文用高频炉-红外法，研讨了煤中可燃硫、硫铁矿中有效硫间接测定的路线与途径。实践证明此法可行。

24.5 电弧炉燃烧-红外法测定碳量与硫量

电弧引燃炉，简称电弧炉或引燃炉。电弧炉与红外法配套用于测定碳量与硫量，国外没有记载，国内虽有应用，但分析硅铁、铁合金、矿石、水泥等物质中碳量与硫量，未见有文献报道。

高频炉燃烧红外法测定碳量与硫量应用广泛，被国内外作为标准方法推荐，与高频炉燃烧系统相比，电弧炉燃烧具有以下优点：

（1）燃烧速度快。从释放曲线可看出，选用同一标钢，采用高频炉系统，完成燃烧过程需 30 s，用电弧炉体系仅需 20 s。

（2）测定准确。符合有关标准的规定。

（3）操作简便。电弧炉结构简单，易于掌握，便于维修。

（4）物美价廉。配套仪器的价格仅相当于进口红外仪的 15% 左右。

24.5.1 试验

试验所用仪器与试剂如下：

（1）高速自动引燃炉。

（2）红外碳硫分析仪。

（3）硅钼粉、纯铁（太原钢厂）、纯锡、三氧化钼、钨粉等。

测定方法：对于不同的样品，测定方法略有差异。在坩埚中加入硅钼粉 0.3 g，纯铁粉 0.50 ~ 1.00 g，试样 0.200 ~ 1.000 g，锡粉 0.2 ~ 0.4 g。装样完毕后，将坩埚放入电弧炉中，调整好仪器和氧气流量，引弧燃烧。生成 CO_2 和 SO_2 通过导管进入硫的红外吸收池和碳的红外吸收池，吸收前后红外信号发生变化，其变化值与试样中的碳量和硫量存在着函数关系，然后经 A/D 转换，将模拟量转换为数字量，此值再经电脑运算，便可快速地显示和打印出碳与硫的质量分数。测定过程自动完成，耗时 35 s。

24.5.2 结果与讨论

24.5.2.1 空白值的测定

（1）空白来源。空白值主要来源于添加剂、氧气和空气。测定不同样品，选用的添加剂也不完全相同，空白值的大小也不一样，所以测定空白值必须指定添加剂的组成和质量。

（2）测定方法。以测定硅铁中碳量和硫量为例，添加剂的选择和加入方法如下：在坩埚中加入 MoO_3 0.050 g，纯铁（1.000 ± 0.002）g，钨粉（1.200 ± 0.002）g 及锡（0.14 ± 0.01）g。试样质量按 1.000 g 输入，碳硫校正系数选定为 1，引弧燃烧后，用仪器自动空白程序进行测定，至少测三次，并求平均值：

$$空白值 = \frac{\sum X_i}{n}$$

(3) 硅钼粉中空白值的测定。通常钨、铁、锡中碳量与硫量的空白值已标出,若再测出硅钼粉中的碳量和硫量,就可以根据添加剂的组成和质量,计算出空白值的大小。于坩埚中加入硅钼粉(0.500 ± 0.001)g,上面加入纯铁(1.000 ± 0.001)g,再加入锡粉(0.200 ±0.01)g,试样质量按1.000 g输入,碳硫校正系数选定为1,用仪器自动空白程序进行测定,至少测三次,并求平均值。

$$空白值 = \frac{\sum(X_i - X_{Fe标} - 0.2X_{Sn标}) \times 2}{n}$$

24.5.2.2　试样的用量及测试结果

电弧炉燃烧主要靠试样在氧化过程中放出热量,以保证电弧炉所需的高温。试样又作为燃料,1.000 g钢铁试样,加0.2 g锡粒助熔,燃烧时放出的热量$\Delta H = -8360$ J,它是电弧炉热量的主要来源,为了保证测试所需温度,试样用量一般在1 g左右。若试样用量小于0.5 g,对电弧炉温度影响较大,测定结果不准。然而有时试样用量不能太多,如测定硅铁以及含碳硫较高的样品,取样常不能超过0.2 g。为了保证燃烧温度,应以1 g试样作参比,再加入等量的纯铁或硅、锡、钼、钨等发热剂以保证燃烧温度。有些样品如水泥、玻璃、矿石等物质,在燃烧过程中吸热,为了保证燃烧温度,加入的纯铁及其他发热剂往往要多于1 g,以补偿试样升温、熔化、相变所消耗之热量。

按本法测定了硅铁等8种样品的碳量或硫量,其测定结果见表24-8。

表24-8　样品测定结果($n=9$)

样　品	原含量/%	测定值/%			平均值$\bar{X}$/%	标准偏差/%	RSD/%	添加剂/g
硅铁 (含硅约76%)	0.066(C)	0.068	0.068	0.061	0.0638	0.0028	4.33	MoO_3 0.05 Fe 1.0W 1.2
		0.061	0.063	0.063				
		0.063	0.066	0.062				
	0.03(S)	0.0032	0.0028	0.0028	0.00297	0.00014	4.71	Sn 0.15
		0.0031	0.0031	0.0029				
		0.0029	0.0030	0.0030				
金属锰	(C)①	0.0687	0.0664	0.0671	0.0665	0.0012	1.82	Si Mo 0.3 Fe 1.0 Sn 0.3
		0.0651	0.0655	0.0680				
		0.0663	0.0662	0.0654				
	(S)①	0.0120	0.0118	0.0117	0.0116	0.0003	2.65	
		0.0111	0.0115	0.0116				
		0.0112	0.0114	0.0119				
钛铁矿	(C)①	0.1047	0.1072	0.1045	0.1062	0.0012	1.13	Si Mo 0.4 Fe 1.02 Sn 0.3
		0.1055	0.1069	0.1053				
		0.1072	0.1073	0.1074				
	(S)①	0.0044	0.0041	0.0041	0.0046	0.0004	8.3	
		0.0050	0.0048	0.0049				
		0.0043	0.0047	0.0051				

续表 24-8

样 品	原含量/%	测定值/%			平均值 $\bar{X}$/%	标准偏差/%	RSD/%	添加剂/g
铬铁 (含铬 64.17%)	0.053(C)	0.0509	0.0523	0.0592	0.0531	0.0025	4.7	Si Mo 0.3 Fe 0.7 Sn 0.3
		0.0514	0.0523	0.0543				
		0.0513	0.0527	0.0533				
	0.011(S)	0.0108	0.0103	0.0105	0.0105	0.0004	3.49	
		0.0099	0.0104	0.0108				
		0.0107	0.0102	0.0111				
钒铁 (含钒 52.50%)	0.39(C)	0.389	0.0385	0.399	0.392	0.006	1.48	Si Mo 0.3 Fe 0.8 Sn 0.2
		0.388	0.399	0.385				
		0.388	0.396	0.396				
	0.0051(S)	0.0052	0.0055	0.0051	0.00524	0.00015	2.88	
		0.0053	0.0052	0.0054				
		0.0053	0.0550	0.0052				
合金钢 0Cr18Ni12Mo2 Ti	0.055(C)	0.0054	0.0550	0.0557	0.0550	0.0005	0.95	Si Mo 0.25 Fe 0.60 Sn 0.3
		0.0555	0.545	0.0548				
		0.0554	0.543	0.0544				
	0.003(S)	0.0028	0.0028	0.0033	0.0030	0.0002	5.27	
		0.0030	0.0030	0.0030				
		0.0029	0.0031	0.0031				
铸铁	2.77(C)	2.778	2.767	2.778	2.769	0.010	0.36	Si Mo 0.3 Fe 0.7 Sn 0.3
		2.752	2.778	2.766				
		2.766	2.759	2.780				
	0.054(S)	0.0550	0.0534	0.0542	0.0540	0.0009	1.64	
		0.0546	0.0523	0.0546				
		0.0548	0.0532	0.0542				
水泥	1.168(S)②	1.190	1.154	1.168	1.167	0.020	1.69	Si Mo 0.3 Fe 1.0 Sn 0.3
		1.148	1.134	1.168				
		1.188	1.166	1.190				
微晶玻璃	0.32(S)	0.321	0.325	0.314	0.316	0.005	1.67	W 粉 1.0 Fe 1.0 Sn 0.3
		0.320	0.308	0.311				
		0.315	0.314	0.318				

① 金属锰与钛铁矿是用户提供的试样,未标出含量;

② GS176—87 标准规定允许差为 ±0.06。

24.6 高频红外法测定金属锑中微量硫

我国是世界产锑大国,年产锑量占世界第一。硫作为金属锑的必测项目,传统的国家标准 GB 3253—82 是采用管式炉燃烧碘量法,由于检测线性范围较窄(0.01% ~0.25% 之间),

小于 0.01% 的硫很难准确测定。零级、一级、二级金属锑中硫常低于 0.01%，采用高频红外碳硫仪，其高频炉燃烧温度可达 1700℃左右，样品能够完全燃烧，硫释放完全，检出限量低，灵敏度高（0.0001%）检测线性范围宽（0～0.50%）；操作快速、简便，在 1 min 内自动测定硫含量，然而，高频燃烧锑试样能飞溅出大量火花，影响硫的稳定性。对此问题，加入 0.12～0.40 g 氧化镍，可防火花。本试验高纯硅、钼粉为火花抑制剂，取得了满意结果。

24.6.1　试验

试验所用主要仪器和试剂如下：

（1）CS-444 红外碳硫仪（美国 Leco 公司）；

（2）钨锡粒助熔剂（$w(S) < 0.0006\%$）；纯铁粒助熔剂（$w(S) < 0.0006\%$）；硅钼粉（$w(S) < 0.0006\%$）；过氯酸镁 Leco 501-171；碱石灰 Leco 502-174；普碳钢标样 GBW01405，BH-7017。瓷坩埚 Leco 528-018，湖南茶山。

实验方法如下：

（1）试样的处理。将样品用玛瑙研钵研碎，通过 0.152 mm（100 目）筛。

（2）测试条件。高频燃烧功率 2.5 kW，氧气纯度 99.5% 以上，氧气流量 3.0 L/min，分析时间 40 s，清扫时间间隔 5 次，比较水平 3。

（3）测定步骤。按仪器操作手册、开机、预热、检漏，使仪器处于正常稳定状态。

空白试验：称取 1.0 g 纯铁助熔剂，其助熔剂与试样测定相同，重复足够次数，将最低的、较稳定一致的三次结果的平均值输入分析参数空白栏，以便自动扣除空白值。

校正试验：由于金属锑目前无商品标准样品，选择含量相近的普碳钢 GBW01405 和 BH-7017 依次进行校正（待测样品硫含量应在此范围内）得出新的校正系数，然后再进行试样分析。

测定：在已预先处理的去除皮重的坩埚中，加入 0.5 g 硅钼粉，称取 0.5 g 试样，输入样品重量，依次加入 0.5 g 纯铁和 1.0 g 钨锡粒，按自动方式进行测定。

24.6.2　结果与讨论

24.6.2.1　瓷坩埚

陶瓷坩埚除原料及制作过程中所带来的空白外，还具有一定的吸附性，表面容易吸附空气中的水分、CO_2 和 SO_2，燃烧时，吸收一定热量汽化后，能吸收 SO_2，降低 SO_2 的转化率，故将坩埚置于马弗炉内，在 1300℃灼烧 2 h，取出，稍冷，放置于无油的干燥器中备用（放置时间不宜超过 4 h），可使空白降至最小。

24.6.2.2　空白

除了瓷坩埚外，载气试剂和各助熔剂的纯度、操作和设定的准确程序等等，都直接影响空白值的大小。特别是低含量的测定，一定要扣除空白，其条件应尽可能和测定试样条件保持一致。

24.6.2.3　校正

因红外法测定碳硫是间接测定，必须通过一个系数才能换算测定结果，因此校正非常重要，校正时应注意：（1）保证测定结果的重复性；（2）应使标样的特质结构和含量与试样相似和接近，如果不能保证标样的含量与试样接近，则宜选用较高一些的含量的标样，这样的校正更为真实准确。

24.6.2.4 助熔剂的选择

助熔剂的种类、用量及加入的顺序对硫含量的测定结果非常重要，由于金属锑的熔点630.5℃，沸点1640℃，高频炉的温度与其沸点相当，较易飞溅。燃烧产生氧化锑粉尘，而且大多数样品的硫含量都小于0.01%，在这种背景下，SO_2 很容易被吸附，使结果偏低。硅钼粉是一种很好的反吸附剂，能够有效地防止 SO_2 被吸附。试验表明：0.3～0.5 g 硅钼粉测定结果较好，少于0.3 g 反吸附作用不明显，大于0.5 g 则燃烧效果不好，且粉尘增多，放置底层也可以起到抑制粉尘的作用。纯铁可以稀释并包裹样品，产生涡流效应，明显地促进燃烧。但纯铁也不宜过多，多于0.8 g 燃烧时间增加，容易拖尾，结果偏高；少于0.5 g 燃烧不够完全，结果偏低。一般加0.5 g 比较妥当。钨锡粒既可助熔，又可防止飞溅，放置顶层效果较好，但不可过多。因锡粒燃烧后产生粉尘较多，容易产生吸附效应，加入1.0～1.5 g 为宜。上述助熔剂总量与试样质量比约为4∶1，测定结果最佳。

24.6.2.5 称样量的选择

由于金属锑的特性，称样量的多少直接影响硫的测定结果，研究结果表明，样品量为0.3～0.5 g 较好，由于实际硫含量大都小于0.01%，样品过少误差较大，而称样量大于0.5 g，则飞溅较严重，粉尘也相应增多，故硫含量小于0.01%时，样品量称0.5 g，硫大于0.01%则样品称0.3 g 为宜。

24.6.2.6 精密度

按上述确定的最佳条件，进行精确度试验，用普碳钢标准样和金属锑样品各测定10次，RSD 值最大为4.9%（见表24-9）。测定误差符合 ISO 4935—89。

表 24-9 测定结果和精确度

样　品	标准值/%	测定值/%	平均值/%	相对标准偏差 RSD/%
普碳钢 GBW01405	0.010	0.010，0.0099，0.010，0.011，0.0097 0.0098，0.0099，0.0097，0.010，0.011	0.010	4.9
普碳钢 BH-7017	0.0045	0.0044，0.0047，0.0048，0.0043，0.0042 0.0042，0.0045，0.0047，0.0047，0.0044	0.0044	4.3
金属锑	0.0080	0.0079，0.0081，0.0082，0.0082，0.0084 0.0078，0.0079，0.0083，0.0084，0.0078	0.0081	3.1

24.6.2.7 回收率

按上述确定的最佳条件，在同一样品中分别加入普碳钢标样 GBW01405 和 BH-7017，测得的回收率分别为105.3%和107.1%。

24.7 管式炉红外法测定可膨胀石墨中的硫量

可膨胀石墨是经特殊处理后遇高温能瞬间膨胀成蠕虫状的天然品质石墨。膨胀容积在80～200 mL/g 之间。由于其可膨胀性高、回弹力好、摩擦系数低、几乎不渗透、耐化学腐蚀等特性，被广泛用于阀门密封、隔热材料、内衬材料、层间化合物的制备、原子能利用等领域。硫含量的高低可影响石墨的晶格结构，从而影响其使用，因此硫含量是可膨胀石墨要求检测的重要项目。由于该石墨的高膨胀性，用管式炉测定时经常溢出，使燃烧不完全，因此，用高温燃烧法(管式炉法)测定硫含量尚未见报道。经过不断的摸索,利用 ELTRA CS500 型测定仪,对测定条件进行优化,建立了一种快速准确的测定方法。取得了较满意的结果。

24.7.1　试验

仪器和试剂:ELTRA CS500 型测定仪(德国)。5 mL 大瓷舟:1.5 mm×1.2 mm×10 mm。氧化锌(分析纯)。

仪器条件设定:设定温度为 1250℃,使仪器处于最佳状态。

测定方法:称 40~50 mg 样品于大瓷舟中,均匀散开,将样品质量输入仪器后,加入约 0.1 g ZnO,使其与可膨胀石墨混匀后,在上面均匀地覆盖一层 ZnO(约 0.1 g)。按分析键,然后将瓷舟缓慢推进管式炉,从炉口观察石墨开始膨胀后,停止推进,待石墨膨胀完后,将瓷舟直接推到限位器处通氧燃烧至分析完毕,结果在显示屏显示出来。

24.7.2　结果与讨论

24.7.2.1　氧化锌的作用

由于可膨胀石墨受热后瞬间膨胀,溢出瓷舟,严重影响测定。加入一种能减缓其膨胀速度的试剂,使膨胀后的蠕虫状石墨完整的保留在瓷舟中进行检测。分别选择了 WO_3、CuO、ZnO 三种试剂,三种试剂都能减缓其膨胀速度,完全满足其测定要求,其中 CuO 有结晶,WoO_3 燃烧后发黑,影响瓷舟再次使用,本试验选用 ZnO,其加入量应能使石墨完全与之混匀后再在混匀后的样品上覆盖一层,共约为 0.2 g。

24.7.2.2　样品的测定结果

样品的测定结果见表 24-10。

GB 1430—78 标准是用重量法测定,方法复杂繁琐,测定时间长。本法只需几分钟即可完成,快速简便。用国产的管式炉-红外碳硫分析仪,采用大瓷舟,按 24.7.1 节提供的方法,也能测定膨胀石墨中硫。

表 24-10　样品中硫的分析结果(%)

样　品	GB 1430—78 法	本　法		
		实测值	平均值	RSD
可膨胀石墨	1.99,1.99,1.98	1.99,1.98,1.93 1.92,19.5,1.99	1.96	2.0

参考文献

[1]　莫达松,刘守廷,蒋天成,谢涛. 21 世纪材料分析,第一届全国高速分析学术交流论文集,2005:24.

[2]　王翠萍,李桂荣,韩子章. 理化检验(化),2003,39(3):153.

[3]　谢华林. 冶金分析,2005,25(12):62.

[4]　傅明,杨万彪,袁智能. 冶金分析,2001,21(4):53.

[5]　林洋. 冶金分析,2002,22 (5):69.

冶金工业出版社部分图书推荐